全国高职高专融合媒体应用型教材（计算机类）

移动应用软件测试技术与实践

主　编　李月峰　秦晓燕
副主编　陈王凤
参　编　蒋凌志　李凤盼　王咏梅

电子工业出版社
Publishing House of Electronics Industry
北京·BEIJING

内 容 简 介

本书共分两篇，第 1 篇是软件测试常识和工具，主要包括软件测试基础知识、软件测试方法、软件测试技术、软件测试项目管理、软件测试自动化、软件测试工具；第 2 篇是移动应用软件测试实践，主要包括移动智能终端概述、移动应用软件测试技术、移动应用软件常用功能测试实践。全书阐述了软件测试基本理论知识以及移动应用软件测试的实践操作，目的是强化移动应用软件测试人员必备的基本知识，全面提高测试技能，以适应行业发展与职业需求变化。为了获得大量移动应用软件测试的实例，本书特别邀请了行业有关的技术专家共同参与编写。

本书适合高职高专院校相关专业的学生学习和参考。

未经许可，不得以任何方式复制或抄袭本书之部分或全部内容。
版权所有，侵权必究。

图书在版编目（CIP）数据

移动应用软件测试技术与实践 / 李月峰，秦晓燕主编．—北京：电子工业出版社，2021.3
ISBN 978-7-121-40724-6

Ⅰ．①移… Ⅱ．①李… ②秦… Ⅲ．①移动终端－应用程序－软件－测试－高等学校－教材 Ⅳ．① TN929.53 ②TP311.5

中国版本图书馆 CIP 数据核字（2021）第 041025 号

责任编辑：祁玉芹
印　　刷：中国电影出版社印刷厂
装　　订：中国电影出版社印刷厂
出版发行：电子工业出版社
　　　　　北京市海淀区万寿路 173 信箱　邮编：100036
开　　本：787×1092　1/16　印张：15.75　字数：383 千字
版　　次：2021 年 3 月第 1 版
印　　次：2025 年 1 月第 3 次印刷
定　　价：39.80 元

凡所购买电子工业出版社图书有缺损问题，请向购买书店调换。若书店售缺，请与本社发行部联系，联系及邮购电话：（010）88254888，88258888。
质量投诉请发邮件至 zlts@phei.com.cn，盗版侵权举报请发邮件至 dbqq@phei.com.cn。
本书咨询联系方式：qiyuqin@phei.com.cn。

前言 Preface

随着苹果 iOS 和谷歌 Android 两大操作系统的兴起，其强大的开发平台和开发工具帮助开发人员更快地开发出各种移动应用软件。移动互联网的发展将互联网带入了人们的日常生活中，而移动应用软件是最关键的载体。移动设备的操作方式、连接方式、存储空间管理、尺寸不同的屏幕，以及移动性等都使得移动应用软件与传统的 PC 应用完全不同，对用户体验的要求进一步提高；同时随着移动互联网技术的发展，国内对移动应用测试人才的需求越来越旺盛，但是目前市面上讲述移动应用软件测试的书籍却相对较少。结合我校多年来在移动应用软件测试方面的校企合作经验，我们与企业共同策划并编写了本教材。

本教材将软件的测试技术和智能手机软件的测试实践相结合，系统地介绍了软件测试技术的基本知识，以及智能手机软件测试的实践操作。其中的案例紧紧围绕移动应用软件测试原理引出测试任务，提出测试设计思路并提供完成任务所需的测试工具和测试方案。案例引入、任务设置和测试方法讲理及深度均符合高职高专教材的特点。这是一本注重实战、关注技能培养的职业技能教材，对于增强学生的就业能力具有极为现实的意义。

本教材主要分成两篇，第 1 篇介绍软件测试的常识和工具，包括软件测试基础知识、软件测试方法、软件测试技术、软件测试项目管理、软件测试自动化、软件测试工具等；第 2 篇介绍移动应用软件测试实践，主要包括移动智能终端概述、移动应用软件测试技术和移动应用软件常用功能测试实践等。

本教材从软件测试基本知识阐述入手，以移动应用软件作为载体开展测试实践操作。既可以强化学生软件测试必备的基本知识，又可以使其掌握手机软件测试的基本技能，从而适应行业发展与职业变化的基本能力要求。本教材既具备必要的理论方面的知识要点，更强化了理论在移动应用测试实践方面的关键技能培养，其中加入了大量基于企业真实环

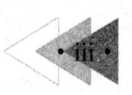

境的手机测试实践案例。

  本教材由李月峰和秦晓燕担任主编，陈王凤担任副主编。参加编写工作的还有蒋凌志、李凤盼、王咏梅，李月峰负责全书的统稿工作；另外，感谢方亮、徐庆余等企业专家在本教材编写过程中给予的指导意见，还要感谢冠博软件技术（苏州）有限公司的大力支持。

  由于作者水平有限，本教材中不可避免地会出现一些疏漏，敬请各界同仁不吝赐教。

编　者

2020 年 11 月 9 日

第 1 篇　软件测试常识和工具

第 1 章　软件测试的基础知识 ··· 3

1.1　软件的定义及发展史 ·· 4
1.1.1　软件的定义 ·· 4
1.1.2　软件的发展史 ·· 4
1.2　软件测试的定义及发展历程 ·· 7
1.2.1　软件测试的定义 ··· 7
1.2.2　软件测试的发展历程 ·· 7
1.3　软件测试行业的机遇与挑战 ·· 8
1.4　软件测试的意义 ·· 10
1.5　软件测试过程模型 ··· 12
1.5.1　V 模型 ··· 12
1.5.2　W 模型 ·· 13
1.5.3　X 模型 ··· 14
1.5.4　H 模型 ··· 15
1.5.5　前置测试模型 ··· 15
1.5.6　成熟度模型 ·· 17
1.5.7　选择软件测试过程模型 ··· 21

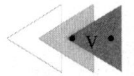

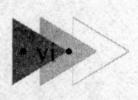

1.6 软件缺陷 ... 22
1.6.1 概述 ... 22
1.6.2 产生原因 ... 24
1.6.3 软件缺陷的分类 ... 26
1.6.4 软件缺陷处理跟踪 ... 28
1.6.5 软件缺陷生命周期 ... 28
1.6.6 软件缺陷处理 ... 29
1.7 软件测试工程师 ... 33
1.7.1 概述 ... 33
1.7.2 主要工作 ... 33
1.7.3 需要的专业技能 ... 34
1.7.4 需要的行业知识 ... 35
1.7.5 需要的个人素养 ... 35
本章小结 ... 36
目标测试 ... 36

第2章 软件测试方法 ... 38
2.1 黑盒测试 ... 39
2.1.1 概念 ... 39
2.1.2 基本方法 ... 39
2.1.3 选择策略 ... 65
2.2 白盒测试 ... 66
2.2.1 概念 ... 66
2.2.2 基本方法 ... 66
2.2.3 选择策略 ... 72
2.3 静态测试和动态测试 ... 72
2.4 主动测试和被动测试 ... 73
本章小结 ... 74
目标测试 ... 75

第 3 章　软件测试技术 …… 78

3.1 单元测试 …… 79
3.1.1 作用 …… 79
3.1.2 内容 …… 80
3.1.3 案例 …… 81

3.2 集成测试 …… 82
3.2.1 意义 …… 82
3.2.2 目标 …… 83
3.2.3 过程 …… 83
3.2.4 方案 …… 84

3.3 系统测试 …… 86
3.3.1 目标与内容 …… 86
3.3.2 分类 …… 87
3.3.3 流程 …… 87

3.4 验收测试 …… 88
3.4.1 定义和目的 …… 88
3.4.2 内容 …… 88
3.4.3 策略 …… 89

3.5 面向对象软件测试 …… 90
3.5.1 组织问题 …… 90
3.5.2 测试活动 …… 91
3.5.3 单元测试 …… 91
3.5.4 集成测试策略 …… 92
3.5.5 系统测试 …… 93

3.6 软件本地化测试 …… 93

本章小结 …… 94

目标测试 …… 95

目 录

第4章 软件测试项目管理 ······96

4.1 概述 ······97
4.2 测试计划 ······97
4.2.1 作用 ······98
4.2.2 制订原则 ······98
4.2.3 如何制订测试计划 ······98
4.2.4 参考模板 ······100
4.3 测试项目团队组织管理 ······102
4.3.1 组织结构 ······102
4.3.2 团队人员角色与职责 ······103
4.3.3 测试人员的培养 ······104
4.4 测试项目的过程管理 ······105
4.5 测试项目的配置管理 ······106
4.6 测试项目的风险管理 ······108
4.6.1 管理要素和方法 ······108
4.6.2 常见的风险与特征 ······109
4.7 测试项目的成本管理 ······110
4.7.1 概述 ······110
4.7.2 基本概念 ······111
4.7.3 基本原则和措施 ······112
本章小结 ······113
目标测试 ······114

第5章 软件测试自动化 ······115

5.1 软件测试自动化的内涵 ······116
5.1.1 手动测试的局限性 ······116
5.1.2 软件测试自动化 ······116
5.1.3 软件测试自动化的优势 ······117
5.1.4 正确认识测试自动化 ······117

5.2 软件测试自动化的原理 ································· 117
　　5.2.1 代码分析 ···································· 118
　　5.2.2 捕获和回放 ·································· 119
　　5.2.3 脚本技术 ···································· 120
5.3 软件测试自动化的实施过程 ·························· 121
5.4 软件测试自动化普遍存在的问题 ······················ 122
5.5 软件自动化测试的引入和应用 ························ 124
本章小结 ·· 125
目标测试 ·· 126

第6章 软件测试工具 ·································· 128

6.1 测试工具的作用 ··································· 129
6.2 自动化测试工具的类型 ····························· 129
　　6.2.1 按照用途分类 ································ 129
　　6.2.2 按照收费方式分类 ···························· 130
6.3 常用自动化测试工具 ······························· 131
　　6.3.1 测试管理工具 TestDirector ··················· 131
　　6.3.2 功能测试工具 QTP ···························· 132
　　6.3.3 性能测试工具 LoadRunner ···················· 136
　　6.3.4 单元测试工具 JUnit ·························· 137
　　6.3.5 白盒测试工具 Code Review ···················· 140
本章小结 ·· 141
目标测试 ·· 142

第2篇　移动应用软件测试实践

第7章 移动智能终端概述 ······························ 145

7.1 简介 ·· 146

7.2 移动智能终端的分类 …… 146

7.3 移动终端的特点 …… 147

7.4 移动终端测试 …… 148

    7.4.1 3 种移动端应用 …… 148

    7.4.2 3 类不同移动端应用的测试方法 …… 149

    7.4.3 移动端应用测试中的 Web 和 App 测试 …… 149

    7.4.4 移动端应用专项测试的思路和方法 …… 150

本章小结 …… 154

目标测试 …… 154

第 8 章 移动应用软件测试技术 …… 156

8.1 移动应用软件测试的特殊性 …… 157

8.2 移动应用软件测试用例的设计方法 …… 157

8.3 移动应用软件测试的常用工具 …… 160

    8.3.1 Monkey …… 160

    8.3.2 MonkeyRunner …… 161

    8.3.3 Instrumentation …… 161

    8.3.4 UIAutomator …… 162

    8.3.5 TestWriter …… 162

本章小结 …… 163

目标测试 …… 163

第 9 章 移动应用软件常用功能测试实践 …… 165

9.1 移动应用软件简介 …… 166

9.2 通讯录测试 …… 166

    9.2.1 概述 …… 166

    9.2.2 测试重点 …… 166

    9.2.3 测试用例 …… 167

    9.2.4 常见的软件缺陷 …… 170

9.3 微件测试 …… 170

9.3.1 概述 170
9.3.2 微件的特征 171
9.3.3 测试方法及测试重点 171
9.3.4 测试用例 172
9.3.5 常见的软件缺陷 173
9.4 设置功能测试 173
9.4.1 概述 173
9.4.2 测试重点 175
9.4.3 测试用例 176
9.4.4 常见的软件缺陷 177
9.5 通话功能测试 178
9.5.1 概述 178
9.5.2 通话类型及功能 179
9.5.3 测试方法 180
9.5.4 接打电话功能测试用例 181
9.6 短信功能测试 182
9.6.1 概述 182
9.6.2 测试注意事项 184
9.6.3 测试用例 185
9.7 FM Radio 测试 187
9.7.1 概述 187
9.7.2 基本原理 187
9.7.3 测试重点 188
9.8 浏览器测试 190
9.8.1 定义 190
9.8.2 发展阶段 191
9.8.3 主要组件 191
9.8.4 HTTP 191
9.8.5 测试重点 192
9.8.6 测试中的常用步骤 196
9.9 Wi-Fi 测试 196

9.9.1 原理及协议 ………………………………………………… 196
9.9.2 Wi-Fi 功能及测试 …………………………………………… 197
9.9.3 Wi-Fi 测试用例 ……………………………………………… 198
本章小结 ……………………………………………………………… 200
目标测试 ……………………………………………………………… 200

附 录

附录 A 软件测试英语专业词汇 ………………………………………… 202

附录 B ADB 常用命令 ………………………………………………… 217

附录 C 软件测试计划样本 ……………………………………………… 218

附录 D 软件测试报告样本 ……………………………………………… 232

参考文献 ……………………………………………………………… 240

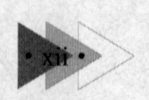

第 1 篇

软件测试常识和工具

第1篇

软件测试基本知识和工具

第1章 软件测试的基础知识

学习目标

※ 了解软件、软件测试的定义及发展史，掌握常用软件测试的过程模型。
※ 了解软件测试缺陷的概念、产生原因及分类方法，掌握软件测试方法。
※ 了解软件测试工程师的主要工作内容、需要掌握的专业技能，以及相关行业知识和个人素养。

思维导图

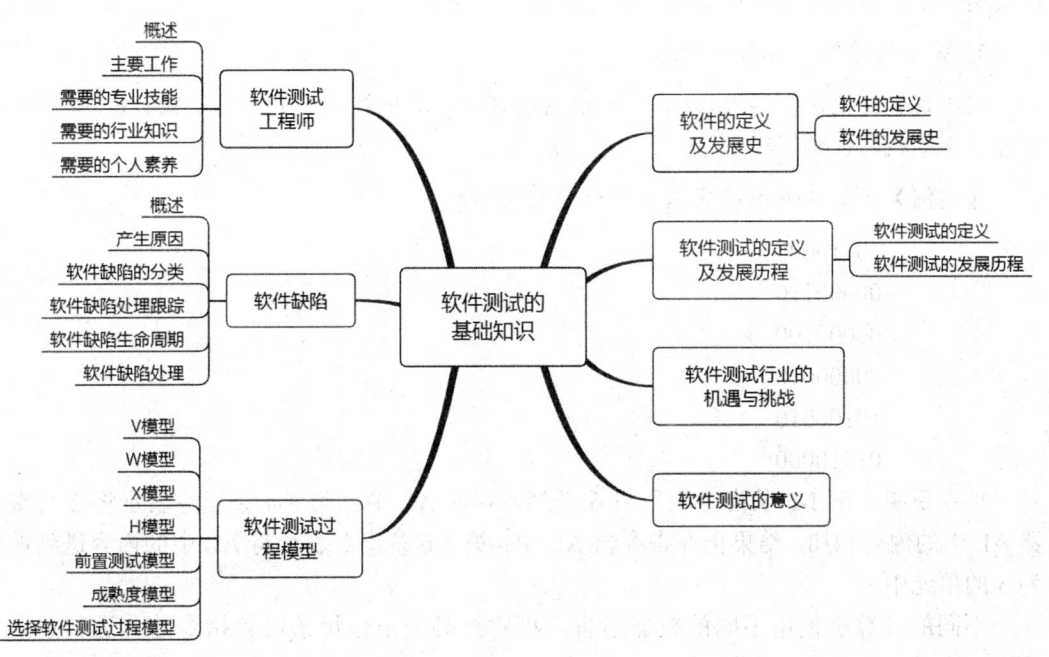

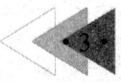

- 软件测试工程师
  - 概述
  - 主要工作
  - 需要的专业技能
  - 需要的行业知识
  - 需要的个人素养
- 软件缺陷
  - 概述
  - 产生原因
  - 软件缺陷的分类
  - 软件缺陷处理跟踪
  - 软件缺陷生命周期
  - 软件缺陷处理
- 软件测试过程模型
  - V模型
  - W模型
  - X模型
  - H模型
  - 前置测试模型
  - 成熟度模型
  - 选择软件测试过程模型
- 软件测试的基础知识
  - 软件的定义及发展史
    - 软件的定义
    - 软件的发展史
  - 软件测试的定义及发展历程
    - 软件测试的定义
    - 软件测试的发展历程
  - 软件测试行业的机遇与挑战
  - 软件测试的意义

1.1 软件的定义及发展史

1.1.1 软件的定义

软件是一系列按照特定顺序组成的计算机数据和指令,是计算机中的非有形部分。计算机中的有形部分称为"硬件",由计算机的各个部件及电路所组成;计算机软件需通过硬件才能运行。

软件包括所有计算机运行的程序,可执行文件、库及脚本语言等。软件不分架构,有其共同的特性,即可以让硬件实现设计时要求的功能。软件存储在存储器中,不是可以碰触到的实体。

软件并不只限于可以在计算机中运行的计算机程序,与计算机程序相关的文档一般也被认为是软件的一部分,简单说软件就是程序加文档的集合体。

一般来说,计算机软件分为系统软件、应用软件和介于这两者之间的中间件。系统软件为计算机使用提供最基本的功能,但是并不针对某一特定应用领域。而应用软件则恰好相反,不同的应用软件根据所服务的领域提供不同的功能。

1.1.2 软件的发展史

计算机软件技术发展很快,70多年前,计算机只能被专业人员使用,今天甚至学龄前儿童都可以灵活地操作;50多年前,文件在两台计算机之间交换仍很麻烦,甚至在同一台计算机的两个不同的应用程序之间进行交换也很困难,今天网络在两个平台和应用程序之间提供了方便的文件传输;40多年前,多个应用程序不能方便地共享相同的数据,今天数据库技术使得多个用户、多个应用程序可以互相间灵活地共享数据。了解计算机软件的发展史对理解计算机软件在计算机系统中的作用至关重要。

1. 第1代软件(1946—1953年)

第1代软件是由机器语言编写的,机器语言是计算机的中央处理器能执行的基本指令,由0和1的机器代码组成。

【案例】计算2+6的机器语言指令及其说明。

```
10110000
00000110
00000100
00000010
10100010
01010000
```

指令说明:第1-2条指令表示将6送到寄存器AL中;第3-4条指令表示将2与寄存器AL中的内容相加,结果仍在寄存器AL中;第5-6条指令表示将AL中的内容送到地址为5的单元中。

不同的计算机使用不同的机器语言,程序员必须记住每条语言指令的二进制数字形

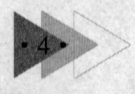

式。因此只有少数专业人员能够为计算机编写程序,这就大大限制了计算机的使用和效率。用机器语言进行程序设计不仅枯燥费时,而且容易出错。

在这个时代的末期出现了汇编语言,它使用助记符(用字母的缩写来表示指令)表示每条机器语言指令。例如,ADD 表示加、SUB 表示减、MOV 表示移动数据等。相对于机器语言,用汇编语言编写程序就容易多了。

【案例】计算 2+6 的汇编语言指令及其说明。

   MOV AL,6
   ADD AL,2
   MOV #5,AL

指令说明:第 1 条指令表示将 6 送到寄存器 AL 中;第 2 条指令表示将 2 与寄存器 AL 中的内容相加,结果仍在寄存器 AL 中;第 3 条指令表示将 AL 中的内容送到地址为 5 的存储器单元中。

由于程序最终在计算机中执行时采用的都是机器语言,所以需要用一种称为"汇编器"的翻译程序把用汇编语言编写的程序翻译成机器代码。编写汇编器的程序员简化了程序设计,是最初的系统程序员。

2. 第 2 代软件(1954—1964 年)

当硬件变得更强大时,就需要更强大的软件使计算机更高效地运行。汇编语言向正确的方向前进了一大步,但程序员还是必须记住很多汇编指令,编写程序依旧很麻烦、易错。第 2 代软件开始使用高级程序设计语言(简称为"高级语言",相应地,机器语言和汇编语言则被称为"低级语言")编写。高级语言的指令形式类似自然语言和数学语言(例如,计算 2+6 的高级语言指令就是"2+6"),不仅容易学习,方便编程,也提高了程序的可读性。

IBM 公司从 1954 年开始研发高级语言,同年发明了第 1 个用于科学与工程计算的 FORTRAN 语言。1958 年,麻省理工学院的麦卡锡(John MaCarthy)发明了第 1 个用于人工智能的 LISP 语言。1959 年,宾州大学的霍普(Grace Hopper)发明了第 1 个用于商业应用程序设计的 COBOL 语言。1964 年,达特茅斯学院的凯梅尼(John Kemeny)和卡茨(Thomas Kurtz)发明了 BASIC 语言。

高级语言可使多台计算机运行同一个程序,每种高级语言都有配套的翻译程序(称为"编译器"),编译器可以把高级语言编写的语句翻译成等价的机器指令。系统程序员编写诸如编译器这样的辅助工具,使用这些工具编写应用程序的人被称为"应用程序员"。随着程序涉及的功能越来越复杂,应用程序员涉及的计算机硬件越来越少。那些仅仅使用高级语言编程的人不需要懂得机器语言或汇编语言,这就降低了对硬件及机器指令方面的要求,因此这个时期有更多计算机应用领域人员的工作转为专职程序员。

由于高级语言程序需要转换为机器语言程序来执行,因此高级语言对软硬件资源的消耗更多,运行效率也相对较低;另外由于汇编语言和机器语言可以根据计算机的所有硬件特性直接控制硬件,并且运行效率较高,因此在实时控制和实时检测等领域的许多应用程序仍然使用汇编语言和机器语言来编写。

在第 1 代和第 2 代软件时期,计算机软件都是规模较小的程序,程序的编写者和使用

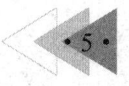

者往往是同一个（或同一组）人。由于规模小，程序编写起来比较容易，所以也没有系统化的方法对软件的开发过程进行管理。这种个体化的软件开发环境使得软件设计往往只是在人们头脑中隐含进行的一个模糊过程，除了程序清单之外，没有其他文档资料。

3. 第3代软件（1965—1970年）

在这个时期集成电路的出现使得处理器的运算速度得到了大幅度的提高，即处理器总是在等待运算器准备下一个作业时"无所事事"。为此需要编写一种软件，使所有计算机资源处于整体的控制中，这种软件就是操作系统。由于计算机终端的出现，所以使用户能够直接访问计算机；同时不断发展的系统软件则使计算机运转得更快。但是从键盘输入和屏幕输出数据是个很慢的过程，比在内存中执行指令慢得多，这就遇到了如何利用计算机越来越强大的功能和速度的问题。解决方法就是分时运行，即众多用户用各自的终端同时与一台计算机通信。控制这一进程的是分时操作系统，它负责组织和安排各个作业。

1967年，塞缪尔（A. L. Samuel）发明了第1个下棋程序，开始了人工智能的研究。1968年，荷兰计算机科学家狄杰斯特拉（Edsgar W. Dijkstra）发表论文"GOTO语句的害处"指出调试和修改程序的难度与程序中包含GOTO语句的数量成正比。从此，各种结构化程序设计理念逐渐确立起来。

20世纪60年代，计算机管理的数据规模越来越庞大，应用越来越广泛。为满足多用户、多应用共享数据的需求，使数据尽可能多地为应用程序服务，出现了数据库技术，即统一管理数据的软件系统——数据库管理系统（DBMS）。随着计算机应用的日益普及，软件数量急剧膨胀，在计算机软件的开发和维护过程中出现了一系列严重问题。例如，用户有了新的需求必须相应地修改程序，以及硬件或操作系统更新时通常需要修改程序以适应新的环境等。更严重的是，由于许多程序的个体化特性使其最终不可修改，因此"软件危机"开始出现。1968年，北大西洋公约组织在联邦德国召开国际会议讨论"软件危机"问题，在这次会议上正式提出并使用了"软件工程"这个名词。

4. 第4代软件（1971—1989年）

20世纪70年代出现了结构化程序设计技术，例如Pascal语言和Modula-2语言都是采用结构化程序设计规则编制的，BASIC这种编程语言也被升级为具有结构化的版本；此外还出现了灵活且功能强大的C语言。为IBM PC开发的PC-DOS（或MS-DOS）成为微型计算机的标准操作系统，Macintosh机的操作系统的图形界面彻底改变了人机交互的方式。20世纪80年代，随着微电子和数字化声像技术的发展，计算机开始处理图像、声音等多媒体信息，由此出现了多媒体计算机。多媒体技术的发展使计算机的应用进入了一个崭新阶段。

这个时期出现了许多多用途的应用软件，这些应用软件面向没有任何计算机使用经验的用户，典型的应用软件就是电子制表软件、文字处理软件和数据库管理软件。Lotus1-2-3是代表性的商用电子制表软件，WordPerfect是代表性的商用文字处理软件，dBase Ⅲ是代表性的数据库软件。

5. 第5代软件（1990年—至今）

第5代软件时期到来的3个标志性事件为美国Microsoft公司的崛起、面向对象的程序

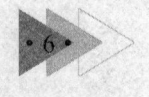

设计方法的出现，以及万维网（World Wide Web）的普及。

在这个时期，Microsoft 公司的 Windows 操作系统在 PC 市场占有显著优势。尽管 WordPerfect 仍在继续改进，但 Microsoft 公司的 Word 成了最常用的文字处理软件。20 世纪 90 年代中期，Microsoft 公司将文字处理软件 Word、电子制表软件 Excel、数据库管理软件 Access 和其他应用软件捆绑在一个软件包中，称之为"办公自动化软件"。

面向对象的程序设计方法最早是在 20 世纪 70 年代开始使用的，当时主要是用在 Smalltalk 语言中。20 世纪 90 年代，面向对象的程序设计逐步代替了结构化软件设计，成为最流行的程序设计技术。面向对象程序设计尤其适用于规模较大、具有高度交互性、反映现实世界中动态内容的应用程序，Java、C++、C#等都是面向对象程序设计语言。

1990 年，英国研究员提姆·柏纳李（Tim Berners-Lee）提出了一个全球 Internet 概念，并创建格式化文档的 HTML 语言及一套技术规则，以及能让用户访问全世界站点上信息的浏览器。此时的浏览器还很不成熟，只能显示文本。

软件体系结构从集中式的主机模式转变为分布式的客户机/服务器模式（C/S）或浏览器/服务器模式（BIT/S），并且专家系统和人工智能软件从实验室走出进入了实际应用；同时完善的系统软件、丰富的系统开发工具和商品化的应用软件的大量出现，以及通信技术和计算机网络的飞速发展使得计算机进入了一个大发展的阶段。

在计算机软件的发展史上，需要注意"计算机用户"这个概念的变化。起初计算机用户和程序员是一体的，程序员编写程序来解决自己或他人的问题，程序的编写者和使用者是同一个（或同一组）人。在第 1 代软件末期，编写汇编器等辅助工具的程序员的出现带来了系统程序员和应用程序员的区分，但是计算机用户仍然是程序员。20 世纪 70 年代早期，应用程序员使用复杂的软件开发工具编写应用程序，这些应用程序由没有计算机背景的从业人员使用。计算机用户不仅是程序员，还包括使用这些应用软件的非专业人员。随着微型计算机、计算机游戏、教育软件，以及各种界面友好的软件包的出现，更多人成为计算机用户。万维网的出现，使网上冲浪成为一种娱乐方式，更多的人成为计算机的用户。今天，计算机用户可以是在学习阅读的学龄前儿童、在下载音乐的青少年、在准备毕业论文的大学生、在做家庭预算的女主人，以及在安度晚年的退休人员等，所有使用计算机的人都是计算机用户。

1.2 软件测试的定义及发展历程

1.2.1 软件测试的定义

软件测试是指鉴定软件的正确性、完整性、安全性的过程，即在规定条件下运行软件以发现其中的错误、评价软件质量，并对其是否能满足设计要求进行评估的过程。

1.2.2 软件测试的发展历程

1. 1957 年之前，调试为主（Debugging Oriented）

最初的软件测试其实只是"调试"，还算不上真正的软件测试，一般是由开发人员自

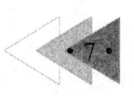

已独立完成的。

2. 1957—1978 年，证明为主（Demonstration Oriented）

随着软件行业的发展，混乱无序的软件开发过程已经不能适应软件功能日益复杂的现状，从而出现了"软件危机"。1968 年秋季，NATO（北约）的科技委员会召集了近 50 名一流的编程人员、计算机学家和工业界巨头，讨论和制订摆脱软件危机的对策。在这次会议上提出了"软件工程"的理念，随着软件工程的发展软件测试也开始逐步发展起来。

1975 年，约翰（John Good Enough）和苏珊（Susan Cerhart）两位软件测试先驱在 IEEE 上发表了"软件数据选择的方法"一文，将软件测试确定为一种研究领域。此时软件测试普遍被认为是"证明软件的工作是否正确"的活动，这个理念被简称为"证明"。

3. 1979—1982 年，破坏为主（Destruction Oriented）

1979 年，格伦福德（Glenford J. Myers）著名的《软件测试艺术》一书出版。该书结合测试心理学对测试重新进行了定义，认为测试是为了"发现错误而执行的活动"，这个理念又被称为"证伪"。"证实"和"证伪"至今依然是软件测试领域中的重要理念，对软件测试工程师有着深远的影响。

4. 1983—1987 年，评估为主（Evaluation Oriented）

1983 年，另一本软件测试的重量级著作——《软件测试完全指南》（Bill Hetzel 著）横空出世。这本书指出："测试是以评价一个程序或者系统属性为目标的任何一种活动，测试是对软件质量的度量。"至此，人们已经开始意识到软件测试不应该仅是事后用来证明软件是对或是不对的，而应该走向前端进行缺陷预防。

5. 1988 年至今，预防为主（Prevention Oriented）

20 世纪 90 年代，软件测试开始迅猛发展。软件测试工具开始流行，极大地提升了软件测试的能力；同时自动化测试技术也开始迅猛发展，各种对软件测试系统的评估方法也开始被提出。例如，1996 年提出的"测试成熟度模型"（TMM）和"测试能力成熟度模型"（TCMM）等，软件测试体系日益成熟完善。

2002 年，Rick 和 Stefan 在《系统的软件测试》一书中对软件测试做了进一步定义："测试是为了度量和提高被测软件的质量，对测试软件进行工程设计、实施和维护的整个生命周期过程。"这一定义进一步丰富了软件测试的内容，扩展了软件测试的外延。

软件测试的发展史其实就是一部探索"什么是软件测试，我们该如何理解它、发展它"的历史，软件测试从软件开发中的"调试"到"证明软件工作是对的"，再到"证明软件工作存在错误"和"预防"，早已不再蹒跚学步、懵懂无知。软件测试已经逐渐形成了自己的一套体系，拥有成熟的评价方法。随着软件开发的发展，敏捷、迭代等各种软件开发实践也为软件测试带来很多新的挑战，产生了更多软件测试的新技术和新理念。

1.3 软件测试行业的机遇与挑战

1. 软件安全性问题对测试提出了更高的要求

从孟加拉国银行 8 100 万美元被黑客成功盗取，到美国民主党的"邮件泄露事件"可以看出，网络安全事件已经被推到了风口浪尖。随着物联网的逐步普及，智能家居、汽车电子等设备的网络化水平大幅提升，物联网的安全却不容乐观，很多中小企业往往忽视安全防护。开源软件的源代码公开，黑客可以通过阅读源代码更容易地分析出软件的安全漏洞，使得网络安全迎来了新的挑战。当开源社区中发布出 CVE 漏洞时，需要厂商及时地加入补丁；否则将给黑客入侵敞开大门。新的编程语言的出现既提高了编码效率，也为软件产品增添了安全挑战，需要安全厂商尽快推出相应的安全工具和安全加固方案。以上种种，都对软件的安全性测试提出了新的要求，为软件测试行业的发展提供了机遇的同时也带来了挑战。

2. 人工智能（AI）的发展对测试行业的影响

近年来，人工智能被越来越多地应用在各种行业，如智能汽车、智能家居和机器人等。尤其是 2016 年 AlphaGo 在围棋领域掀起一股热潮之后，人工智能更多地成为人们热议的焦点话题。人工智能是一个新的领域，其测试方案和测试工具还有待完善。对于人工智能在软件测试领域的应用，即利用人工智能来优化其他软件的测试目前已经取得了一定的进展，人工神经网络是软件测试领域使用相对广泛的人工智能技术之一。神经网络是基于生物学中神经网络的基本原理，在理解和抽象了人脑结构和外界刺激响应机制后以网络拓扑知识为理论基础，模拟人脑的神经系统对复杂信息的处理机制的一种数学模型，目前在光学字符识别、语音识别及医学诊断等方面已经取得了很大的成功。在软件测试中，它非常适合图形用户界面测试、内存使用测试及分布式系统功能验证等场景。

遗传算法是另一种软件测试中用到的人工智能技术，是模仿生物遗传和进化机制的一种最优化方法。它把类似于遗传基因的一些行为，如交叉重组、变异、选择和淘汰等引入到算法求解的改进过程中。该算法的特点之一是，它同时保留若干局部最优解，通过交叉重组或者解的变异来寻求更好的解。在软件单元测试中已知输入的参数的范围需要求解哪些参数的组合能够达到最大的代码覆盖率（也有些研究是能达到最大的路径/分支覆盖），因此遗传算法可以用于选择最优的单元测试用例，也就是单元测试的最优输入集；同时利用人工智能还可以优化测试工具，将软件测试的上下文与测试用例结合起来选择最优的测试用例集进行测试。

3. 云测试——软件测试新模式

云计算是一种按需远程提供计算资源的技术，它可以减少用户基础设施投入并降低管理成本。为满足用户对云计算的性能、服务及安全方面的需求，测试人员需深入理解云平台底层、中间层和上层技术，构建符合云平台质量要求的测试工程能力和质量保障方案。

很多测试服务提供商已经将测试服务部署到云上，这种方式有很多优势。首先，它可以按需提供服务。用户可以根据需求灵活地占用云端资源，避免了传统测试中的资源浪费。例如，手机应用提供商可以把应用程序通过云平台进行主流手机的兼容性测试，而不必直接购买各品牌的手机。其次，云平台可以提供较为全面的测试环境和测试工具，免去了部署环境和工具的时间，使测试工程师可以将更多的精力投入到业务中。再次，当云平台和容器技术结合后可以快速构建可扩展、可伸缩的测试环境并行执行测试用例，从而减少测试执行的时间。

4. 物联网的发展给测试行业带来的挑战

物联网是一个包含大量网络设备、传感器和计算基础设施的庞大系统，其应用覆盖了军事、家庭、医疗、零售等多个领域。物联网使用场景复杂、解决方案多元化，使得设备及解决方案的测试面临很大的挑战。

（1）仿真：基于效率和成本的考虑，测试人员无法针对所有的物联网设备、连接协议及服务节点进行全面覆盖。依靠物联网场景仿真能力，测试人员可以在少量可用的物理设备上创建各类虚拟设备并建立不同协议的虚拟连接，从而模拟出真实应用场景，达到全面测试覆盖的目的。这不仅能够节约时间和成本，还具有更好的灵活性和扩展性。

（2）安全：当前物联网发展的重点是技术的创新、推广和应用，安全问题没有受到足够的重视。相对传统的移动互联网，物联网的规模、应用和服务都更加庞大复杂，安全问题无疑具有极大的挑战性。

（3）自动化：在物联网领域，目前自动化测试工具和系统的发展还处于比较初级的阶段，在测试执行、场景构建、性能度量及状态监控等各个方面都需要有强有力的工具、框架和规范的出现来支撑复杂的物联网自动化测试。

5. 敏捷测试——软件测试新方法

传统的软件测试方法将开发和测试视作两个团队的两种不同的工作模式，团队之间沟通比较有限，团队壁垒较为明显。在这种开发模式下，软件缺陷通常在项目开发的中后期才逐步被发现。近年来在客户需求频繁变化、高强度的外部竞争压力和软件交付迭代频繁的大环境下，传统的软件测试方式已经不能满足需求。

敏捷测试强调从客户的角度进行测试，重点关注持续迭代地测试新开发的功能，而不再强调传统测试过程中严格的测试阶段；同时提倡尽早开始测试。它强调开发和测试团队在合作、透明、灵活的环境中协同工作，以测试前移、持续集成、自动化等方式为优化手段，可以很好地适应快速、需求变化频繁的软件交付。

目前敏捷测试已经得到了行业内的认可，相信会有更多的公司进行敏捷转型，敏捷教练的薪水也会水涨船高。

6. 自动化测试——解放软件测试工程师

传统的自动化测试需要测试工程师直接编写测试程序，而这样的程序往往可维护性不强，当开发代码变更时需要重新适配自动化测试程序。"测试驱动开发"是软件工程中的一个里程碑，即开发人员在提交开发代码修改时同时要提交测试代码，但这种方式仍然需要较多的人力投入到测试代码的编写中。而一些程序可以通过录制或符号执行等方法自动生成自动化代码，免去了手工编写的不便；另外通过埋点、mock（模拟）等技术还可以辅助自动化测试。随着测试业务日趋多样化，需要不断开发新的自动化测试框架、测试平台来满足业务需求。当自动化测试与云平台相结合时，可以方便地实现任务迁移、回滚、故障自动修复等功能。

1.4 软件测试的意义

软件测试就是在软件交付用户使用或投入运行前对软件需求规格说明、设计规格说明

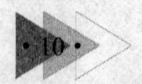

和编码的最终审核,是软件质量保证的关键步骤。

软件测试是为了发现错误而执行程序的过程,在软件生命周期中横跨两个阶段。通常在编写每一个模块之后就需要对它做必要的测试(称为"单元测试"),编码和单元测试属于软件生命周期中的同一个阶段。在结束这个阶段后对软件系统还要进行各种综合测试,如集成测试、系统测试、性能测试和配置测试等。这是软件生命周期的另一个独立阶段,即测试阶段。

1. 软件测试的主要目的

(1)确认软件的质量,一方面确认软件做了所期望的事情(Do the right thing);另一方面确认软件以正确的方式做了这个事情(Do it right)。

(2)提供信息,如提供给开发人员或程序经理的回馈信息,以及为风险评估所准备的信息等。

(3)软件测试包括软件开发的过程,如果一个软件产品开发完成之后发现了很多问题,则说明此软件开发过程很可能是有缺陷的,这个目的保证整个软件开发过程是高质量的。

2. 软件测试的原则

(1)应当把"尽早和不断地进行软件测试"作为软件开发人员的座右铭,不应把软件测试仅仅看作是软件开发的一个独立阶段,而应当把它贯穿到软件开发的各个阶段中。坚持在软件开发的各个阶段的技术评审,这样才能在开发过程中尽早发现和预防错误。在早期处理出现的错误,杜绝某些发生错误的隐患。

(2)测试用例应由测试输入数据和与之对应的预期输出结果两个部分组成,测试以前应当根据测试的要求选择测试用例以检验开发人员编制的软件。因此不但需要测试的输入数据,而且需要针对这些输入数据的预期输出结果。

(3)开发人员应避免"自己检查自己"的程序,软件开发小组也应尽可能避免测试本小组开发的软件。如果条件允许,最好建立独立的软件测试小组或测试机构。

(4)在设计测试用例时应当包括合理和不合理的输入条件,前者是指能验证软件正确的输入条件;后者是指异常、临界和可能引起问题异变的输入条件。软件系统处理非法命令的能力必须在测试时受到检验,用不合理的输入条件测试软件,往往比用合理的输入条件进行测试能发现更多的错误。

(5)充分注意测试中的"群集现象"。在被测软件段中若发现错误数目多,则潜藏着的错误数目也比较多,这种错误"群集现象"已为许多软件的测试实践所证实。根据这个规律,应当对存在群集现象的软件段进行重点测试,以提高软件的可靠性。

(6)严格执行测试计划,排除测试的随意性。测试之前应仔细考虑测试的项目,对每一项测试制订出周密的计划,包括被测软件的功能、输入和输出、测试内容、进度安排、资源要求、测试用例的选择、测试的控制方式和过程等,还要包括系统的组装方式、跟踪规程、调试规程、回归测试的规定,以及评价标准等。测试计划要明确规定,不要随意解释。

(7)应当对每一个测试结果做全面检查。有些错误的征兆在输出实测结果时已经明显地出现,但是如果不仔细地全面地检查测试结果,就可能会使这些错误被遗漏掉。所以必须明确定义预期的输出结果,仔细分析检查实测的结果,抓住征候以暴露错误。

(8)妥善保存测试计划、测试用例、出错统计和最终分析报告,为维护提供方便。

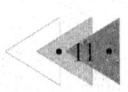

1.5 软件测试过程模型

1.5.1 V 模型

V 模型是最具有代表意义的测试模型。在传统的开发模型中，如瀑布模型，人们通常把测试过程作为在需求分析、概要设计、详细设计和编码全部完成后的一个阶段。尽管有时测试工作会占用整个项目周期一半的时间，但是有人仍然认为测试只是一个收尾工作，而不是主要过程。V 模型的推出就是对此种认识的改进，它是软件开发瀑布模型的变种，反映了测试活动与分析和设计的关系。从左到右描述了基本的开发过程和测试行为，非常明确地标明了测试过程中存在的不同级别，并且清楚地描述了这些测试阶段和开发期间各阶段的对应关系。

软件测试的 V 模型如图 1-1 所示。

瀑布模型介绍

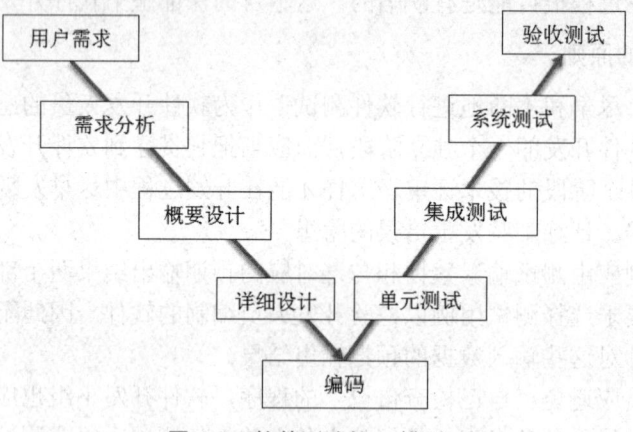

图 1-1 软件测试的 V 模型

图中的箭头代表时间方向，左边由高向低的过程表示开发过程的各个阶段。与此相对应的是右边由低向高则代表测试过程的各个阶段。

V 模型的软件测试策略既包括低层测试，又包括高层测试，低层测试是为了源代码的正确性；高层测试是为了使整个系统满足用户的需求。

V 模型指出，单元测试和集成测试是验证软件设计，开发人员和测试组应检测软件的执行是否满足软件设计的要求；系统测试应当验证系统设计，并检测系统功能、性能的质量特性是否达到系统设计的指标；由测试人员和用户进行的软件验收测试检查其基本软件需求说明书，以确认软件的实现是否满足用户需求或合同的要求。V 模型存在一定的局限性，它仅仅把测试过程作为在需求分析、概要设计、详细设计及编码之后的一个阶段，容易使人理解为测试是软件开发的最后一个阶段，主要是针对软件进行测试以寻找错误，而需求分析阶段隐藏的问题一直到后期的验收测试才被发现。

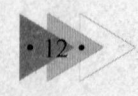

1.5.2　W 模型

1. W 模型建立

V 模型的局限性在于，没有明确地说明早期测试不能体现"尽早和不断地进行软件测试"的原则，在该模型中增加软件各开发阶段应同步进行的测试被演化为一种 W 模型。因为实际上开发是"V"，测试也是与此相并行的"V"，从而构成图 1-2 所示的模型。

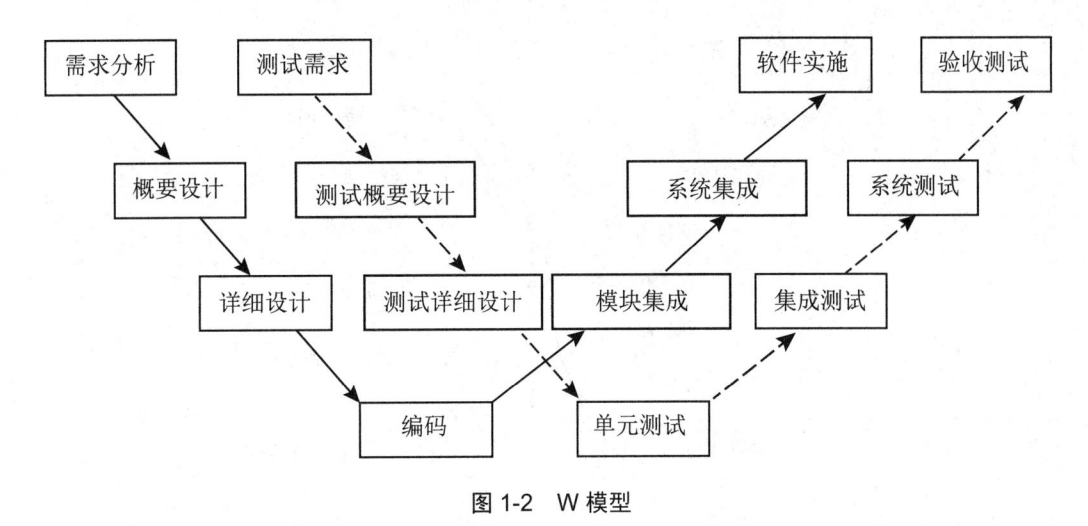

图 1-2　W 模型

基于"尽早和不断地进行软件测试"的原则，在软件的需求和设计阶段的测试活动应遵循 IEEE Std 1012-1998《软件验证和确认（V&V）》的原则。

2. W 模型应用

相对于 V 模型，W 模型更科学并且可以说是 V 模型自然而然的发展。它强调测试伴随整个软件开发周期，而且测试的对象不仅仅是软件，需求、功能和设计同样要测试。这样只要相应的开发活动完成，我们就可以开始执行相关测试。可以说相关测试与开发是同步进行的，从而有利于尽早地发现问题。以需求为例，需求分析一旦完成就可以对其进行测试，而不是等到最后才进行针对需求的验收性测试。

如果测试文档能尽早提交，那么就有了更多的检查时间，这些文档还可用于评估开发文档；另外还有一个很大的益处是测试人员可以在项目中尽可能早地面对规格说明书的挑战。这意味着测试不仅仅是评定软件的质量，还可以尽可能早地找出缺陷所在，从而帮助改进软件内部的质量。参与前期工作的测试人员可以预先估计问题和难度，从而显著地减少总体测试时间，加快项目进度。

根据 W 模型的要求，一旦有文档提供就要及时确定测试条件并且编写测试用例，这些工作对测试的各级别都有意义。当需求被提交后，就需要确定高级别的测试用例来测试这些需求。当概要设计编写完成后，就需要确定测试条件来查找该阶段的设计缺陷。

W 模型也有局限性，它和 V 模型都把软件的开发视为需求、设计、编码等一系列串行的活动；同样地，软件开发和测试保持一种线性的前后关系，需要有严格的指令表示上一阶段完全结束才可以正式开始下一个阶段。这样就难以支持迭代、自发性，以及变化调整，

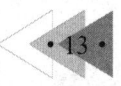

对于当前很多文档需要事后补充或者根本没有文档的做法状况（这已成为一种开发的文化），开发人员和测试人员都面临同样的困惑。

1.5.3 X 模型

X 模型也是对 V 模型的改进，该模型提出针对单独的程序片段进行相互分离的编码和测试，此后通过频繁的交接和集成最终合成为可执行的程序，X 模型如图 1-3 所示。

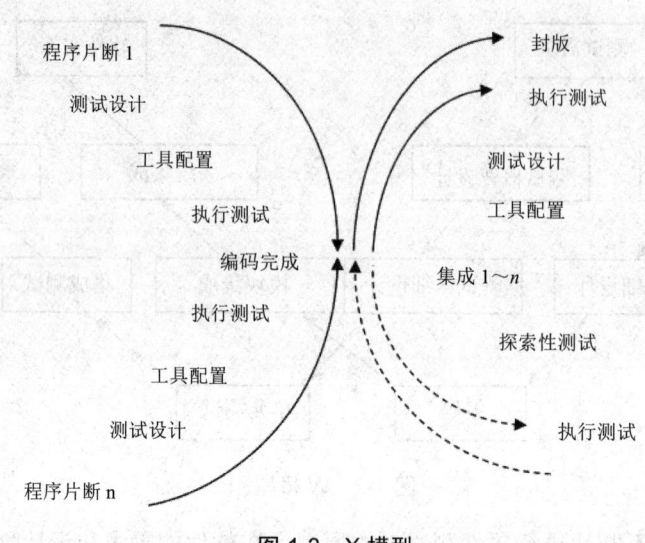

图 1-3 X 模型

X 模型的基本思想是由 Marick 提出的，他认为 V 模型最主要的问题是无法引导项目的全部过程；同时提出一个模型必须能处理开发的所有方面，包括交接、频繁重复的集成及需求文档的缺乏等，他认为一个模型不应该规定那些和当前所公认的实践不一致的行为。

X 模型左边描述的是针对单独程序片段所进行的相互分离的编码和测试，此后将进行频繁的交接并通过集成最终合成为可执行的程序，这一点在图 1-3 的右上方得以体现。而且这些可执行程序还需要进行测试，已通过集成测试的成品可以进行封版并提交给用户，也可以作为更大规模和范围内集成的一部分；同时，X 模型还定位了探索性测试，如图 1-3 中右下方所示。这是不进行事先计划的特殊类型的测试，诸如"我这么测一下，结果会怎么样"，这一方式往往能帮助有经验的测试人员在测试计划之外发现更多的软件错误。Marick 对 V 模型提出质疑也是因为 V 模型是基于一套必须按照一定顺序严格排列的开发步骤，而这很可能并没有反映实际的实践过程。因为在实践过程中很多项目是缺乏足够的需求的，而 V 模型还是从需求处理开始。Marick 也质疑了单元测试和集成测试的区别，因为在某些场合人们可能会跳过单元测试而热衷于直接进行集成测试。Marick 担心人们盲目地跟随"学院派的 V 模型"，并按照模型所指导的步骤进行工作，而实际上某些做法并不切合实际。

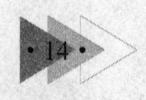

1.5.4 H模型

1. H模型建立

V模型和W模型均存在一些不健全之处,首先如前所述,它们都把软件的开发视为需求、设计、编码等一系列串行的活动。而事实上虽然这些活动之间存在相互牵制的关系,但在大部分时间内它们是可以交叉进行的。虽然软件开发期望有清晰的需求、设计和编码阶段,但实践告诉我们严格的阶段划分只是一种理想状况。试问,有几个软件项目是在有了明确的需求之后才开始设计的呢?所以相应的测试之间也不应该存在严格的次序关系,并且各层次之间的测试也存在反复触发、迭代和增量关系;其次,V模型和W模型都没有很好地体现测试流程的完整性。

为了解决以上问题,人们提出了H模型,它将测试活动做成一个完全独立的流程,从而将测试准备活动和测试执行活动清晰地体现出来,如图1-4所示。

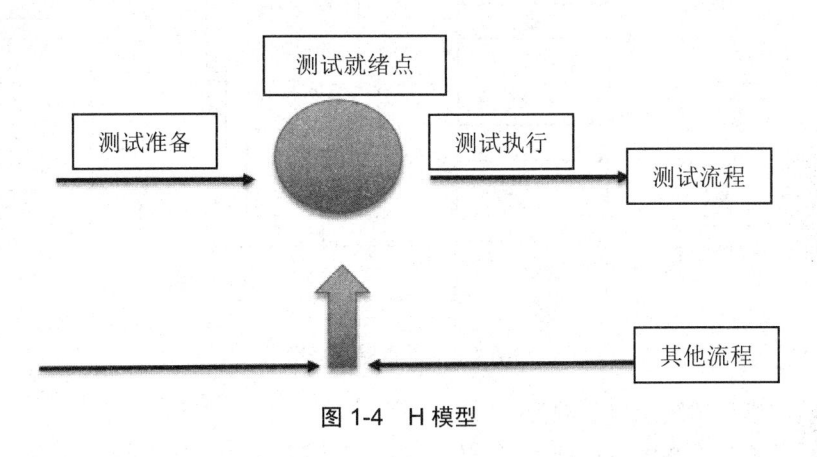

图 1-4　H模型

2. H模型应用

图1-4仅仅演示了在整个生产周期中某个层次上的一次测试"微循环",图中的其他流程可以是任意开发流程,如设计流程和编码流程。也可以是其他非开发流程,如软件质量保证(SQA)流程,甚至是测试流程自身。也就是说只要测试条件成熟且测试准备活动完成,测试执行活动就可以(或者说需要)进行。概括地说,H模型揭示了如下内容。

(1)软件测试不仅仅指测试的执行,还包括很多其他活动。
(2)软件测试是一个独立的过程,贯穿产品整个生命周期,与其他流程并发进行。
(3)软件测试要尽可能早地准备和执行。
(4)软件测试是根据被测物的不同而分层次进行的,不同层次的测试活动可以是按照某个次序先后进行的,也可能是反复的。

在H模型中软件测试模型作为一个独立的流程贯穿于整个产品周期,与其他流程并发地进行。当某个测试时间点就绪时,软件测试即从测试准备阶段进入测试执行阶段。

1.5.5 前置测试模型

前置测试模型是将测试和开发紧密结合而形成的模型,该模型提供了轻松的方式可以

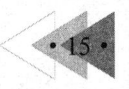

使项目加快速度，如图 1-5 所示。

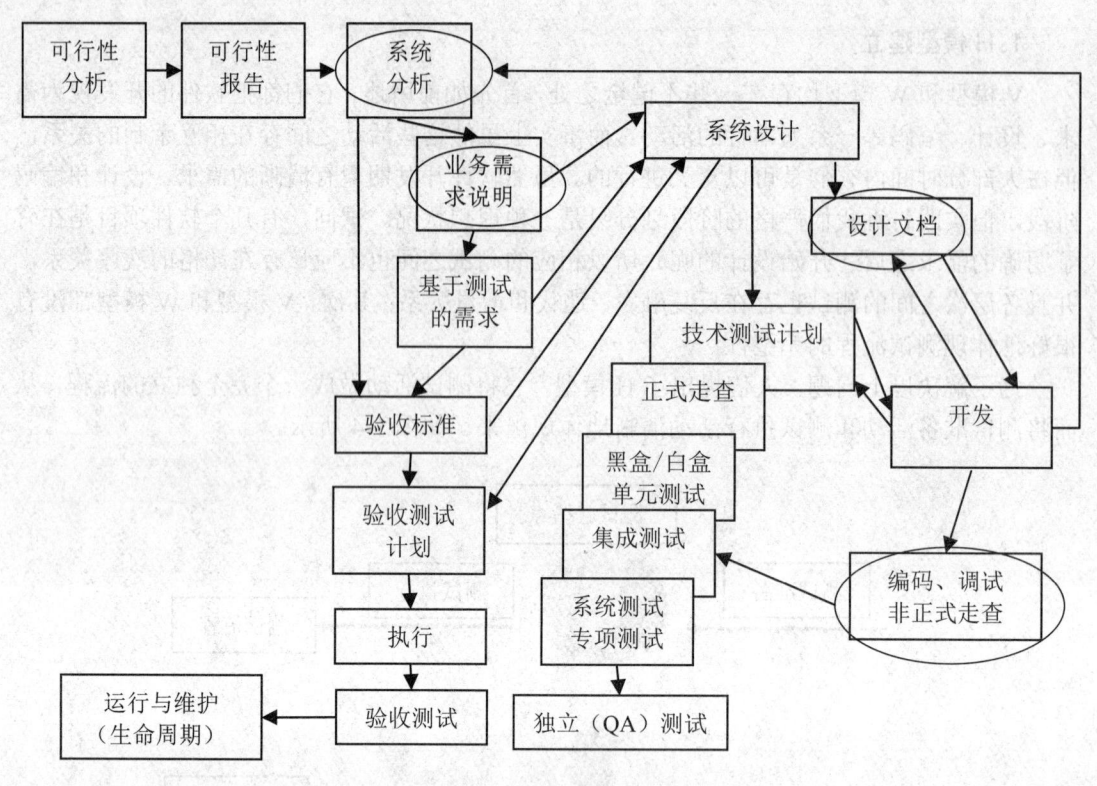

图 1-5　前置测试模型

前置测试模型体现了以下要点。

（1）开发和测试相结合：前置测试模型将开发周期和测试周期整合在一起，标识了项目生命周期从开始到结束之间的关键行为，以及这些行为在项目周期中的价值所在。如果其中有些行为没有得到很好的执行，那么项目成功的可能性就会因此而有所降低。如果有业务需求，则系统开发过程将更有效率。我们认为，在没有业务需求的情况下，进行开发和测试是不可能的，而且业务需求最好在设计和开发之前就被正确定义。

（2）对每一个交付内容进行测试：每一个交付的开发结果都必须通过一定的方式进行测试，源程序代码并不是唯一需要测试的内容。图中的椭圆框表示了其他一些要测试的对象，包括可行性报告、业务需求说明，以及系统设计文档等。这与 V 模型中开发和测试的对应关系是一致的，并且在其基础上有所扩展，变得更为明确。

（3）在设计阶段编写测试计划并进行测试设计：设计阶段是编写测试计划和测试设计的最好时机，很多组织要么根本不编写，要么在即将开始执行测试之前编写。在这种情况下，测试只是验证了软件的正确性，而不是验证整个系统本应实现的目标。

（4）测试和开发结合：前置测试将测试执行和开发相结合，并在开发阶段以编码——测试——编码——测试的方式来体现，也就是说程序片段一旦编写完成就会立即进行测试。一般情况下，先进行的是单元测试，因为开发人员认为通过测试来发现错误是最经济的方式。但也可参考 X 模型，即一个程序片段也需要相关的集成测试，甚至有时还需要一些特

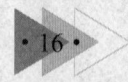

殊测试。对于一个特定的程序片段，其测试的顺序可以按照 V 模型的规定。但其中还会交织一些程序片段的开发，而不是按阶段完全地隔离。

（5）验收测试和技术测试保持相对独立：验收测试应该独立于技术测试，这样可以提供双重的保险，以保证设计及程序编码能够符合最终用户的要求。验收测试既可以在实施的第 1 步来执行，也可以在开发阶段的最后 1 步执行。前置测试模型提倡验收测试和技术测试遵循两条不同的路线来进行，每条路线分别地验证系统是否能够如预期设想的那样进行正常工作。这样当单独设计好的验收测试完成系统的验证时，我们即可确信这是一个正确的系统。

1.5.6 成熟度模型

1. CMM（Capability Maturity Model For Software，能力成熟度模型）

CMMI（Capability Maturity Model Integration，能力成熟度模型集成）在 CMM 的基础上发展而来，是由美国卡耐基梅隆大学软件工程研究所（Software Engineering Institute，SEI）组织全世界的软件过程改进和软件开发管理方面的专家历时 4 年而开发成功并在全世界推广实施的一种软件能力成熟度评估标准，主要用于指导软件开发过程的改进和进行软件开发能力的评估。

CMM 模型自 20 世纪 80 年代末推出并于 20 世纪 90 年代广泛应用于软件过程的改进以来，极大地促进了软件生产率的提高和软件质量的提高，为软件产业的发展和壮大做出了巨大的贡献。

CMM 模型主要用于软件过程的改进，促进企业软件能力成熟度的提高。但它对于系统工程、集成化产品和过程开发、供应商管理等领域的过程改进都存在缺陷，因而人们不得不分别开发软件以外其他学科的类似模型。

自从引入基于模型的过程改进之后工程界至少在如下重要领域已经有了变化。

（1）执行工程的环境变得更加复杂，工程量更大、需要更多的人员，工程会跨越公司界限，发布范围更宽更广；同时必须继续加快实现的进度以满足客户的需要，这样导致各种协调工作的大量增加。

（2）执行工程任务的方式已经有了进化，交叉学科群组、并行工程、高度自动化的过程及多国标准等都影响到工程实践，这样一个工程项目可能要涉及多个国际标准。

（3）CMM 的成功导致了各种模型的衍生，而每一种模型都探讨了某一特定领域中的过程改进问题，各机构也已采用多种改善模型分别处理各自的关键过程问题。在工程组织中模型的繁衍导致了过程改进目标和技术的冲突，也导致了实践人员在应用各种不同的模型来实现特定的需求时容易产生混淆，这就要求培训工作量也随之增长。

所有这些变化都表明有必要将各种过程的改进工作集成起来，包含在当代工程中各种各样的学科和过程是密切交叉在一起的。在应用不同模型时效率低下且容易混淆，常常要付出极其高昂的代价。因而需要有一种单一的过程改进框架而又能跨越多种学科的工具，CMMI 就是用来解决以下 3 类问题的。

（1）解决软件项目的过程改进难度增大问题：CMM 成功实施以后极大地提高了软件企业的开发效率和软件产品的质量，从而也提高了软件产品的可靠性和软件产业的信誉。

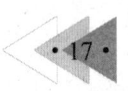

这样人们就对软件寄予了更大的希望，希望软件能够完成更多、更大、更复杂的任务。

（2）实现软件工程的并行与多学科组合：CMM 模型的成功实践促进了工程和产品开发的组织发生了巨大的变革，变革的目标主要是为了消除与分段开发有关的低效。在分段开发过程中中间产品传给下一阶段的工作人员时，有可能要进行大量的返工，以纠正原先的理解错误。并行工程、交叉学科群组、交叉功能群组、集成化产品群组，以及集成化产品和过程开发等都代表了在产品或服务的整个生命周期的合适时间内处理这类问题的不同方法。这种倾向意味着设计人员和客户要与制造人员、测试人员和用户共同工作，以支持开发需求的制造组织，这种工作方式蕴涵着所有关键的相关人员要支持产品或服务开发的所有阶段。

（3）实现过程改进的更大效益：尽管过程改进存在复杂化的因素，但软件管理专家相信其中的许多障碍可以通过一个集成过程改进的公共模型来克服，这种信念反映了在集成方面所进行的工作和 CMM 项目的作者和评审人员的经验。人们相信正如通过 CMM 的过程改进能够产生显著的效益一样，集成过程改进也能产生更大的效益。

从根本上来说，过程改进集成主要影响 4 个方面，即成本、侧重点、过程集成和灵活性。其中某些变化可能比另一些变化容易量化，但所有这些都体现了过程改进集成的真正优势。

在 CMMI 中每一种学科模型都有两种表示法，即阶段式表示法和连续式表示法。不同表示法的模型具有不同的结构，阶段式表示法强调的是组织的成熟度。从过程域集合的角度考察整个过程成熟度阶段，其关键术语是"成熟度"；连续式表示法强调的是单个过程域的能力，即从过程域的角度考查基线和度量结果的改善，其关键术语是"能力"。具体说明如下。

（1）阶段式表示法。

软件 CMM 是一种阶段式模型，该模型经过多年的成功使用已经被证明是有效的，这为选择阶段式表示法模型提供了最强有力的证据。考虑从不成熟组织向成熟组织的发展过程，阶段式表示法具有如下两方面优势。

1）为支持组织的过程改进提供了一个过程平台，该表示法将软件组织的软件能力成熟度描述为 5 级。对于着眼于改善过程成熟度的组织来说，阶段式表示法提供了一种明确且行之有效的跨越式发展途径。在阶段式模型中所描述的组织的 5 个成熟度等级中每实现一次等级间的跨越，组织就致力于解决某一方面的问题。例如，组织从成熟度等级 1 到成熟度等级 2 主要致力于项目管理过程的改进；从成熟度等级 2 到成熟度等级 3 主要致力于广泛的组织级过程的改进；从成熟度等级 3 到成熟度等级 4 主要致力于过程定量管理的过程的改进；从成熟度等级 4 到成熟度等级 5 主要致力于技术革新和优化过程的改进，通过这种方式阶段式表示法确定了组织进行过程改进的最佳次序。

2）阶段式表示法可以为组织定义一个过程成熟度等级，便于进行跨组织的比较。在该表示法中每一个过程域都被指定归属到一个成熟度等级中，因此基于阶段式表示法为组织所定义的成熟度等级中过程域的预期范围和应用将变得非常清晰。这样在对不同的组织进行比较时，只要对比其所达到的不同的成熟度等级即可知道该组织在过程域方面所存在的差别。

阶段式表示法存在两方面的不足，一是采用分组形式，将过程域划分到 5 个等级中。

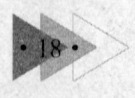

在一般情况下一个组织要到达某一个等级，必须满足该等级及其低等级的所有过程域，因而缺乏灵活性；二是每个等级都会出现同时进行多个过程改进的情况，因而工作量大，所花费的成本也很大。

（2）连续式表示法。

相比之下，连续式表示法不如阶段式表示法常用，采用该表示法有如下两个优势。

1）为用户进行过程改进提供了比较大的自由度。如上所述，阶段式表示法确定了组织进行过程改进的最佳次序，但同时也限定了必须遵循的单一改善路径。而连续式表示法则允许用户根据组织的业务目的来选择过程改进活动的次序。在该表示法中用户可以选择定义组织的成熟度等级，还可以选择定义更适合自身业务环境的过程域的次序。组织可以在一个自己选择的次序中使过程域达到给定的能力成熟度等级，而不必遵循单一的阶段式模型的原则。

2）基于连续式表示法对组织的过程进行评估，其结果具有更好的可见性。在该表示法中可以为每个过程域定义多个能力成熟度等级，从而可以增强对过程改进中强项和弱点的认识。由于连续式表示法是对每个个别的过程域进行单独的评定，并给出个别过程域的能力成熟度等级特征图，所以更便于观察。

连续式表示法也存在两方面的不足，一是由于没有规定过程域应用的顺序，因而组织的过程改进需要软件过程改进专家的指导，以便确定组织需要改进的过程和改进的先后次序；二是尽管组织应用连续式表示法进行了过程改进，但难以与其他软件组织进行组织间过程能力的比较。

CMMI 共有 5 个级别，分别代表软件团队能力成熟度的 5 个等级。数字越大，成熟度越高，表示有比较强的软件综合开发能力。

1 级为执行级。在执行级水平上，软件组织对项目的目标与要做的努力很清晰，项目的目标可以实现。但是由于任务的完成带有很大的偶然性，所以软件组织无法保证在实施同类项目时仍然能够完成任务。项目实施能否成功主要取决于实施人员。

2 级为管理级。在管理级水平上所有第 1 级的要求都已经达到；另外，软件组织在项目实施上能够遵守既定的计划与流程，有资源准备且权责到人。对项目相关的实施人员进行了相应的培训，对整个流程进行监测与控制并联合上级单位对项目与流程进行审查。该级水平的软件组织对项目有一系列管理程序，避免了软件组织完成任务的随机性，保证了软件组织实施项目的成功率。

3 级为明确级。在明确级水平上，所有第 2 级的要求都已经达到；另外，软件组织能够根据自身的特殊情况及自己的标准流程，将这套管理体系与流程予以制度化。这样软件组织不仅能够在同类项目上成功，也可以在其他项目上成功，科学管理成为软件组织的一种文化和财富。

4 级为量化级。在量化级水平上，所有第 3 级的要求都已经达到；另外，软件组织的项目管理也实现了数字化。通过数字化技术来实现流程的稳定性并保证管理的精度，降低项目实施在质量上的波动。

5 级为优化级。在优化级水平上，所有第 4 级的要求都已经达到；另外，软件组织能够充分利用信息资料，预防在项目实施的过程中可能出现的"次品"，并且能够主动地改善流程，运用新技术并实现流程的优化。

由上述的 5 个级别可以看出，每一个级别都是更高一级的基石，要上高层台阶必须首先踏上所有下层的台阶。应用 CMMI 是一个庞大的过程元模型，自发布以来在世界软件界产生了巨大的影响。CMMI 等级评估已经成为业界公认的标准，其证书成为一个企业或组织能力和形象的标志。这个证书会有利于在国内、国外大型软件项目的竞标中获胜。CMMI 适合企业操作，避免了某些管理体系只重理论而忽视实践的缺陷。在我国许多企业引入了 CMMI 咨询和认证，对于整个软件行业的管理提升及研发效率提高起到了很大的帮助作用。但也有一些企业引入 CMMI 体系后只留下一些形式上的开发流程和文档模板，在管理上并无实质性改进。对于 CMMI，业界一直存在两种声音，有人认为 CMMI 执行过度，得不偿失。也有人说它过于通用，实用价值不大。但多数人还是认同它，并根据需要加以应用。

2. 软件测试的成熟度模型

衡量软件企业研发和管理能力是 CMM 及后面推出的 CMMI 的目标，很多公司通过 CMM 的各个级别的认证为企业承接项目添加了砝码。而对于软件测试行业来说，还没有出现一个认证机构测评一个从事软件测试项目的企业具有的能力。近几年，推出的 TCMM（Testing Capability Maturity Model，测试能力成熟度模型）成为了行业的标准，TCMM 也分为 5 级。

1 级 Initial（初始级）。测试处于一个混乱的状态，还不能把测试与调试分开。在编码完成后才进行测试工作。测试和调试交叉在一起的目的就是发现软件中的缺陷，测试的目的是表明软件没有错。在该级别软件产品发布后没有质量保证，并且缺乏测试相应的测试资源。例如，专职测试人员和测试工具，测试人员也没有经过培训。处于这个级别的公司在测试中缺乏成熟的测试目标，测试处于可无可有的地位。

2 级 Phase Definition（阶段定义级）。测试与调试分开并把测试作为编码后的一个阶段。尽管将测试看作是一个有计划的行为，但是由于测试的不成熟，即仅在编码后制订测试计划，所以测试完全针对源代码。处于这个级别的公司测试的首要目的就是验证软件符合需求，并且会采用基本的测试技术和方法。由于测试处于软件生命周期的末尾环节，所以导致出现很多无法弥补的质量问题；另外，在需求和设计阶段产生的很多问题被引入到编码中，但基于源代码的测试导致产生了很多的问题无法解决。

3 级 Integration（集成级）。测试不再是编码后的一个阶段，而是贯穿在整个软件生命周期中。正如软件测试领域的 V 模型，在需求阶段软件测试开始介入。测试是建立在满足用户或客户的需求上，根据需求设计测试用例和作为测试的依据。处于这个级别的公司测试工作由独立的部门负责，测试部门与开发部门分开独立开展工作。测试部门有自己的技术培训并且有测试工具辅助进行测试工作。尽管处于这个阶段的公司认识到了评审在质量控制中的重要性，但是并没有建立有效的评审制度。所以还不能在软件生命周期的各个阶段实施评审制度，即没有建立质量控制和质量度量标准。

4 级 Management and Measurement（管理和度量级）。测试是一个度量和质量控制过程。在软件生命周期中评审作为测试和软件质量控制的一部分，被测试的软件产品标准包括可靠性、可用性和可维护性等。在测试项目中设计的测试用例分别保存在测试用例数据库中，以便于重用和回归测试，使用缺陷管理系统管理软件缺陷并划分缺陷的级别。但是处于这个阶段的公司还没有建立起缺陷预防机制,并且缺乏自动地对测试中产生的数据进行收集和分析的手段。

5 级 Optimization(优化级)。测试具有缺陷预防和质量控制的能力。建立在 4 级基础上的测试公司已经建立了测试规范和流程,测试是受控的和被管理的。而达到这个级别的公司坚决贯彻落实测试规范和流程且不断地进行测试过程改进,在实践中运用缺陷预防和质量控制措施。整个测试过程是被以往经验所驱动的,并且是可信任和可靠的。选择和评估测试工具存在一个既定的流程,测试工具支持测试用例的运行和管理并辅助设计用例和维护测试相关资料,缺陷收集和分析为缺陷预防和质量控制提供支持。

看了上面对于测试能力成熟度模型的分析,我们不难看出目前国内从事软件测试的公司还处于 2 级或 3 级,这与现在软件测试还是一个尚未成熟的行业有关。测试技术和测试工具还在发展之中,各个公司都在摸索阶段。从事测试外包的公司会好一些,它们为微软、IBM、Motorola 等公司提供测试服务,基本上是按照委托方的要求或带领下进行测试工作。而国内做软件产品和承接软件开发的公司虽然有的建立了独立的测试团队并制订了测试规范和测试流程或者评审制度,但是测试工作还是在摸索阶段,几乎没有现成的经验可参考。所以目前急需建立软件测试的行业标准,以推动测试行业的发展,让测试有据可依。

1.5.7 选择软件测试过程模型

前面我们介绍了几种典型的测试模型,应该说这些模型对指导测试工作具有重要的意义。但任何模型都不是完美的,我们应该尽可能地应用模型中对项目有实用价值的方面,而不强行地为使用模型而使用模型;否则没有实际意义。

在这些模型中,V 模型强调了在整个软件项目开发中需要经历的若干个测试级别。而且每一个级别都与一个开发级别相对应,但忽略了测试的对象不应该仅仅包括软件,或者说没有明确地指出应该对软件的需求、设计进行测试,而这一点在 W 模型中得到了补充。W 模型强调了测试计划等工作的先行核对系统需求和系统设计的测试,但它和 V 模型一样也没有专门对软件测试流程予以说明。因为事实上随着软件质量要求越来越为人们所重视,所以软件测试也逐步发展成为一个独立于软件开发部的组织。就每一个软件测试的细节而言,它都有一个独立的操作流程。例如,现在的第三方测试包含了从测试计划和测试案例编写,到测试实施及测试报告编写的全过程。这个过程在 H 模型中得到了相应的体现,即测试是独立的。也就是说,只要测试前提具备就可以开始测试。当然 X 模型和前置测试模型又在此基础上增加了许多不确定因素的处理情况,因为在真实项目中经常会有变化的发生。例如,需要重新访问前一阶段的内容,或者跟踪并纠正以前提交的内容。以修复错误,排除多余的成分,以及增加新发现的功能等。

因此在实际的工作中我们要灵活地运用不同模型的优势,在 W 模型的框架下运用 H 模型的思想进行独立测试;同时将测试与开发紧密结合。以寻找恰当的就绪点开始测试并反复迭代测试,最终保证按期完成预定目标。

1.6 软件缺陷

软件缺陷又被叫做"Bug",即计算机软件中存在的某种破坏正常运行能力的问题、错误,或者隐藏的功能缺陷,它的存在会导致软件产品在某种程度上不能满足用户的需要。"IEEE 729-1983"对缺陷有一个标准的定义:"从产品内部看,缺陷是软件产品开发或维护过程中存在的错误、毛病等各种问题;从产品外部看,缺陷是系统所需要实现的某种功能的失效或违背。"在软件开发生命周期的后期,修复检测到的软件错误的成本较高。

缺陷的表现形式不仅体现在功能的失效方面,还体现在其他方面,主要类型一是软件没有实现产品规格说明书所要求的功能;二是软件中出现了产品规格说明书指明不应该出现的错误;三是软件实现了产品规格说明书没有提到的功能;四是软件没有实现虽然产品规格说明书没有明确提及但应该实现的目标;五是软件难以理解、不容易使用且运行缓慢,或从测试人员的角度看最终用户会认为不好。

【案例】计算器的开发。

计算器的"产品规格说明书"规定指出可以准确无误地执行加、减、乘、除运算,如果按下加法键没有反应或者计算结果出错,则是第 1 种类型的缺陷;产品规格说明书还可能规定计算器不会死机,或者停止反应。如果随意敲键盘导致计算器停止接收输入,则是第 2 种类型的缺陷;如果使用计算器测试发现除了加、减、乘、除之外还可以求平方根,但是产品规格说明书没有提及这一功能,则是第 3 种类型的缺陷——软件实现了产品规格说明书中未提及的功能;如果发现电池没电会导致计算不正确,而产品规格说明书是假定电池一直都有电,从而发现第 4 种类型的错误;如果软件测试人员发现某些地方不对,如按键太小、"="键的布局位置不好、在亮光下看不清显示屏等,无论什么原因都要认定为缺陷,而这正是第 5 种类型的缺陷。

1.6.1 概述

1. 缺陷属性

(1)缺陷标识(Identifier):标记某个缺陷的一组符号,每个缺陷必须有一个唯一的标识。

(2)缺陷类型(Type):根据缺陷的自然属性划分的缺陷种类。

(3)缺陷严重程度(Severity):因缺陷引起的故障对软件产品的影响程度。

(4)缺陷优先级(Priority):缺陷必须被修复的紧急程度。

(5)缺陷状态(Status):缺陷通过一个跟踪修复过程的进展情况。

(6)缺陷起源(Origin):缺陷引起的故障或事件第 1 次被检测到的阶段。

(7)缺陷来源(Source):引起缺陷的起因。

(8)缺陷根源(Root Cause):产生缺陷的根本因素。

2. 缺陷类型

(1)F-Function:影响了重要的特性、用户界面、产品接口、硬件结构接口和全局数据结构。并且设计文档需要正式的变更,如逻辑、指针、循环、递归、功能等缺陷。

(2)A-Assignment:需要修改少量代码,如初始化或控制模块,包括声明、重复命名,

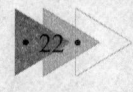

范围、限定等缺陷。

（3）I-Interface：与其他组件、模块或设备驱动程序、调用参数、控制块或参数列表相互影响的缺陷。

（4）C-Checking：提示的错误信息，不适当的数据验证等缺陷。

（5）B-Build/package/merge：由于配置库、变化管理或版本控制引起的错误。

（6）D-Documentation：影响发布和维护，包括注释。

（7）G-Algorithm：算法错误。

（8）U-User Interface：屏幕格式、确认用户输入、功能有效性，以及页面排版等方面的缺陷。

（9）P-Performance：不满足系统可测量的属性要求，如执行时间、事务处理速率等。

（10）N-Norms：不符合各种标准的要求，如编码标准、设计符号等。

3. 缺陷严重程度

（1）Critical：很严重的错误，不能执行正常工作功能或重要功能，或者危及人身安全。

（2）Major：不太严重地影响系统要求或基本功能的实现，并且没有办法更正（重新安装或重新启动该软件不属于更正办法）。

（3）Minor：小的会影响系统要求或基本功能的问题，且存在合理的更正办法（重新安装或重新启动该软件不属于更正办法）。

（4）Cosmetic：使用户不方便或遇到麻烦，但不影响实现正常功能或重要功能。

（5）Other：其他错误。

4. 同行评审错误严重程度

（1）Major：主要且较大的缺陷。

（2）Minor：次要且小的缺陷。

5. 缺陷优先级

（1）Resolve Immediately：缺陷必须被立即解决。

（2）Normal Queue：缺陷需要正常排队等待修复或列入软件发布清单。

（3）Not Urgent：缺陷可以在方便时被解决。

6. 缺陷状态

（1）Submitted：已提交的缺陷。

（2）Open：确认"提交的缺陷"并等待处理。

（3）Rejected：拒绝"已提交的缺陷"，不需要修复或不是缺陷。

（4）Resolved：缺陷被修复。

（5）Closed：确认被修复的缺陷，将其关闭。

7. 缺陷起源

（1）Requirement：在需求阶段发现的缺陷。

（2）Architecture：在构架阶段发现的缺陷。

（3）Design：在设计阶段发现的缺陷。

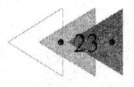

（4）Code：在编码阶段发现的缺陷。

（5）Test：在测试阶段发现的缺陷。

8．缺陷来源

（1）Requirement：由于需求问题引起的缺陷。

（2）Architecture：由于构架问题引起的缺陷。

（3）Design：由于设计问题引起的缺陷。

（4）Code：由于编码问题引起的缺陷。

（5）Test：由于测试问题引起的缺陷。

（6）Integration：由于集成问题引起的缺陷。

9．缺陷级别

一旦发现软件缺陷，就要设法找到产生这个缺陷的原因，并且分析对产品质量的影响，然后确定软件缺陷的严重性和处理这个缺陷的优先级。各种缺陷所造成的后果不同，有的仅仅是不方便，有的可能是灾难性的。一般问题越严重，其处理优先级就越高，可以概括为以下 4 种级别。

（1）微小的（Minor）：一些小问题，如有个别错别字、文字排版不整齐等。对功能几乎没有影响，软件产品仍可使用。

（2）一般的（Major）：不太严重的错误，如次要功能模块丧失、提示信息不够准确、用户界面差和操作时间长等。

（3）严重的（Critical）：很严重的错误，指功能模块或特性没有实现，以及主要功能部分丧失，或次要功能全部丧失，或致命的错误声明。

（4）致命的（Fatal）：致命的错误，造成系统崩溃、死机，或数据丢失、主要功能完全丧失等。

除了严重性之外，还存在反映软件缺陷处于一种什么样的状态，以便于及时跟踪和管理，下面是不同的缺陷状态。

（1）激活状态（Open）：问题没有解决，测试人员新报告的缺陷或者验证后缺陷仍旧存在。

（2）已修正状态（Fixed）：开发人员针对缺陷修正软件后已解决问题或通过单元测试。

（3）关闭状态（Close）：测试人员经过验证后确认缺陷不存在之后的状态。

以上是 3 种基本的状态，还有一些需要相应的状态描述，如"保留"和"不一致"状态等。

1.6.2 产生原因

在软件开发的过程中，软件缺陷的产生是不可避免的。从软件本身、团队工作和技术问题等角度分析，可以了解造成软件缺陷的主要因素。

软件缺陷的产生主要是由软件产品的特点和开发过程决定的。

1．软件本身的原因

（1）需求不清晰，导致设计目标偏离客户的需求，从而引发功能或产品特征上的缺陷。

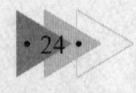

(2) 系统结构非常复杂，而又无法设计成一个很好的层次结构或组件结构，从而导致意想不到的问题或系统维护及扩充上的困难。即使设计良好的面向对象的系统，由于对象、类太多，所以很难完成对各种对象、类相互作用的组合测试而导致隐藏一些参数传递、方法调用、对象状态变化等方面的问题。

(3) 对程序逻辑路径或数据范围的边界考虑不够周全，漏掉某些边界条件造成容量或边界错误。

(4) 对一些实时应用要进行精心设计和技术处理，保证精确的时间同步，否则容易引发时间上的不一致性带来的问题。

(5) 没有考虑系统崩溃后的自我恢复或数据的异地备份、灾难性恢复等问题，从而存在系统安全性及可靠性的隐患。

(6) 系统运行环境复杂。用户使用的计算机环境千变万化，包括用户的各种操作方式或各种不同的输入数据容易引发一些特定用户环境下的问题。在系统实际应用中数据量很大，从而会引发强度或负载问题。

(7) 由于通信端口多、存取和加密手段的矛盾性等，所以会造成系统的安全性或适用性等问题。

(8) 新技术的采用可能涉及技术或系统兼容的问题，事先没有考虑周全。

2. 团队工作的原因

(1) 系统需求分析时对客户的需求理解不清楚，或者和用户的沟通存在一些困难。

(2) 不同阶段的开发人员相互理解不一致，如软件设计人员对需求分析的理解有偏差，以及编程人员对系统设计规格说明书中的某些内容重视不够或存在误解。

(3) 对于设计或编程上的一些假定或依赖性，相关人员没有充分沟通。

(4) 项目组成员技术水平参差不齐或新员工较多，或培训不够等原因也容易引发问题。

3. 技术原因

(1) 算法错误：在给定条件下未能给出正确或准确的结果。

(2) 语法错误：编译性语言程序编译器可以发现这类问题，但是解释性语言程序只能在测试运行时发现。

(3) 计算和精度问题：计算的结果没有满足所需要的精度。

(4) 系统结构、算法问题：系统结构不合理、算法选择不科学，造成系统性能低下。

(5) 接口参数问题：接口参数传递不匹配导致模块集成出现问题。

4. 项目管理的原因

(1) 缺乏质量文化，不重视质量计划，对质量、资源、任务、成本等的平衡性把握不好，从而容易挤掉需求分析、评审、测试等时间，导致遗留的缺陷会比较多。

(2) 系统分析时对客户的需求不是十分清楚，或者和用户的沟通存在一些困难。

(3) 开发周期短，需求分析、设计、编程、测试等各项工作不能完全按照定义的流程来进行。工作不够充分，结果也就不完整、不准确，错误较多。周期短还给各类开发人员造成太大的压力，引发一些人为的错误。

(4) 开发流程不够完善，存在太多的随机性。缺乏严谨的内审或评审机制，容易产生

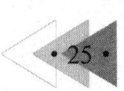

问题。

（5）文档不完善，风险估计不足等。

1.6.3 软件缺陷的分类

从软件测试观点出发，软件缺陷有以下 6 大类（共 25 种）。

1. 功能缺陷

（1）需求规格说明书缺陷：需求规格说明书可能不完全，有二义性或自身矛盾；另外，在设计过程中可能修改功能。如果不能紧跟这种变化并及时修改需求规格说明书，则产生该类缺陷。

（2）功能缺陷：软件实现的功能与用户要求的不一致，通常是由于需求规格说明书中包含错误的功能、多余的功能或遗漏的功能所致，在发现和改正这些缺陷的过程中又可能引入新的缺陷。

（3）测试缺陷：软件测试的设计与实施发生错误，特别是系统级的功能测试不仅要求复杂的测试环境和数据库支持，还需要编写测试脚本，因此软件测试自身也可能发生错误；另外，如果测试人员对系统缺乏了解或对需求规格说明书做了错误的解释，也会发生许多错误。

（4）测试标准引发的缺陷：对软件测试的标准要选择适当，若测试标准过于复杂，则导致测试过程出错的可能很大。

2. 系统缺陷

（1）外部接口缺陷：外部接口是指系统与终端、打印机、通信线路等外部环境通信的手段，所有外部接口之间、人与机器之间的通信都使用形式或非形式的专门协议。如果协议有错或太复杂，难以理解，致使在使用中出错；此外，还包括对输入/输出格式的错误理解，对输入数据不合理的容错等。

（2）内部接口缺陷：内部接口是指程序内部子系统或模块之间的联系，所引发的缺陷与外部接口相同，只是与程序内实现的细节有关。例如，设计协议错、输入/输出格式错、数据保护不可靠、子程序访问出错等。

（3）硬件结构缺陷：不能正确理解硬件如何工作，如忽视或错误地理解分页机构、地址生成、通道容量、I/O 指令、中断处理、设备初始化和启动等而导致的出错。

（4）操作系统缺陷：不了解操作系统的工作机制而导致出错，当然操作系统本身也有缺陷，但是一般用户很难发现这种缺陷。

（5）软件结构缺陷：由于软件结构不合理而产生的缺陷，这种缺陷通常与系统的负载有关，而且往往在系统满载时才出现。例如，错误地设置局部参数或全局参数、错误地假定寄存器与存储器单元已初始化、错误地假定被调用子程序常驻内存或非常驻内存等。

（6）控制与顺序缺陷：例如，忽视了时间因素而破坏了事件的顺序、等待一个不可能发生的条件、漏掉先决条件、规定错误的优先级或程序状态、漏掉处理步骤，以及存在错误或多余的处理步骤等。

（7）资源管理缺陷：由于错误地使用资源而产生的缺陷，如使用未经获准的资源、使用后未释放资源、资源死锁，以及把资源链接到错误的队列中等。

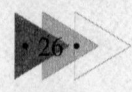

3. 加工缺陷

（1）算法与操作缺陷：在算术运算、函数求值和一般操作过程中发生的缺陷，如数据类型转换错、除法溢出、错误地使用关系运算符，以及错误地使用整数与浮点数做比较等。

（2）初始化缺陷：例如，忘记初始化工作区、忘记初始化寄存器和数据区、错误地为循环控制变量赋初值，以及用错误的格式、数据或类类型进行初始化等。

（3）控制和次序缺陷：与系统级同名缺陷相比，它属于局部缺陷。例如，遗漏路径、不可达到的代码、不符合语法的循环嵌套、循环返回和终止的条件不正确，以及漏掉处理步骤或处理步骤有错等。

（4）静态逻辑缺陷：例如，错误地使用 switch 语句、在表达式中使用错误的否定（如用 ">" 代替 "<" 的否定）、对情况不适当地分解与组合，以及混淆"或"与"异或"等。

4. 数据缺陷

（1）动态数据缺陷：动态数据是在程序执行过程中暂时存在的数据，它的生存期非常短。各种不同类型的动态数据在执行期间将共享一个共同的存储区域，若软件启动时对这个区域未初始化，则导致数据出错。

（2）静态数据缺陷：静态数据在内容和格式上都是固定的，它们直接或间接地出现在程序或数据库中。有编译程序或其他专门对它们做预处理，但预处理也会出错。

（3）数据内容、结构和属性缺陷：数据内容是指存储于存储单元或数据结构中的位串、字符串或数字，其缺陷是由于内容被破坏或被错误地解释而造成的；数据结构是指数据元素的大小和组织形式，在同一存储区域中可以定义不同的数据结构，其缺陷包括结构说明错误及数据结构误用的错误；数据属性是指数据内容的含义或语义，其缺陷包括对错误地解释数据属性，如把整数作为实数，以及允许不同类型的数据混合运算而导致的缺陷等。

5. 代码缺陷

代码缺陷包括数据说明错、数据使用错、计算错、比较错、控制流错、界面错、输入/输出错，以及其他错误。

6. 需求规格说明书缺陷

需求规格说明书是软件缺陷出现最多的地方，其原因如下。

（1）用户一般是非软件开发专业人员，软件开发人员和用户的沟通存在较大困难，对要开发产品的功能理解不一致。

（2）由于在开发初期软件产品还没有设计和编程，只能完全靠想象描述系统的实现结果，所以有些需求特性不够完整、清晰。

（3）用户的需求总是不断变化，如果这些变化没有在需求规格说明书中得到正确的描述，则容易引起前后文、上下文的矛盾。

（4）不够重视需求规格说明书，在其编写上投入的人力及时间不足。

（5）没有在整个开发队伍中进行充分沟通，有时只有设计师或项目经理得到比较多的信息。

（6）排在编写需求规格说明书之后的阶段是设计，编程排在第 3 个阶段。在许多人的印象中软件测试主要是找软件代码中的错误，这是一个认识的误区。

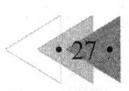

1.6.4 软件缺陷处理跟踪

软件缺陷的处理跟踪是测试工作的一个重要部分，测试的目的是为了尽早发现软件中的缺陷，而对软件缺陷进行跟踪管理的目的是确保每个被发现的缺陷都能够及时得到处理。软件测试过程简单说就是围绕缺陷进行的，对缺陷的处理跟踪一般而言需要达到以下目标。

（1）确保每个被发现的缺陷都能够被解决，"解决"的意思不一定是被修正，也可能是其他处理方式（例如，延迟到下一个版本中修正或者由于技术原因不能被修正）。总之，对每个被发现的缺陷的处理方式必须能够在开发组织中达到一致。

（2）收集缺陷数据并根据缺陷趋势曲线识别测试处于测试过程中的哪个阶段。

（3）决定测试过程是否结束，通过缺陷趋势曲线来确定测试过程是否结束是常用并且较为有效的一种方式。

（4）收集缺陷数据并进行分析，作为组织过程改进的财富。

1.6.5 软件缺陷生命周期

生命周期的概念是一个物种从诞生到消亡经历的不同的生命阶段，软件缺陷的生命周期指从其被发现、报告到被修复、验证直至最后关闭的完整过程。在整个软件缺陷的生命周期中，通常是以改变软件缺陷的状态来体现不同的生命阶段。因此对于一个软件测试人员来讲，需要关注软件缺陷在生命周期中的状态变化来跟踪项目进度和软件质量，如图1-6所示。

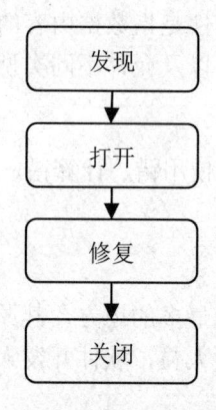

发现 → 打开 → 修复 → 关闭

图1-6 软件缺陷的生命周期

其步骤说明如下。

（1）发现—打开：测试人员找到软件缺陷并将其提交给开发人员。

（2）打开—修复：开发人员再现并修复缺陷，然后提交给测试人员验证。

（3）修复—关闭：测试人员验证修复过的软件，关闭已不存在的缺陷。

在实际工作中，软件缺陷的生命周期不可能像如上述那么简单，需要考虑其他多种情况。一个复杂软件缺陷生命周期的例子如图1-7所示。

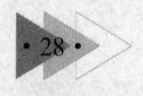

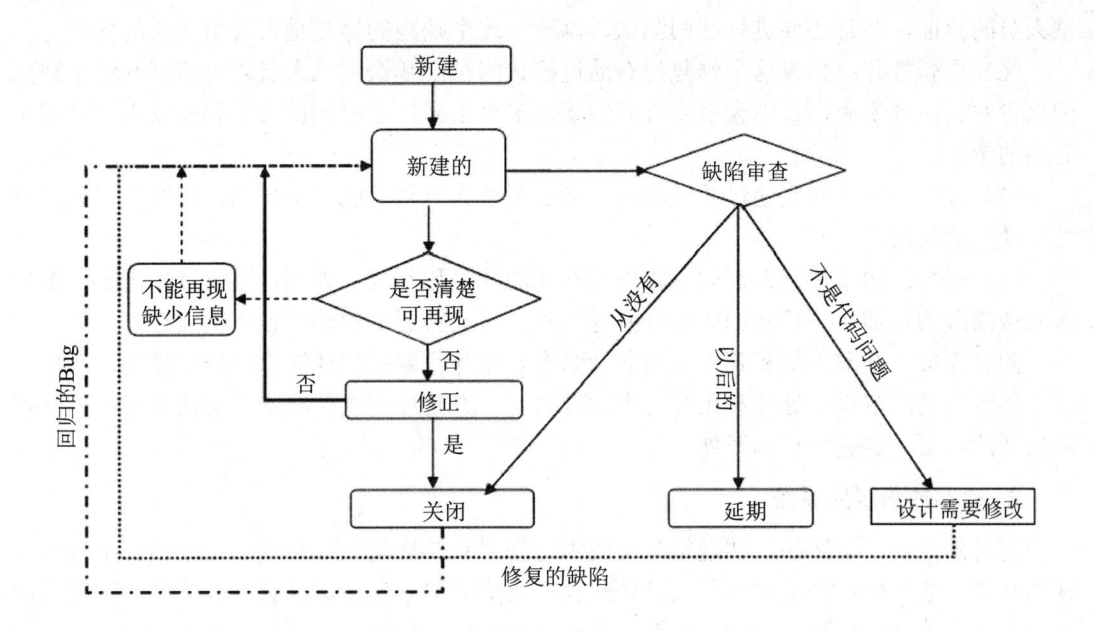

图 1-7　复杂软件缺陷生命周期的例子

综上所述，软件缺陷在生命周期中会经历数次审阅和状态变化。最终测试人员消除它，结束其生命周期。软件缺陷生命周期中的不同阶段是测试人员、开发人员和管理人员一起参与、协同测试并解决的过程，它一旦被发现即进入测试人员、开发人员、管理人员的严密监控之中，直至其生命周期终结。这样既可保证在较短的时间内高效率地关闭所有的缺陷，缩短软件测试的进程，提高软件质量，也可减少开发、测试和维护的成本。

1.6.6　软件缺陷处理

1. 软件缺陷处理技巧

管理人员、测试人员和开发人员需要掌握在软件缺陷生命周期的不同阶段处理软件缺陷的技巧，从而尽快处理它，缩短其生命周期。以下列出处理软件缺陷的基本技巧。

（1）审阅：当测试人员在缺陷跟踪数据库中输入一个新的缺陷时，应该提交它，以便在其能够起作用之前进行审阅。这种审阅可以由测试管理员、项目管理员或其他人员来进行，主要审阅缺陷报告的质量水平。

（2）拒绝：如果审阅者决定需要对一份缺陷报告进行重大修改，如添加更多的信息或者改变缺陷的严重等级，则应该和测试人员一起讨论。由测试人员纠正缺陷报告，然后再次提交。

（3）肯定：如果测试人员已经完整地描述了缺陷的特征并将其分离，那么审阅者应肯定这个报告。

（4）分配：当开发组得到完整描述特征并分离的缺陷时，测试人员会将报告分配给适当的开发人员。如果不知道具体开发人员，则应分配给项目开发组长，由其分配给相应的开发人员。

（5）测试：一旦开发人员修复一个缺陷，则将进入测试阶段。缺陷的修复需要得到测

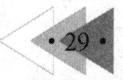

试人员的验证，并且还要进行回归测试，以检查这个缺陷的修复是否会引入新的问题。

（6）重新打开：如果这个修复没有通过确认测试，那么测试人员将重新打开这个缺陷的报告并加注释说明，否则会引发打开与修复多个来回，造成测试人员和开发人员之间不必要的矛盾。

（7）关闭：如果修复通过验证测试，那么测试人员将关闭这个缺陷，只有测试人员有关闭缺陷的权限。

（8）暂缓：如果每个人都同意将确实存在的缺陷移到以后处理，则应该指定下一个版本号或修改的日期。一旦新的版本开始开发时，这些暂缓的缺陷应该重新被打开。

测试人员、开发人员和管理人员必须紧密合作并且掌握软件缺陷的处理技巧，在项目的不同阶段及时审查、处理和跟踪每个软件缺陷，方可加速软件缺陷状态的变换；同时提高软件的质量，促进项目的发展。

2. 软件缺陷跟踪系统

到目前为止，讲述的一切运用到实践中还需要软件缺陷跟踪系统，以便描述报告所发现的缺陷、处理软件缺陷属性，以及跟踪软件缺陷的整个生命周期和生成软件缺陷跟踪图表等。建立一套软件缺陷跟踪系统会让我们受益无穷，概括起来有如下7个方面。

（1）软件缺陷跟踪系统应建立软件缺陷跟踪数据库，它不仅有利于软件缺陷的清楚描述，并且提供统一的标准化报告，使所有人的理解一致。

（2）缺陷跟踪数据库允许自动连续地进行软件缺陷编号，并且提供大量供分析和统计的选项，这是手工方法无法实现的。

（3）基于缺陷跟踪数据库可快速生成满足各种查询条件、必要的缺陷报表及曲线图等，开发小组乃至公司的每一个人都可以随时掌握软件产品质量的整体状况或测试及开发的进度。

（4）缺陷跟踪数据库提供了软件缺陷属性并允许开发小组根据对项目的相对和绝对重要性来修复缺陷。

（5）可以在软件缺陷的生命周期中管理缺陷，从最初的报告到最后的解决，确保每一个缺陷不会被忽略；同时，它还可以使注意力保持在那些必须尽快修复的重要缺陷上。

（6）当缺陷在其生命周期中变化时，开发人员、测试人员及管理人员将熟悉新的软件缺陷信息。一个设计良好的软件缺陷跟踪系统可以获取历史记录，并在检查缺陷的状态时参考历史记录。

（7）在软件缺陷跟踪数据库中关闭的每一份缺陷报告都应该记录下来，当产品送出时每一份未关闭的缺陷报告都提供了预先警告的有效技术支持，并且证明测试人员找到特殊情况下突然出现的事件中的软件缺陷。

3. 软件缺陷报告

任何一个缺陷跟踪系统的核心都是"软件缺陷报告"，一份软件缺陷报告的详细信息如表1-1所示。

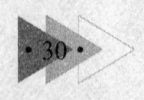

表 1-1 一份软件缺陷报告的详细信息

分 类	项 目	描 述
可跟踪信息	缺陷编号 ID	唯一自动产生并用于识别、跟踪、查询
缺陷的基本信息	缺陷状态	可分为"打开或激活的""已修正""关闭"等
	缺陷标题	描述缺陷的最主要信息
	缺陷的严重程度	一般分为"致命""严重""一般""较小"等 4 种程度
	缺陷优先级	描述缺陷的紧急程度,1 是优先级最高等级;2 是正常等级;3 是优先级最低等级
	缺陷的产生频率	描述缺陷发生的可能性 1%~100%
	缺陷信息提交人	缺陷信息提交人的姓名(与邮件地址联系),一般是发现缺陷的测试人员或其他人员
	缺陷提交时间	缺陷信息提交的时间
	缺陷所属项目和模块	缺陷所属的项目和模块,最好较精确地定位至模块
	缺陷信息指定解决人	安排修复这个缺陷的开发人员,在缺陷状态下由开发组长指定相关的开发人员,也会自动和该开发人员的邮件地址相联系并自动发出邮件
	缺陷验证人	验证缺陷是否真正被修复的测试人员,也会和邮件地址相联系
	缺陷验证结果	描述验证结果(通过、不通过)
	验证缺陷时间	记录验证缺陷已解决时间
缺陷的详细描述	步骤	对缺陷的操作过程,按照步骤一步一步地描述
	期望的结果	按照需求规格说明书在上述步骤之后所期望的结果,即正确的结果
	实际发生的结果	软件实际发生的结果,即错误的结果
测试环境说明	测试环境	测试环境包括操作系统、浏览器、网络带宽、通信协议等
必要的附件	图片、日志文件	对某些文字很难表达清楚的缺陷,使用图片等附件是必要的。对于软件崩溃现象,需要使用类似 soft_ICE 工具的捕捉日志文件作为附件提供给开发人员

4. 软件缺陷的详细描述

软件缺陷的详细描述由 3 个部分组成,即操作/重现步骤、期望结果、实际结果,说明如下。

(1)操作/重现步骤:提供了如何重复当前缺陷的准确描述,应简明而完备、清晰而准确。这些信息对开发人员是关键的,视为修复缺陷的向导,开发人员有时抱怨糟糕的缺陷报告往往集中在这里。

(2)期望结果:与测试用例标准或需求规格说明书等一致,达到软件预期的功能。测试人员站在用户的角度描述,它提供了验证缺陷的依据。

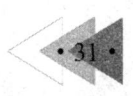

（3）实际结果：即测试人员收集的结果和信息，以确认缺陷确实是一个问题，并标识那些影响缺陷表现的要素。

5. 缺陷报告的案例

一份优秀的缺陷报告记录最少的重复步骤，不仅包括期望结果、实际结果和必要的附件，还提供必要的数据、测试环境或条件，以及简单的分析。

【案例】优秀的缺陷报告。

重现步骤如下。
（1）打开一个编辑文字的软件并且创建一个新的文档（可以录入文字）。
（2）在这个文件中随意录入一两行文字。
（3）选中一两行文字，通过选择 Font 菜单，然后选择 Arial 字体格式。
（4）一两行文字变成了无意义的乱字符。

期望结果为当用户选择已录入的文字并改变文字格式的时候，文本应该显示正确的文字格式而不会出现乱字符。

实际结果为字体格式的问题，如果在改变文字格式为 Arial 之前保存文件，则缺陷不会出现。缺陷仅仅发生在 Windows 系统并且改变文字格式为其他字体格式时，文字显示正常。

而一份含糊而不完整的缺陷报告缺少重建步骤，并且没有期望结果、实际结果和必要的图片。

【案例】含糊而不完整的缺陷报告。

重现步骤如下。
- 打开一个编辑文本的软件。
- 录入一些文字。
- 选择 Arial 字体格式。
- 文字变成了乱字符。

期望结果无。
实际结果无。

一份随意的缺陷报告（无关的重建步骤，以及对开发人员理解这个错误毫无帮助的结果信息）如下。

【案例】散漫的缺陷报告。

重现步骤如下。
- 在 Window 系统中打开一个编辑文本的软件并且编辑已有文件。
- 文件字体显示正常。
- 添加的图片显示正常。
- 创建了一个新的文档。
- 录入大量的文字。
- 选择几行文本，并且通过选择 Font 菜单选择 Arial 格式改变了文本的字体而出现乱字符。

- 有 3 次重现了这个缺陷。
- 在 Linux 操作系统中运行这些步骤没有任何问题。
- 在 Mac 操作系统中运行这些步骤没有任何问题。

期望结果为当用户选择已录入的文本并改变文本格式的时候，文本应该显示正确的文字格式不会出现乱字符。

实际结果为，试着选择少量不同的字体格式，但是只有 Arial 字体格式有软件缺陷。不论如何，它可能会出现在没有测试的其他字体格式中。

1.7 软件测试工程师

1.7.1 概述

软件测试工程师（Software Testing Engineer）为理解产品的功能要求，并对其进行测试检查有没有缺陷，以及是否具有稳定性、安全性、易操作性等性能，最后写出相应的测试规范和测试用例的专门工作人员。

简而言之，软件测试工程师在一家软件企业中担当的是质量管理员角色，即及时发现软件问题并及时督促更正，确保产品的正常运作。按其级别和职位的不同，可分为如下 3 个级别。

（1）高级：熟练掌握软件测试与开发技术，并且对所测试软件的对口行业非常了解，能够对可能出现的问题进行分析评估。

（2）中级：编写软件测试方案及测试文档，与项目组一起制订软件测试阶段的工作计划，能够在项目运行中合理利用测试工具完成测试任务。

（3）初级：通常按照软件测试方案和流程对软件产品进行功能测试，检查其中是否有缺陷。

1.7.2 主要工作

软件开发是个分工明确的系统工程，不同的人员扮演不同的角色，包括部门经理、产品经理、项目经理、系统分析师、程序员、测试工程师、质量保证人员等。软件测试工程师只是其中的一个角色，他承担的任务角色决定了工作内容和承担的任务。测试工程师应该承担的任务与软件公司的规模、软件项目的管理制度、公司领导和项目经理的管理风格，以及具体软件项目自身的特点有很大关系。

简单地说，软件测试工程师是软件的质量检测者和保障者，具体工作如下。

（1）使用各种测试技术和方法来测试和发现软件中存在的缺陷，测试技术主要分为黑盒测试和白盒测试两大类，其中黑盒测试技术主要有等价类划分法、边界值法、因果图法、状态图法、测试大纲法，以及各类典型的软件故障分析模型等；白盒测试的主要技术有语句覆盖、分支覆盖、判定覆盖、基本路径覆盖等。

（2）测试工作贯穿整个软件开发生命周期，完整的软件测试工作包括单元测试、集成测试、确认测试和系统测试，单元测试主要在编码阶段完成，由开发人员和软件测试工程师共同完成，其主要依据是详细测试；集成测试主要测试软件模块之间的接口是否已经正确实现，其基本依据是软件的体系结构设计；确认测试和系统测试是在软件开发完成后，验证软件的功能与需求的一致性，以及软件在相应的硬件条件下的系统功能是否满足用户需求，其主要依据是用户需求。

（3）将发现的缺陷编写成正式的缺陷报告，并提交给开发人员进行缺陷的确认和修复。缺陷报告编写的主要要求是保证缺陷的重现，为此要求测试人员具有很好的文字表达能力和语言组织能力。

（4）分析软件质量，在测试完成后需要根据测试结果来分析软件质量，包括缺陷率、缺陷分布、缺陷修复趋势等。并且给出软件各种质量特性，包括功能性、可靠性、易用性、安全性、时间满足性与资源特性等的具体度量，最后给出一个软件是否可以发布或提交用户使用的结论。

（5）制订测试计划，包括测试资源、测试进度、测试策略、测试方法、测试工具、测试风险等。

（6）设计测试用例，形成测试用例报告。设计测试用例是保证测试质量的核心工作，很多测试技术都可以用来指导设计用例。

（7）引进自动化测试工具，并且用其编写测试脚本和进行性能测试等。

（8）根据实际情况不断改进测试过程，提高测试水平等。

1.7.3 需要的专业技能

计算机领域的专业技能是测试工程师应该必备的一项素质，是做好测试工作的前提条件。尽管没有任何 IT 背景的人也可以从事测试工作，但是一名要想获得更大发展空间或者持久竞争力的测试工程师，计算机专业技能是必不可少的。此处涉及的计算机专业技能主要包含如下 3 个方面。

1. 测试专业技能

测试专业知识很多，本书内容主要以测试人员应该掌握的基础专业技能为主。测试专业技能涉及的范围很广，既包括黑盒测试、白盒测试、测试用例设计等基础测试技术，也包括单元测试、功能测试、集成测试、系统测试、性能测试等测试方法，还包括基础的测试流程管理、缺陷管理、自动化测试技术等知识。

2. 软件编程技能

软件编程技能实际应该是测试人员的必备技能之一，在微软公司很多测试人员都拥有多年的开发经验。测试人员要想得到较好的职业发展必须能够编写程序，否则不能胜任诸如单元测试、集成测试、性能测试等难度较大的测试工作。

此外，对软件测试人员的编程技能要求也有别于开发人员。测试人员编写的程序应着眼于运行正确，并且兼顾高效率，尤其体现在与性能测试相关的测试代码编写上。因此测试人员要具备一定的算法设计能力，依据资深测试工程师的经验测试工程师至少应该掌握 Java、C#、C/C++ 之类的一门语言，以及相应的开发工具。

3. 综合技能

与开发人员相比，测试人员掌握的知识具有"博而不精"的特点，"艺多不压身"是

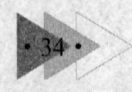

个非常形象的比喻。由于测试中经常需要配置、调试各种测试环境,而且在性能测试中还要对各种系统平台进行分析与调优,因此测试人员需要掌握更多有关网络、操作系统和中间件、数据库方面的知识。

在网络方面,测试人员应该掌握基本的网络协议,以及网络工作原理。尤其要掌握一些网络环境的配置,这些都是测试工作中经常用到的知识。

操作系统和中间件方面应该掌握基本的使用、安装、配置等,如很多应用系统都是基于 Unix、Linux 运行的。这就要求测试人员掌握基本的操作命令,以及相关的工具软件,而 WebLogic、WebSphere 等中间件的安装、配置在很多时候也需要掌握。

数据库知识则是更应该掌握的,现在的应用系统几乎离不开数据库。因此测试人员不但要掌握其基本的安装、配置,还要掌握 SQL,并且至少应该掌握 MySQL、SQL Server、Oracle 等常见数据库的使用方法。

1.7.4 需要的行业知识

行业主要指测试人员所在企业涉及的行业领域,如很多 IT 企业从事石油、电信、银行、电子政务、电子商务等行业领域的产品开发。行业知识即业务知识,是测试人员做好测试工作的又一个前提条件,只有深入地了解了产品的业务流程才可以判断开发人员实现的产品功能是否正确。

很多时候软件运行没有异常,但是功能不一定正确,只有掌握了相关的行业知识才可以判断出用户的业务需求是否得到了实现。

行业知识与工作经验有一定关系,通过时间即可完成积累。

1.7.5 需要的个人素养

作为一名优秀的测试工程师,首先要对测试工作有兴趣。测试工作在很多时候都显得有些枯燥,热爱才更容易做好测试工作。除了具有前面的专业技能和行业知识外,测试人员应该具有一些基本的个人素养,即下面的"五心"。

(1)专心:测试人员在执行测试任务的时候要专心,不可一心二用。经验表明,高度集中精神不但能够提高效率,还能发现更多的软件缺陷,业绩好的往往是团队中做事精力最集中的那些成员。

(2)细心:执行测试工作时要细心,认真执行测试,不可以忽略一些细节。如果不细心,则很难发现某些缺陷,如一些界面的样式、文字错误等。

(3)耐心:很多测试工作有时需要很大的耐心才可以做好,如果比较浮躁,则将让很多软件缺陷从眼前逃过。

(4)责任心:责任心是做好任何工作必备的素质之一,测试工程师更应该将其发扬光大。如果测试中没有尽到责任,甚至敷衍了事将测试工作交给用户来完成,则很可能引发非常严重的后果。

(5)自信心:现在许多测试工程师都缺少的一项素质,尤其在面对需要编写测试代码等的时候,往往认为自己做不到。要想获得更好的职业发展,测试工程师应该努力学习,建立"能解决一切测试问题"的信心。

"五心"只是做好测试工作的基本素质要求,测试人员应该具有的素质还很多。例如,不但要具有团队合作精神，而且应该学会宽容待人，学会理解开发人员；同时要尊重开发人员的劳动成果，即开发的产品。

★ 本章小结 ★

1. 软件测试技术发展伴随着软件技术的发展而发展，在整个软件生命周期中扮演着重要角色，具有非常重要的意义。

2. 软件测试过程中应用的各类模型，包括 V 模型、W 模型、X 模型、H 模型，它们正在企业中广泛应用，通过借助软件缺陷管理工具开展对软件缺陷分类和跟踪处理，大大提高了软件测试工作过程及效率。

目 标 测 试

一、单项选择题

1. 软件测试的目的是（　　）。
   A. 避免软件开发中出现的错误
   B. 发现软件开发中出现的错误
   C. 尽可能发现并排除软件中潜藏的错误，提高软件的可靠性
   D. 修改软件中出现的错误

2. 下列关于程序效率的描述错误的是（　　）。
   A. 提高程序的执行速度可以提高程序的效率
   B. 降低程序占用的存储空间可以提高程序的效率
   C. 源程序的效率与详细设计阶段确定的算法的效率无关
   D. 好的程序设计可以提高效率

3. 软件测试是软件开发过程的重要阶段，也是软件质量保证的重要手段，下列哪个（些）是软件测试的任务？（　　）
   Ⅰ 预防软件发生错误　　Ⅱ 发现改正程序错误　　Ⅲ 提供诊断错误信息
   A. 只有Ⅰ　　　　　　　　　　　　　　B. 只有Ⅱ
   C. 只有Ⅲ　　　　　　　　　　　　　　D. 都是

4. 一个成功的测试是（　　）。
   A. 发现错误码　　　　　　　　　　　　B. 发现了至今尚未发现的错误
   C. 没有发现错误码　　　　　　　　　　D. 证明发现不了错误

二、简答题

1. 什么是软件测试？
2. 软件生命周期是什么？
3. 软件测试的目的是什么？
4. 软件缺陷的生命周期是什么？
5. 常见的软件测试过程模型都有哪些？

第 1 章目标测试参考答案

第2章　软件测试方法

学习目标

※ 理解黑盒测试的基本概念和类型。
※ 掌握黑盒测试的常用方法。
※ 了解白盒测试的必要性。
※ 理解白盒测试的基本概念。
※ 掌握白盒测试的常用技术。
※ 了解静态测试和动态测试的相关概念。
※ 了解主动测试和被动测试的相关概念。

思维导图

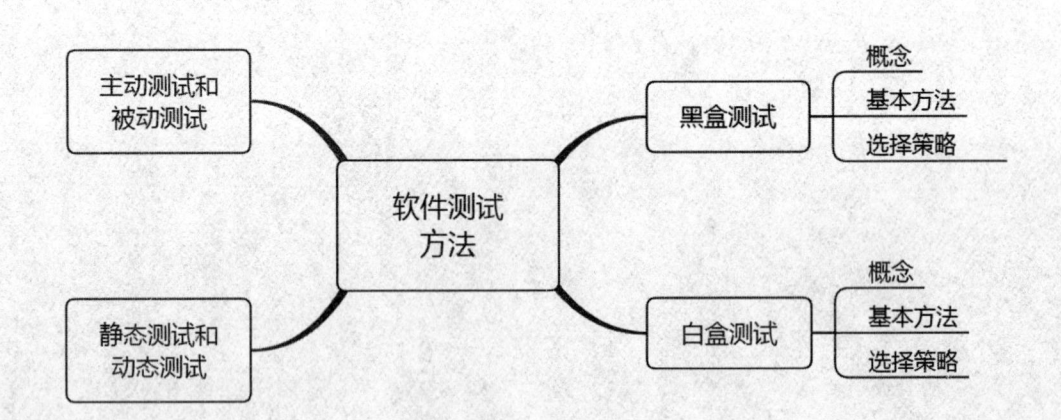

```
                  ┌─ 主动测试和被动测试
                  │
                  │                      ┌─ 概念
                  │         ┌─ 黑盒测试 ─┼─ 基本方法
                  │         │            └─ 选择策略
   软件测试方法 ──┤
                  │         │            ┌─ 概念
                  │         └─ 白盒测试 ─┼─ 基本方法
                  │                      └─ 选择策略
                  │
                  └─ 静态测试和动态测试
```

2.1 黑盒测试

2.1.1 概念

黑盒测试也称"功能测试""数据测试"或"基于规格说明书的测试",它通过测试来检测每个功能是否都能正常使用。在测试中把软件看作一个不能打开的黑盒子,在基本不考虑其内部结构和内部实现方法的情况下,在软件接口进行测试,如图 2-1 所示。

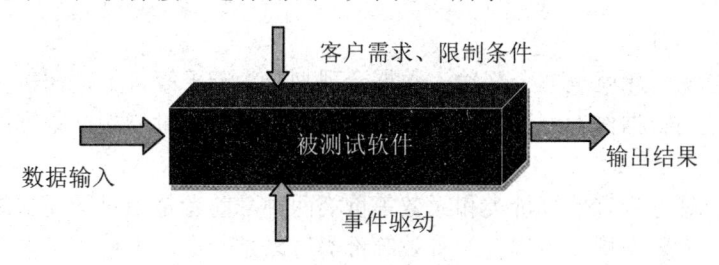

图 2-1 黑盒测试

黑盒测试只检查软件功能是否按照需求规格说明书的规定正常完成,以及是否能正确地接收输入数据而产生正确的输出信息,并保持外部信息(如数据库或文件)的完整性。

黑盒测试不关注软件的内部结构,而是着眼于外部结构,即关注软件的输入和输出,以及用户的需求。从用户的角度验证软件功能,实现端对端的测试。黑盒测试的主要依据是需求规格说明书和用户手册,按照需求规格说明书中对软件各功能的描述内容来检验软件在测试中的表现,这类测试又称为"软件验证",而以用户手册等对外公布的文件为依据进行的测试又称为"软件审核"。

在软件测试过程中黑盒测试常用于发现以下几类软件缺陷。

(1) 是否有不正确或遗漏的功能。
(2) 能否正确地接收输入数据,并且产生正确的输出结果。
(3) 功能操作逻辑是否合理。
(4) 界面是否出错、是否合理、是否美观。
(5) 安装过程中是否出现问题,安装步骤是否清晰、方便。
(6) 系统初始化是否存在问题。

黑盒测试常用的方法有等价类划分法、边界值分析法、决策表法、因果图法等,借助这些方法可以简化测试数据的数据量,设计更有效的测试用例。

2.1.2 基本方法

2.1.2.1 等价类划分测试法

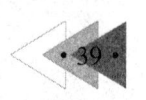

1. 概念

软件测试常见的致命性错误,就是测试的不彻底性和不完全性。由于穷举测试的方法工作量过大,所以在实际中无法完成。为此,需要在大量的可能数据中选择一部分作为测试用例,并且既要考虑测试的效果,又要考虑软件测试实际的经济性,这样如何选取合适的测试用例就成为关键问题。由此引入了等价类的思想,主要目的在于,在有限的测试资源的情况下用少量有代表性的数据得到比较好的测试结果。

等价类划分测试法(简称等价类划分)解决如何选择适当的数据子集来代表整个数据集的问题,通过降低测试的数目实现"合理的"覆盖,覆盖更多的可能数据以发现更多的软件缺陷。

2. 原理

(1)等价类划分。

等价类划分的思想就是把全部输入数据合理划分为若干等价类,在每一个等价类中取一个具有代表性的数据作为测试的输入条件,这样可以用少量的测试数据取得较好的测试效果。

等价类可以划分为有效等价类和无效等价类两种。前者是指对于需求规格说明书来说合理且有效的输入数据构成的集合。有效等价类可以是一个,也可以是多个,根据系统的输入域划分为若干部分,然后从每个部分中选取少数有代表性数据当作数据测试的测试用例,等价类是输入域的集合。后者是指对于需求规格说明书而言,没有意义且不合理的输入数据集合。利用它可以找出软件异常,并检查软件的功能和性能是否有不符合需求规格说明书要求的地方。

(2)等价类划分的标准。

此测试中划分等价类是非常关键的,如果划分合理,则可以大大减少测试用例,并且能够保证达到要求的测试覆盖率。一般来讲,首先要分析软件所有可能的输入情况,然后按照下列规则对其进行划分。

1)按照区间划分:如果输入数据属于一个取值范围或值的个数范围,则可以确立一个有效等价类和两个无效等价类。例如,软件的输入是学生考试成绩并要求成绩的范围是0~100,则输入条件的等价类如图2-2所示。

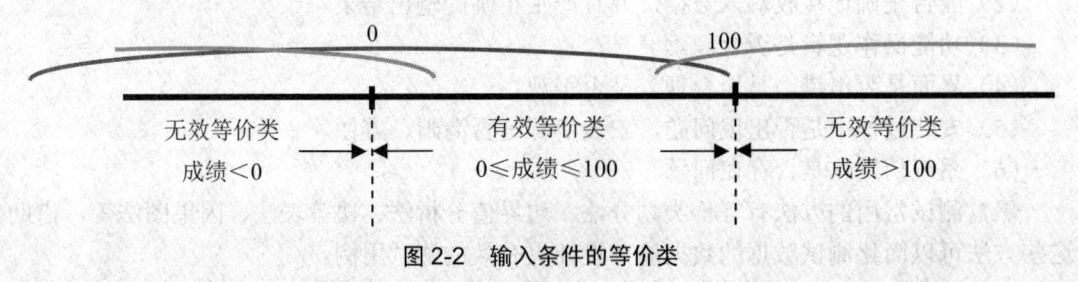

```
         0                              100
 ─────── ) ( ──────────────────── ) ( ───────
  无效等价类        有效等价类          无效等价类
   成绩<0         0≤成绩≤100          成绩>100
```

图 2-2 输入条件的等价类

有效等价类为0≤成绩≤100,无效等价类为成绩<0和成绩>100。

2)按数值划分:如果规定了输入数据的一组值并且软件要对每一个输入值分别进行处理,则可为每一个输入值确立一个有效等价类。并针对这组值确立一个无效等价类,它是所有不允许的输入值的集合。

例如,软件中省份的输入数据可以是河北、河南、广东、江苏四省份之一,则可以分别取这4个省份作为4个有效等价类,把4个省份之外的任何省份作为无效等价类。

再如，输入整数 x 取值于一个固定的集合{1，3，5，7，12}。并且软件中对这 5 个数值分别进行了处理，则有效等价类为 $x=1$、$x=3$、$x=5$、$x=7$、$x=12$；无效等价类为 1、3、5、7、12 以外的值构成的集合。

3）按照数值集合划分：如果规定了输入数据属于一个值的集合（假定 n 个）并且软件要对每一个输入值分别处理，则可确立 n 个有效等价类和一个无效等价类。

例如，软件输入条件为字符 a 开头、长度为 8 的字符串并且字符串不包含 a~z 之外的其他字符，则有效等价类为满足上述所有条件的字符串；无效等价类为不以 a 开头、长度不为 8 的字符串，并且包含 a~z 之外的其他字符的字符串。

4）按限制条件划分：如果输入条件是一个布尔值，则可确立一个有效等价类和一个无效等价类。

例如，输入条件是 $x=$true，则有效等价类为 $x=$true；无效等价类为 $x=$false。

5）按照限制规则划分：如果规定了输入数据必须遵守的规则，则可确立一个有效等价类（符合规则）和若干无效等价类（从不同角度违反规则）。

例如，在 Java 语言中对变量标识符规定为"以字母开头的……"，则有效等价类是以"以字母开头"；无效等价类有"以数字开头""以标点符号开头""以空格开头"等。

6）按处理方式划分：在确认已划分的等价类中各元素在软件处理中的方式不同的情况下，则应再将该等价类进一步划分为更小的等价类。

例如，软件用于判断几何图形的形状，则可以首先根据图形的边数划分出三角形、四边形、五边形、六边形等。然后对于每一种类型可以做进一步的划分，如三角形可以进一步分为等边三角形、等腰三角形和一般三角形。

（3）等价类划分设计测试用例的步骤。

在确立等价类后，可以建立等价类表列出所有划分的等价类。然后从划分出的等价类中设计测试用例，具体步骤如下。

1）确定等价类形成等价类表，如表 2-1 所示，列出所有划分出的等价类。

表 2-1 等价类表

输入数据	有效等价类	无效等价类
…	…	…
…	…	…

2）为每一个等价类规定一个唯一的编号。

3）设计一个新的测试用例，使其尽可能多地覆盖尚未被覆盖的有效等价类，重复这一步直到所有的有效等价类都被覆盖为止。

4）设计一个新的测试用例，使其仅覆盖一个尚未被覆盖的无效等价类，重复这一步直到所有的无效等价类都被覆盖为止。

3. 测试用例案例

【案例 1】电话号码。

某城市电话号码由两部分组成，其名称和内容如下。

（1）地区码：以 0 开头的 3 位或 4 位数字（包括 0）。

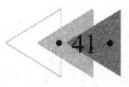

(2) 电话号码：以非 0、非 1 开头的 7 位或 8 位数字组成。

假定被测试的软件能接受一切符合上述规定的电话号码，并拒绝所有不符合规定的号码，就可以使用等价划分法来设计其测试用例。

Step 01 确定等价类，形成等价类表并为每一个等级类编号，如表 2-2 所示。

表 2-2　电话号码的等价类表

输入数据	有效等价类	无效等价类
地区码	（1）以 0 开头的 3 位数字 （2）以 0 开头的 4 位数字	（3）以 0 开头的含有非数字字符的字符串 （4）以 0 开头的小于 3 位的数字 （5）以 0 开头的小于 4 位的数字 （6）以非 0 开头的数字
电话号码	（7）以非 0、非 1 开头的 7 位数字 （8）以非 0、非 1 开头的 8 位数字	（9）以 0 开头的数字 （10）以 1 开头的数字 （11）以非 0、非 1 开头的含非法字符 7 位或 8 位的数字 （12）以非 0、非 1 开头的小于 7 位数字 （13）以非 0、非 1 开头的大于 8 位数字

Step 02 为每一个有效等价类设计测试用例，如表 2-3 所示。

表 2-3　有效等价类的测试用例

测试数据	期望结果	覆盖范围	测试数据	期望结果	覆盖范围
010 23145678	显示有效输入	（1）和（8）	0731 3456789	显示有效输入	（2）和（7）
010 2345678	显示有效输入	（1）和（7）	0731 23456789	显示有效输入	（2）和（8）

Step 03 为每一个无效等价类设计测试用例，如表 2-4 所示。

表 2-4　无效等价类的测试用例

测试数据	期望结果	覆盖范围	测试数据	期望结果	覆盖范围
0a23 23456789	显示无效输入	（3）	012 12345678	显示无效输入	（10）
02 23456789	显示无效输入	（4）	012 ab123456	显示无效输入	（11）
01234 23456789	显示无效输入	（5）	012 234567	显示无效输入	（12）
2341 23456789	显示无效输入	（6）	012 34567812345	显示无效输入	（13）
012 01234567	显示无效输入	（9）			

【案例 2】三角形问题。

软件规定："输入 3 个正整数 a、b、c，分别作为三角形的 3 条边长。通过软件判定是否能构成三角形。如果能构成三角形，进一步判断三角形的类型。当此三角形为一般三角形、等腰三角形及等边三角形时，分别执行不同的操作。"用等价类划分方法为该软件进行测试用例设计。

Step 01 分析题目中给出和隐含的对输入条件的要求为 3 个正整数、构成一般三角形、构成等腰三角形、构成等边三角形，以及不能构成三角形。

Step 02 确定等价类，形成三角形等价类表并为每一个等级类编号，如表 2-5 所示。

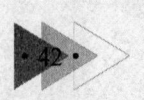

表 2-5　三角形的等价类表

输入条件	有效等价类	输入条件	无效等价类
3 个正整数	（1）正整数	一边为非正整数	（10）a 为非正整数 （11）b 为非正整数 （12）c 为非正整数
		两边为非正整数	（13）a，b 为非正整数 （14）a，c 为非正整数 （15）b，c 为非正整数
		三边均为非正整数	（16）a，b，c 为非正整数
	（2）3 个数	只输入一个数	（17）只输入 a （18）只输入 b （19）只输入 c
		只输入两个数	（20）只输入 a，b （21）只输入 a，c （22）只输入 b，c
		三个数均未输入	（23）a，b，c 均未输入
构成一般三角形	（3）$a+b>c$ 且 $a≠b≠c$		（24）$a+b<c$ （25）$a+b=c$
	（4）$a+c>b$ 且 $a≠b≠c$		（26）$a+c<b$ （27）$a+c=b$
	（5）$b+c>a$ 且 $a≠b≠c$		（28）$b+c<a$ （29）$b+c=a$
构成等腰三角形	（6）$a=b$，$a≠c$ 且两边之和大于第 3 边		
	（7）$a=c$，$a≠b$ 且两边之和大于第 3 边		
	（8）$b=c$，$a≠b$ 且两边之和大于第 3 边		
构成等边三角形	（9）$a=b=c$		

Step 03　设计测试用例，覆盖上表中的有效等价类和无效等价类，如表 2-6 所示。

表 2-6　测试用例

测试数据			期望结果	覆盖范围
a	b	c		
5	6	7	一般三角形	（1）、（2）、（3）、（4）、（5）
6	6	5	等腰三角形	（6）
6	5	6	等腰三角形	（7）
5	6	6	等腰三角形	（8）
6	6	6	等边三角形	（9）
−5	6	6	提示：输入数据不正确	（10）
6	0	6	提示：输入数据不正确	（11）
6	6	5.5	提示：输入数据不正确	（12）
0	−5	6	提示：输入数据不正确	（13）
5.5	6	−2	提示：输入数据不正确	（14）

(续表)

测试数据			期望结果	覆盖范围
a	b	c		
6	0	3.5	提示：输入数据不正确	(15)
3.5	5.5	4.5	提示：输入数据不正确	(16)
6	-	-	提示：请输入数据	(17)
-	6	-	提示：请输入数据	(18)
-	-	6	提示：请输入数据	(19)
6	6	-	提示：请输入数据	(20)
6	-	6	提示：请输入数据	(21)
-	6	6	提示：请输入数据	(22)
-	-	-	提示：请输入数据	(23)
5	6	15	不能构成三角形	(24)
6	7	13	不能构成三角形	(25)
4	10	5	不能构成三角形	(26)
6	10	4	不能构成三角形	(27)
15	6	5	不能构成三角形	(28)
15	8	7	不能构成三角形	(29)

2.1.2.2 边界值分析法

1. 概念

任何一个软件都可以看成是一个函数，软件的输入构成函数的定义域，软件的输出构成函数的值域。人们从长期的测试工作经验得知，大量的错误是发生在定义域或值域的边界上，而不是在其内部。对于软件缺陷，有句谚语形容得很恰当，即"缺陷遗漏在角落里，聚集在边界上"。

例如，在做三角形计算时要输入三角形的 3 个边长 a、b 和 c，这 3 个数值应当满足 $a>0$、$b>0$、$c>0$、$a+b>c$、$a+c>b$、$b+c>a$ 才能构成三角形。但如果把 6 个不等式中的任何一个大于号">"错写成大于等于号"≥"，则不能构成三角形，问题常常出现在容易被疏忽的边界附近。类似的例子还有很多，如计数器常常"少记一次"、循环条件应该是"≤"时错误地写成了"<"，以及数组下标越界（在 C 语言中数组下标从 0 开始，可能错误地认为是从 1 开始，从而使最后一个元素的下标越界）等。

边界值分析关注的是输入空间的边界，并从中标识测试用例。边界值测试的基本原理是错误更可能出现在输入变量的极值附近，因此针对各种边界情况设计测试用例可以查出更多的错误。

2. 原理

边界值分析法就是对输入或输出的边界值进行测试的一种黑盒测试方法，为了用其设计测试用例，首先要确定边界情况，通常输入或输出等价类的边界就应该是着重测试的边界值情况；其次选取正好等于、稍大于或稍小于边界的值作为测试数据，而不是选取等价类中的典型值或任意值作为测试数据。

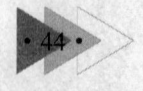

相关概念如下。

(1) 边界条件。

边界条件就是一些特殊情况。一般在条件 C 下软件执行一种操作。而对任意小的值 σ，条件 C+σ 或 C-σ 会执行另外的操作，则 C 就是一个边界。

在多数情况下，边界条件是基于应用软件的功能设计而需要考虑的因素，可以从软件的需求规格说明书或常识中得到。例如，软件要对学生成绩进行处理，要求输入数据的范围是[0, 100]，则很明显输入条件的边界是 0 和 100。

在设计测试用例过程中某些边界条件不需要呈现给用户或者说用户很难注意到，但其确实属于检验范畴内的边界条件，称为"内部边界条件"或"次边界条件"。

内部边界条件主要有下面几种。

1) 数值的边界值：计算机基于二进制工作，因此软件的任何数值运算都有一定的范围限制。例如，一个字节由 8 位组成，所能表达的数值范围是[0, 255]。表 2-7 列出了计算机中常用数值的范围。

表 2-7 计算机中常用数值的范围

术 语	范围或值
bit（位）	0 或 1
Byte（字节）	0～255
word（字）	0～65 535（单字）或 0～4 294 967 295（双字）
int（整数，32 位）	-2 147 483 648～2 147 483 647
K（千）	1 024
M（兆）	1 048 576
G（千兆）	1 073 741 824

2) 字符的边界值：在软件中字符也是很重要的表示元素，其中 ASCII 和 Unicode 是常见的编码方式。表 2-8 中列出了一些常用字符对应的 ASCII 码值。

表 2-8 常用字符对应的 ASCII 码值

字 符	ASCII 码值（十进制）	字 符	ASCII 码值（十进制）
Null	0	A	65
Space	32	a	97
/	47	Z	90
0	48	z	122
:	58	`	96
@	64	{	123

如果要测试文本输入或文本转换的软件在定义数据区间包含哪些值时，则可以参考 ASCII 码表找出隐含的边界条件。

3) 其他边界条件：有一些边界条件容易被人忽略，如在文本框中不是没有输入正确的信息，而是根本就没有输入任何内容。然后单击"确认"按钮，这种情况常常被遗忘或忽视。但在实际使用中却时常发生，因此在测试时还需要考虑软件对默认值、空白、空值、

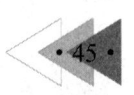

零值、无输入等情况的反应。

在进行边界值测试时，一般情况下确定边界值应遵循以下几个原则。

1）如果输入条件规定了值的范围，则应取刚达到这个范围边界的值，以及刚刚超越这个范围边界的值作为测试输入数据。例如，如果软件的需求规格说明书中规定："重量在 10 公斤至 50 公斤范围内的邮件，其邮费计算公式为……"。作为测试用例，我们应取 10 及 50，还应取 10.01、49.99、9.99 及 50.01 等。

2）如果输入条件规定了值的个数，则用最大个数、最小个数、比最小个数少 1、比最大个数多 1 的数作为测试数据。例如，一个输入文件应包括 1~255 个记录，则测试用例可取 1 和 255，还应取 0 及 256 等。

3）将上述两个规则应用于输出条件，即设计测试用例使输出值达到边界值及其左右的值。例如，一个软件属于情报检索系统，要求每次"最少显示 1 条、最多显示 4 条情报摘要"。这时应考虑的测试用例包括 1 和 4，还应包括 0 和 5 等。再如，一个学生成绩管理系统规定，只能查询 2015~2018 届大学生的各科成绩。可以设计测试用例使得查询范围内的某一届或 4 届学生的学生成绩，还需设计查询 2014 届、2019 届学生成绩的测试用例（不合理输出等价类）。

4）如果软件的需求规格说明书中给出的输入域或输出域是有序集合（如顺序文件、线性表等），则应选取集合的第 1 个元素和最后一个元素作为测试用例。

5）如果软件中使用了一个内部数据结构，则应当选择该结构边界上的值作为测试用例。例如，如果软件中定义了一个数组，其元素下标的下界是 0，上界是 100，那么应选择达到这个数组下标边界的值，如 0 与 100 作为测试用例。

6）分析需求规格说明书找出其他可能的边界条件。

（2）边界值分析测试。

为便于理解，以下讨论涉及两个输入变量 x_1 和 x_2 的函数 $f(x_1, x_2)$。假设 x_1 和 x_2 的取值范围为 $a \leq x_1 \leq b$ 和 $c \leq x_2 \leq d$。

函数 F 的输入域如图 2-3 所示。

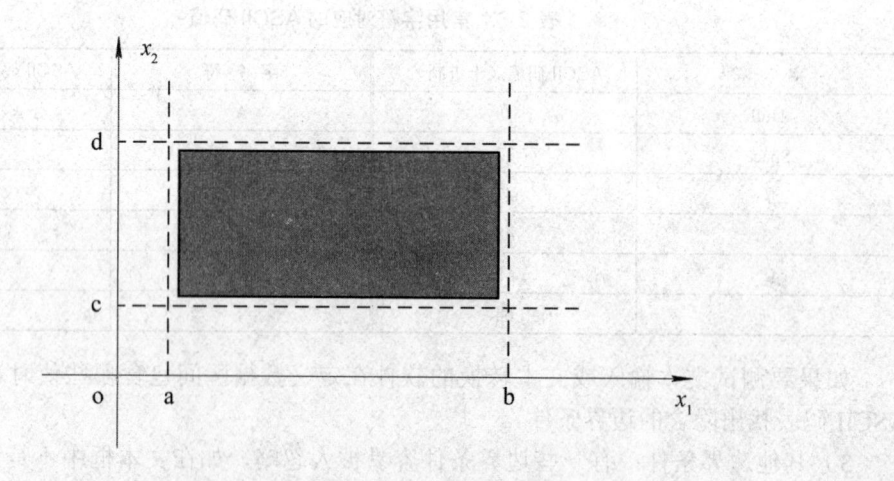

图 2-3 函数 $f(x_1, x_2)$ 的输入域

矩形阴影中的任何一点都是该函数 $f(x_1, x_2)$ 的有效输入。

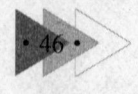

边界值分析的基本思想是使用输入变量的最小值、略大于最小值、正常值、略小于最大值和最大值设计测试用例,通常我们用 min、min+、nom、max-和 max 来表示。

当一个函数或程序有两个及两个以上的输入变量时,需要考虑如何组合各变量的取值,可以根据可靠性理论中的单缺陷假设和多缺陷假设来考虑。

1)单缺陷假设:即被测对象只要在某个输入条件的某个边界出错,则在任何包含该输入条件的某个边界的情况下一定会出错,那么测试时仅覆盖输入条件的单个边界点即可,无需测试多个输入条件取边界测试数据的情况。因此单缺陷假设假设的策略是在任何一个测试用例中有且只能有一个输入条件的取值为边界邻域内的测试数据,其他输入条件应取正常值(一般为相邻边界点之间的中值)。

单缺陷假设是指"失效极少是由两个或两个以上的缺陷同时发生引起的",依据该假设来设计测试用例只让一个变量取边界值,而其余变量取正常值。

2)多缺陷假设:指"失效是由两个或两个以上缺陷同时作用引起的",因此依据该假设来设计测试用例要求在选取测试用例时让多个变量取边界值。

在边界值分析中用到了单缺陷假设,即选取测试用例时仅仅使一个变量取极值,其他变量均取正常值。对于有两个输入变量的软件 P,其边界值分析的测试用例为{<$x_1$nom, $x_2$min>, <$x_1$nom, $x_2$min+>, <$x_1$nom, $x_2$nom>, <$x_1$nom, $x_2$max->, <$x_1$nom, $x_2$max>, <$x_1$min, $x_2$nom>, <$x_1$min+, $x_2$nom>, <$x_1$max-, $x_2$nom>, <$x_1$max, $x_2$nom>},如图 2-4 所示。

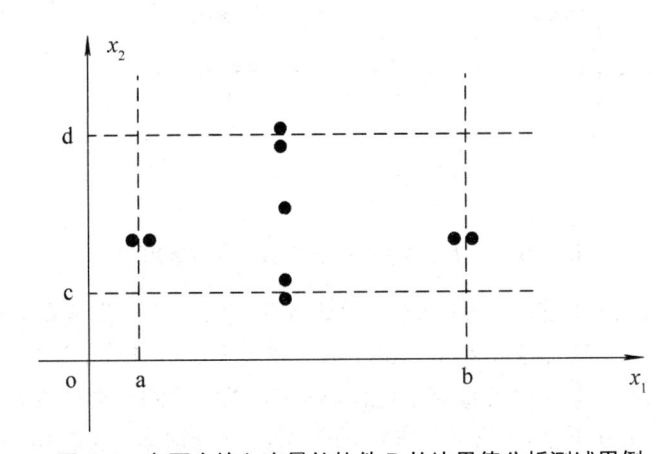

图 2-4 有两个输入变量的软件 P 的边界值分析测试用例

例如,有一个二元函数 $f(x, y)$ 要求输入变量 x 和 y 分别满足 $x \in [1, 12]$,$y \in [1, 31]$。采用边界值分析法设计测试用例,可以选择的一组测试数据为{ <1, 15>, <2, 15>, <11, 15>, <12, 15>, <6, 15>, <6, 1>, <6, 2>, <6, 30>, <6, 31> }。

对于一个含有 n 个输入变量的软件,除一个变量外的所有变量取正常值。而剩余的一个变量依次取最小值、略大于最小值、正常值、略小于最大值和最大值,并对每个变量重复进行。因此对于有 n 个输入变量的程序,边界值分析会产生 $4n+1$ 个测试用例。

例如,有一个三元函数 $f(x, y, z)$,其中 $x \in [0, 100]$,$y \in [1, 12]$,$z \in [1, 31]$。对该函数采用边界值分析法设计的测试用例将会得到 13 个测试用例,根据边界分析的原理,可得到的测试数据为{<50, 6, 1>, <50, 6, 2>, <50, 6, 30>, <50, 6, 31>, <50, 1, 15>, <50, 2, 15>, <50, 11, 15>, <50, 12, 15>, <0, 6, 15>, <1, 6, 15>, <99, 6,

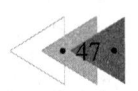

15>，<100，6，15>，<50，6，15>}。

(3) 健壮性边界值测试。

健壮性是指在异常情况下软件还能正常运行的能力，用其可衡量软件对于规范要求以外的输入情况的处理能力。所谓健壮的软件，是指对于规范要求以外的输入能够判断出这个输入不符合规范要求，并有合理处理方式的软件。软件设计的健壮与否直接反映了分析设计和编码人员的水平。

健壮性边界测试是边界值分析的一种简单扩展，在使用该方法设计测试用例时既要考虑有效输入，又要考虑无效输入。除了按照边界值分析方法选取的 5 个取值（min、min+、nom、max-、max）外，还要选取略小于最小值（min-）和略大于最大值（max+）的取值，以观察输入变量超过边界时软件的表现。对于有两个变量的软件 P，其健壮性测试的测试用例如图 2-5 所示。

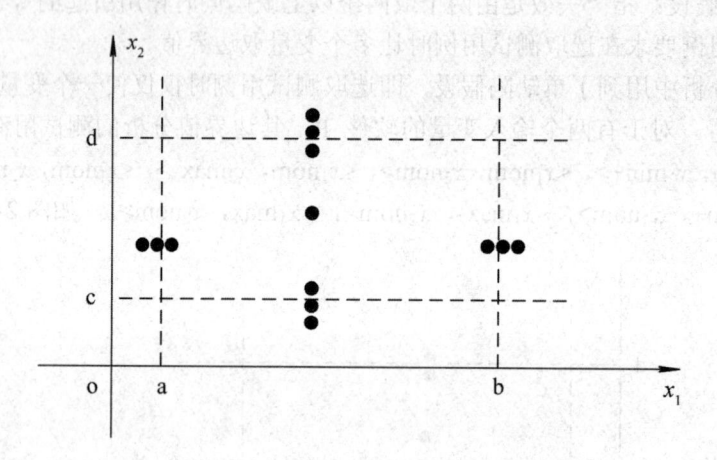

图 2-5 有两个变量的软件的健壮性测试用例

一个含有 n 个输入变量的软件进行健壮性边界测试时，除一个变量外的所有变量取正常值。剩余的变量依次取略小于最小值、最小值、略大于最小值、正常值、略小于最大值、最大值和略大于最大值并对每个变量重复进行，因此其健壮性测试会产生 $6n+1$ 个测试用例。

例如，有一个二元函数 $f(x, y)$ 要求输入变量 x，y 分别满足 $x\in[0, 100]$，$y\in[1\,000, 3000]$。对其进行健壮性测试，则需要设计 13 个测试用例。根据健壮性测试的原理，可以得到的一组测试数据为{<-1，1 500>，<0，1500>，<1，1 500>，<50，1 500>，<99，1 500>，<100，1 500>，<101，1 500>，<50，999>，<50，1 000>，<50，1 001>，<50，2 999>，<50，3 000>，<50，3 001>}。

健壮性测试最关心的是预期的输出，而不是输入。其最大价值在于观察并处理异常情况，是检测软件容错性的重要手段。

(4) 最坏情况测试。

最坏情况测试拒绝"单缺陷"假设，它关心的是当多个变量取极值时会出现的情况。在这种测试中对每一个输入变量首先获得包括最小值、略大于最小值、正常值、略小于最大值和最大值 5 个元素的集合，然后对这些集合进行笛卡儿积计算以生成最坏情况测试用例。

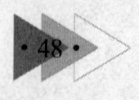

有两个变量的软件 P1 的最坏情况测试用例如图 2-6 所示。

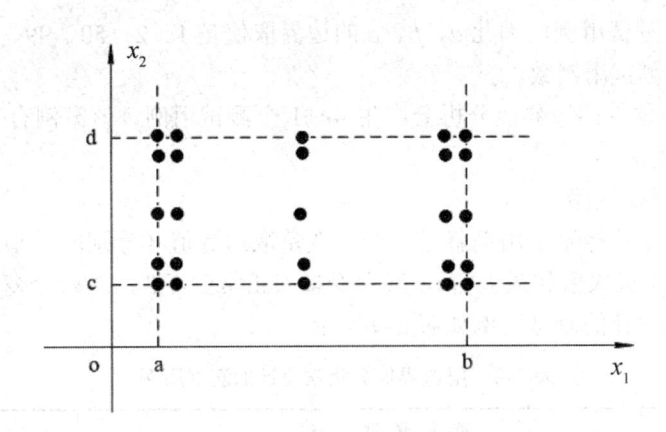

图 2-6 有两个变量的软件 P1 的最坏情况测试用例

显然最坏情况测试将更加彻底,因为边界值分析测试是最坏情况测试用例的子集。进行最坏情况测试意味着更多的测试工作量,n 个变量的函数会产生 5^n 个测试用例,而边界值分析只产生 $4n+1$ 个测试用例。

由此可以推知,健壮性最坏情况测试是对最坏情况测试的扩展,这种测试采用健壮性测试的 7 元素集合的笛卡儿积作为测试用例,即产生 7^n 个测试用例。图 2-7 所示为有两个变量的函数的健壮性测试最坏情况的测试用例。

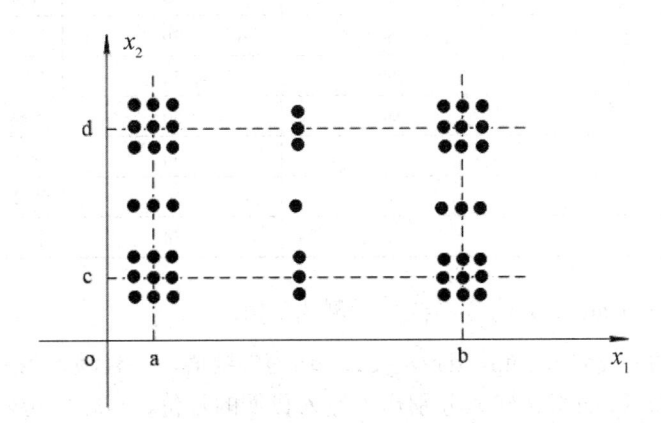

图 2-7 有两个变量的函数的健壮性最坏情况测试用例

3. 边界值分析法的测试用例案例

【案例 1】三角形问题的边界值分析测试用例。

输入 3 个整数 a、b、c 分别作为三角形的 3 条边,通过软件判断这 3 条边是否能构成三角形。如果能构成三角形,则判断三角形的类型(等边三角形、等腰三角形、一般三角形)。要求输入的 3 个整数 a、b、c 必须满足条件 $1 \leqslant a \leqslant 100$、$1 \leqslant b \leqslant 100$ 和 $1 \leqslant c \leqslant 100$,请用边界值分析法设计测试用例。

Step 01 分析各变量取值。

边界值分析的基本思想是使用输入变量的最小值、略大于最小值、正常值、略小于最

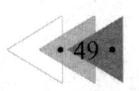

大值和最大值设计测试用例,因此 a、b、c 的边界取值是 1、2、50、99、100。

Step 02 确定测试用例数。

有 n 个变量的软件的边界值分析会产生 $4n+1$ 个测试用例,该案例有 3 个变量,因此会产生 13 个测试用例。

Step 03 设计测试用例。

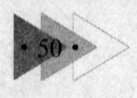

用边界值分析法设计测试用例就是使一个变量取边界值(分别取最小值、略大于最小值、正常值、略小于最大值和最大值),其余变量取正常值,然后对每个变量重复进行。本例用边界值分析法设计的测试用例如表 2-9 所示。

表 2-9　用边界值分析法设计的测试用例

编号	输入数据			预期输出
	a	b	c	
1	50	50	1	等腰三角形
2	50	50	2	等腰三角形
3	50	50	50	等腰三角形
4	50	50	99	等腰三角形
5	50	50	100	非三角形
6	50	1	50	等腰三角形
7	50	2	50	等腰三角形
8	50	99	50	等腰三角形
9	50	100	50	非三角形
10	1	50	50	等腰三角形
11	2	50	50	等腰三角形
12	99	50	50	等腰三角形
13	100	50	50	非三角形

【案例 2】NextDate 函数的边界值分析测试用例。

软件的 3 个输入变量 month、day、year(均为整数值,并且满足条件 $1\leqslant month\leqslant 12$、$1\leqslant day\leqslant 31$、$1900\leqslant year\leqslant 2050$)分别作为输入日期的月份、日、年份,通过软件可以输出该输入日期在日历上下一天的日期。例如,输入为 2005 年 11 月 29 日,则输出为 2005 年 11 月 30 日,请用健壮性测试法设计测试用例。

Step 01 分析各变量的取值。

健壮性测试时,各变量分别取略小于最小值、最小值、略大于最小值、正常值、略小于最大值、最大值和略大于最大值。

month 取-1、1、2、6、11、12、13,day 取-1、1、2、15、30、31、32,year 取 1899、1900、1901、1975、2049、2050、2051。

Step 02 确定测试用例数。

有 n 个变量的程序,其边界值分析会产生 $6n+1$ 个测试用例。本案例有 3 个变量,因此会产生 19 个测试用例。

Step 03 设计测试用例。

本案例用边界值分析法设计的测试用例如表 2-10 所示。

表 2-10 用边界值分析法设计的测试用例

编号	输入数据			预期输出
	month	day	year	
1	6	15	1899	year 超出[1900，2050]
2	6	15	1900	1900.6.16
3	6	15	1901	1901.6.16
4	6	15	1975	1975.6.16
5	6	15	2049	2049.6.16
6	6	15	2050	2050.6.16
7	6	15	2051	year 超出[1900，2050]
8	6	−1	1975	day 超出[1，…，31]
9	6	1	1975	1975.6.2
10	6	2	1975	1975.6.3
11	6	30	1975	1975.7.1
12	6	31	1975	输出日期超界
13	6	32	1975	day 超出[1，…，31]
14	−11	15	1975	month 超出[1，…，12]
15	1	15	1975	1975.1.16
16	2	15	1975	1975.2.16
17	11	15	1975	1975.11.16
18	12	15	1975	1975.12.16
19	13	15	1975	month 超出[1，…，12]

不难看出，有大量测试用例涉及简单日期计算和无效日期处理，冗余较为严重。其闰月的情况（2 月月末的日期）完全没有测试到，肯定存在漏洞。然而边界值测试关注的是边界，只能以最少的测试用例保证覆盖所有可能的边界。因此不应视作冗余和漏洞，而从特殊值的角度所观察到的冗余和漏洞在等价类测试和基于决策表的测试中将通过等价划分及相似用例的合并策略来予以避免。

NextDate 函数的复杂性来源于两个方面，一是输入域的复杂性（即输入变量之间逻辑关系的复杂性）；二是确定闰年的规则。但是在进行健壮性测试时没有考虑输入变量之间的逻辑关系，也没有考虑和闰年相关的问题，因此在设计测试用例时存在遗漏问题。例如，判断闰年相关的日期 2020.2.29 和 2019.2.28 等。

2.1.2.3 决策表法

1. 概念

决策表又称为"判定表"，是分析和表达多逻辑条件下执行不同操作情况的工具。在一些数据处理问题中某些操作的实施依赖于多个逻辑条件的组合，即针对不同逻辑条件的组合值分别执行不同的

决策表法

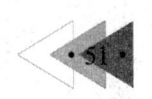

操作，决策表很适合处理这类问题。

决策表能够将复杂问题按照各种可能的情况全部列举出来，简明并避免遗漏，因此用其能够设计出完整的测试用例集合。

运用决策表设计测试用例可以将条件理解为输入，将动作理解为输出。

2．原理

在所有的黑盒测试方法中基于决策表的测试是最严格且最具逻辑性的测试方法，在实际的软件测试中决策表并不是作为因果图的一个辅助工具而应用的，它特别适合应用于有很多输入输出并且输入和输出之间互相制约条件比较多的情况。

（1）决策表的组成。

决策表一般由 4 个部分构成，即条件桩、条件项、动作桩和动作项，如图 2-8 所示。

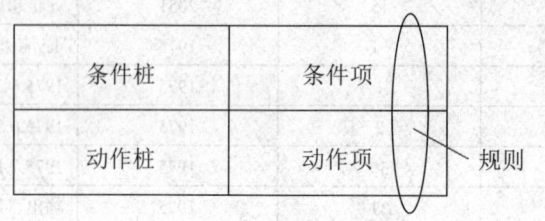

图 2-8 决策表的组成

条件桩列出了问题的所有条件，通常认为列出的条件的次序无关紧要；动作桩列出了可能采取的操作，这些操作的排列顺序没有约束；条件项列出针对其左列条件的取值，以及在所有可能情况下的真假值；动作项列出在条件项的各种取值情况下应该采取的动作。

其中动作项和条件项紧密相关，指出条件项的各组取值情况下应采取的动作。将任何一个条件组合的特定取值及相应要执行的动作称为"一条规则"，在决策表中贯穿条件项和动作项的一列就是一条规则。

根据规则说明可以得到对应的决策表，如表 2-11 所示。

表 2-11 根据规则说明得到的决策表

条 件	规则 1	规则 2	规则 3	规则 4
条件 1	1	1	0	0
条件 2	1	—	0	—
条件 3	0	1	0	—
条件 4	0	1	0	1
操作 1	×	×		
操作 2			×	
操作 3				×

其中 1 表示是或者取该值，0 表示否或者不取该值，-表示该值取什么均可。

在实际中可以看到决策表的运用，如"阅读指南"决策表如图 2-9 所示。

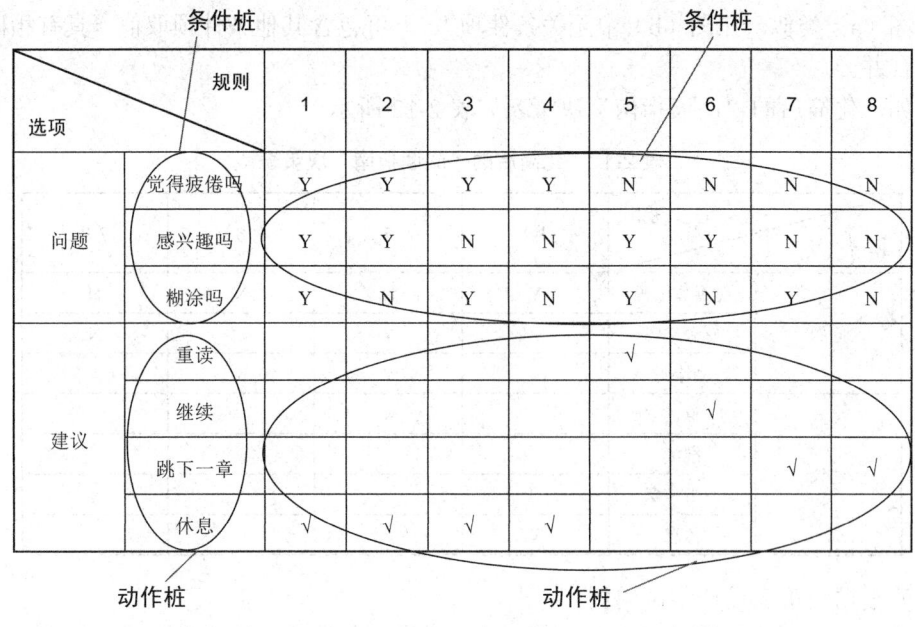

选项 \ 规则	1	2	3	4	5	6	7	8
问题 觉得疲倦吗	Y	Y	Y	Y	N	N	N	N
问题 感兴趣吗	Y	Y	N	N	Y	Y	N	N
问题 糊涂吗	Y	N	Y	N	Y	N	Y	N
建议 重读					√			
建议 继续						√		
建议 跳下一章							√	√
建议 休息	√	√	√	√				

图 2-9 "阅读指南"决策表

从表 2-11 中看出规则贯穿于条件项和动作项的一列，表中能列出多少组条件的取值就会有多少条规则。

（2）决策表的构造和进一步简化。

一般来说，构造决策表有如下 5 个步骤。

1）列出所有的条件桩和动作桩。

2）确定规则的个数，有 n 个条件的决策表有 2^n 个规则（每个条件取真、假值）。

3）填入条件项。

4）填入动作项，得到初始决策表。

5）简化决策表，合并相似规则。若表中有两条以上规则具有相同的动作并且在条件项之间存在极为相似的关系，则可以合并。合并后的条件项用符号"-"表示，说明执行的动作与该条件的取值无关，称为"无关条件"。例如，两规则的动作项一样，条件项类似。在 1、2 条件项分别取 Y、N 时，无论条件 3 取何值都执行同一操作。即要执行的动作与条件 3 无关，于是可合并，"-"表示与取值无关，如图 2-10 所示。

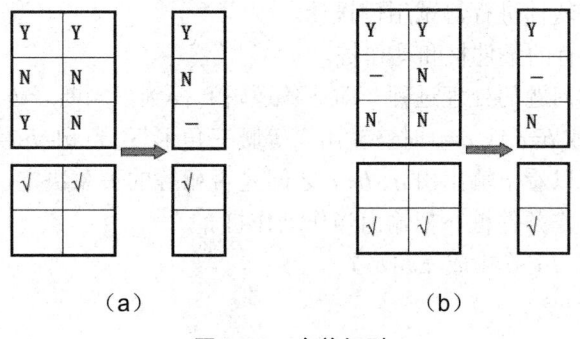

（a）　　　　　　　　（b）

图 2-10 合并规则

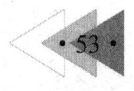

与图（a）类似，在图（b）中无关条件项"-"可包含其他条件项取值，具有相同动作规则者合并。

例如，化简后的"阅读指南"决策表如表 2-12 所示。

表 2-12　化简后的"阅读指南"决策表

选项	规则	1-4	5	6	7-8
问题	觉得疲倦吗	Y	N	N	N
	感兴趣吗	-	Y	Y	N
	糊涂吗	-	Y	N	-
建议	重读		√		
	继续			√	
	跳下一章				√
	休息	√			

（3）根据决策表设计测试用例。

在进一步简化的决策表构造完成后，只需选择恰当的输入值使得每一列的输入条件值得到满足即可生成相应的测试用例，一条规则一个测试用例。

决策表测试法适用于具有一定特征的应用程序，即 if-else 或 switch case 逻辑突出的程序、输入变量之间存在逻辑关系的程序、涉及输入变量子集的计算的程序，以及输入与输出之间存在因果关系的程序。

适用于使用决策表设计测试用例的条件一是需求规格说明书以决策表形式给出或较容易转换为决策表；二是条件的排列顺序不会也不应影响执行的操作；三是规则的排列顺序不会也不应影响执行的操作；四是当某一规则的条件已经满足，并确定要执行的操作后不必检验其他规则；五是如果某一规则的条件要执行多个操作任务，这些操作的执行顺序无关紧要。

3. 决策表的测试用例案例

【案例 1】三角形问题的决策表测试用例。

软件规定："输入 3 个正整数 a、b、c，分别作为三角形的三条边长。通过软件判断由这 3 条边构成的三角形类型为等边三角形、等腰三角形、一般三角形及不构成三角形。"用决策表测试方法为该软件进行测试用例设计。

Step 01 列出所有的条件桩和动作桩。

通过分析三角形问题的处理过程（即业务逻辑）得到当判断 $a=b=c$ 时，输出"等边三角形"；当判断 $a=b$ 或 $b=c$ 或 $a=c$ 时，输出"等腰三角形"；当 $a!=b$ 且 $b!=c$ 且 $c!=a$ 时，输出"一般三角形"。可以看出输出由 a、b、c 之间是否相等的关系决定，这样可以把"$a=b$？""$a=c$？""$b=c$？"当作条件桩，把输出当作动作桩。

条件桩：C1：a，b，c 构成三角形？

C2：$a=b$？

C3：$a=c$？

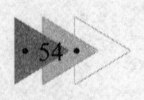

C4：$b=c$?

动作桩：A1：非三角形

A2：一般三角形

A3：等腰三角形

A4：d 等边三角形

A5：不可能

Step 02 确定规则的个数，这里有 4 个条件且每个条件有两个取值，故应有 $2^4=16$ 种规则。

Step 03 填入条件项。

Step 04 填入动作项，得到初始决策表，如表 2-13 所示。

表 2-13 初始决策表

桩＼规则	1	2	3	4	5	6	7	8	9	10	11	12	13	14	15	16
C1：a，b，c 构成三角形?	F	F	F	F	F	F	F	F	T	T	T	T	T	T	T	T
C2：$a=b$?	F	F	F	F	T	T	T	T	F	F	F	F	T	T	T	T
C3：$a=c$?	F	F	T	T	F	F	T	T	F	F	T	T	F	F	T	T
C4：$b=c$?	F	T	F	T	F	T	F	T	F	T	F	T	F	T	F	T
A1：非三角形	√	√	√	√	√	√	√									
A2：一般三角形									√							
A3：等腰三角形										√	√		√			
A4：等边三角形																√
A5：不可能												√		√	√	

Step 05 合并相似规则后得到简化后的决策表，如表 2-14 所示。

表 2-14 简化后的决策表

桩＼规则	1	2	3	4	5	6	7	8	9
C1：a，b，c 构成三角形?	F	T	T	T	T	T	T	T	T
C2：$a=b$?	-	F	F	F	F	T	T	T	T
C3：$a=c$?	-	F	F	T	T	F	F	T	T
C4：$b=c$?	-	F	T	F	T	F	T	F	T
A1：非三角形	√								
A2：一般三角形		√							
A3：等腰三角形			√	√		√			
A4：等边三角形									√
A5：不可能					√		√	√	

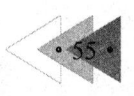

Step 06 根据决策表设计测试用例。

为每一条规则设计一个测试用例,如表 2-15 所示。

表 2-15 为每一条规则设计一个测试用例

序 号	输入数据			预期输出
	a	b	c	
1	1	2	4	非三角形
2	3	4	5	一般三角形
3	3	4	4	等腰三角形
4	4	3	4	等腰三角形
5	?	?	?	?
6	4	4	3	等腰三角形
7	?	?	?	?
8	?	?	?	?
9	3	3	3	等边三角形

去掉不存在的情况后得到测试用例,如表 2-16 所示。

表 2-16 去掉不存在的情况后的测试用例

序 号	输入数据			预期输出
	a	b	c	
1	1	2	4	非三角形
2	3	4	5	一般三角形
3	3	4	4	等腰三角形
4	4	3	4	等腰三角形
5	4	4	3	等腰三角形
6	3	3	3	等边三角形

【案例 2】商场购物打折问题测试用例。

某付款软件实现的功能为:普通顾客一次购物累计少于 100 元不打折,一次购物累计多于或等于 100 元打 9 折;会员顾客按会员价格一次购物累计少于 1 000 元打 8 折,一次购物累计等于或多于 1 000 元打 7 折。用决策表法设计其测试用例。

Step 01 列出所有的条件桩和动作桩。

通过分析可以看出软件的输出,即顾客的应付款由顾客的身份和其购物金额决定,这样可以把顾客的身份及其购物金额当作条件桩,把软件的输出当作动作桩。

条件桩:C1:会员顾客?

C2:普通顾客?

C3:购物金额<100?

C4:购物金额≥100?

C5:购物金额<1 000?

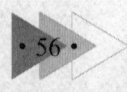

　　　　C6：购物金额≥1 000？
动作桩：A1：打 7 折
　　　　A2：打 8 折
　　　　A3：打 9 折
　　　　A4：不打折
　　　　A5：不可能

Step 02 确定规则的个数，根据上述分析有 6 个条件且每个条件有两个取值，故应有 2^6=64 种规则。

修改条件桩使用有限条目决策表形成扩展条目决策表。

条件桩：C1：顾客为会员或普通顾客
　　　　C2：购物金额为（0，100）或[100，1 000）或[1 000，∞）
动作桩：A1：打 7 折
　　　　A2：打 8 折
　　　　A3：打 9 折
　　　　A4：不打折

修改后的规则数为 2×3=6 种规则。

Step 03 填入条件项。

Step 04 填入动作项，得到修改规则后的决策表，如表 2-17 所示。

表 2-17　修改规则后的决策表

桩＼规则	1	2	3	4	5	6
C1：顾客为会员或普通顾客	会员	会员	会员	普通顾客	普通顾客	普通顾客
C2：购物金额为（0，100）或[100，1 000）或[1 000，∞）	（0，100）	[100，1 000）	[1000，∞）	（0，100）	[100，1 000）	[1 000，∞）
A1：打 7 折			√			
A2：打 8 折	√	√				
A3：打 9 折					√	√
A4：不打折				√		

Step 05 根据决策表设计测试用例，为每一条规则设计一个测试用例，如表 2-18 所示。

表 2-18　测试用例

序　号	顾客身份	购物金额	预期输出
1	会员	50	40（打 8 折）
2	会员	500	400（打 8 折）
3	会员	2 000	1 400（打 7 折）
4	普通顾客	50	50（不打折）
5	普通顾客	500	450（打 9 折）
6	普通顾客	2 000	1 800（打 9 折）

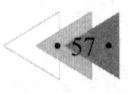

2.1.2.4 因果图法

1. 概念

等价类划分法和边界值分析法都是着重考虑输入条件，但没有考虑输入条件的各种组合及其之间的相互制约关系。这样虽然各种输入条件可能出错的情况已经测试，但多个输入条件组合可能出错的情况却被忽视。

因果图法是一种挑选高效测试用例以检查组合输入条件的系统方法，其基本思路是从用自然语言书写的软件规格说明书的描述中找出因（输入条件）和果（输出或软件状态的改变），然后通过因果图转换为决策表。

使用因果图法的优势如下。

（1）考虑了输入的各种组合及其之间的相互制约关系。

（2）能够帮助测试人员按照一定的步骤高效率地开发测试用例。

（3）作为将自然语言规格说明转化成形式语言规格说明的一种严格方法，可以指出需求规格说明书存在的不完整性和二义性。

2. 原理

（1）因果图中的关系。

因果图中使用了简单的逻辑符号，以直线连接左右节点。左节点表示输入状态（或称"原因"），右节点表示输出状态（或称"结果"）。通常用 c_i 表示原因，一般置于图的左部；e_i 表示结果，通常在图的右部。c_i 和 e_i 均可取值 0 或 1，其中 0 表示某状态不出现；1 表示某状态出现。

因果图中包含以下 4 种关系。

1）恒等：若 c_1 为 1，则 e_1 也为 1；若 c_1 为 0，则 e_1 也为 0。

2）非：若 c_1 为 1，则 e_1 为 0；若 c_1 为 0，则 e_1 为 1。

3）或：若 c_1 或 c_2 或 c_3 为 1，则 e_1 为 1；若 c_1、c_2 和 c_3 都为 0，则 e_1 为 0。"或"可有任意多个输入。

4）与：若 c_1 和 c_2 都为 1，则 e_1 为 1；否则 e_1 为 0。"与"也可有任意多个输入。

因果图的 4 种关系如图 2-11 所示。

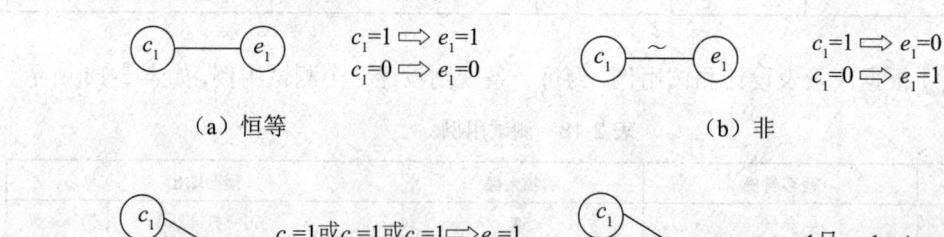

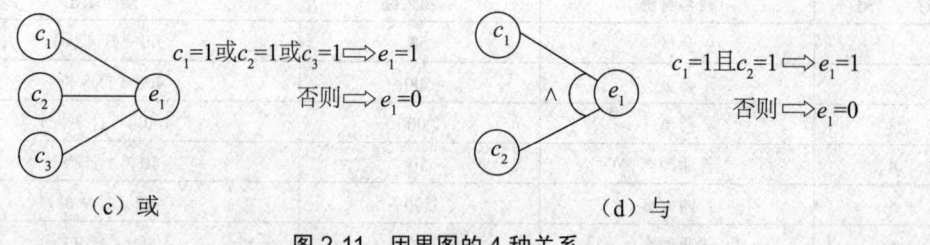

图 2-11 因果图的 4 种关系

（2）因果图中的约束。

在实际问题中输入状态相互之间、输出状态相互之间可能存在某些依赖关系，称为"约束"。为了表示原因与原因之间，结果与结果之间可能存在的约束条件，在因果图中可以附加一些表示约束条件的符号。输入条件的约束有 E、I、O、R，输出条件只有 M 约束。输入输出的约束图形符号如图 2-12 所示。

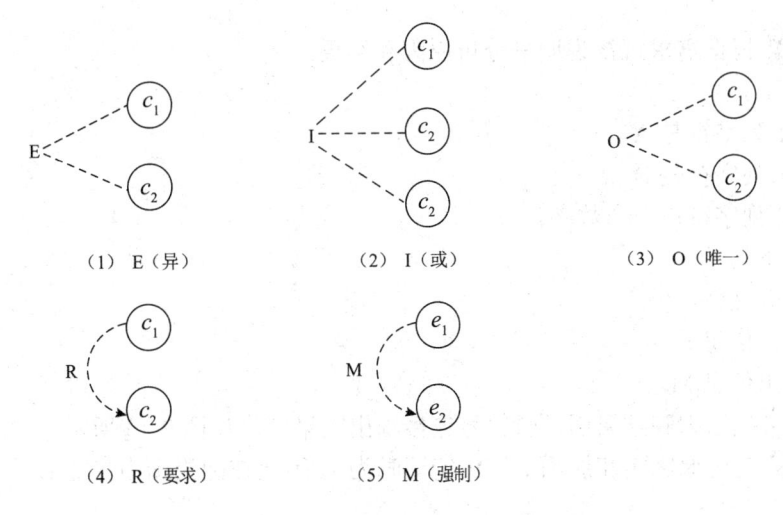

图 2-12 输入输出的约束图形符号

为便于理解，这里设 c_1、c_2 和 c_3 表示不同的输入条件，4 种约束结果说明如下。

1）E（异）：表示 c_1、c_2 中至多有一个可能为 1，即 c_1 和 c_2 不能同时为 1。

2）I（或）：表示 c_1、c_2、c_3 中至少有一个是 1，即 c_1、c_2、c_3 不能同时为 0。

3）O（唯一）：表示 c_1、c_2 中必须有一个且仅有一个为 1。

4）R（要求）：表示 c_1 为 1 时 c_2 必须为 1，即不可能 c_1 为 1 时 c_2 为 0。

5）M（强制）：表示如果结果 e_1 为 1，则结果 e_2 强制为 0。

（3）因果图法设计测试用例的步骤。

1）分析需求规格说明书描述中哪些是原因，哪些是结果，其中原因常常是输入条件或输入条件的等价类；结果常常是输出条件。然后为每个原因和结果赋予一个标识符，并且把原因和结果分别画出后放在左边和右边一列。

2）分析需求规格说明书描述中的语义，找出原因与结果之间、原因与原因之间对应的关系，根据这些关系将其表示成连接各个原因与各个结果的因果图。

3）由于语法或环境的限制，所以有些原因与原因之间、原因与结果之间的组合情况不可能出现。为表明这些特殊情况，在因果图上用一些记号标明约束或限制条件。

4）把因果图转换成判定表，首先将因果图中的各原因作为判定表的条件项，各结果作为判定表的动作项。然后为每个原因分别取"真"和"假"两种状态，一般用 1 和 0 表示。最后根据各条件项的取值和因果图中表示的原因和结果之间的逻辑关系确定相应的动作项的值，完成判定表。

5）把判定表的每一列作为依据设计测试用例。

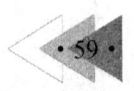

3. 因果图的测试用例案例

【案例 1】需求规格说明书。

需求规格说明书要求第 1 列字符必须是 A 或 B，第 2 列字符必须是一个数字，在此情况下修改文件。如果第 1 列字符错误，则给出信息 L；如果第 2 列字符不是数字，则给出信息 M。

Step 01 根据需求规格说明书分析原因和结果。

原因如下。

1：第 1 列字符是 A。

2：第 1 列字符是 B。

3：第 2 列字符是一个数字。

结果如下。

21：修改文件。

22：给出信息 L。

23：给出信息 M。

Step 02 把原因和结果用逻辑符号连接画出因果图，如图 2-13 所示。

Step 03 考虑原因 1 和原因 2 不可能同时为 1，因此在因果图中施加 E 约束，如图 2-14 所示。

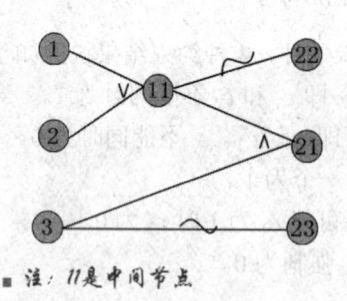

图 2-13　根据需求规格说明书绘制的因果图　　图 2-14　具有约束的因果图

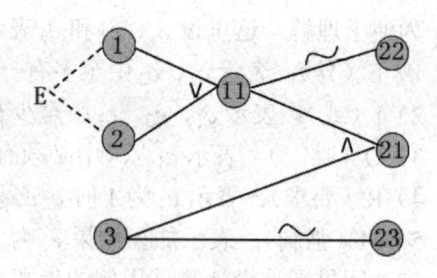

Step 04 根据因果图建立的判定表如表 2-19 所示。

表 2-19　根据因果图建立的判定表

组合条件		1	2	3	4	5	6	7	8
条件	1	1	1	1	1	0	0	0	0
	2	1	1	0	0	1	1	0	0
	3	1	0	1	0	1	0	1	0
	11	-	-	1	1	1	1	0	0
动作	22	/	/	0	0	0	0	1	1
	21	/	/	1	0	1	0	0	0
	23	/	/	0	1	0	1	0	1

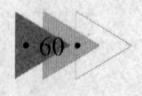

Step 05 根据判定表设计测试用例,如表 2-20 所示。

表 2-20 测试用例

用例序号	条件组合	输入数据	预期结果
1	第 3 列	A3	修改文件
2	第 4 列	A*	给出信息 M
3	第 5 列	B8	修改文件
4	第 6 列	BN	给出信息 M
5	第 7 列	X6	给出信息 L
6	第 8 列	CC	给出信息 M,L

【案例 2】电力收费。

某电力公司有 A、B、C、D 共 4 类收费标准,并规定:居民用电小于 100 度/月,按 A 类收费;大于等于 100 度/月,或者动力用电小于 10 000 度/月且非高峰,按 B 类收费;大于等于 10 000 度/月且非高峰,或者小于 10 000 度/月且高峰,按 C 类收费;大于等于 10 000 度/月且高峰,按 D 类收费。请用因果图法设计测试用例。

Step 01 根据收费标准规定分析出原因和结果。

原因如下。

1:居民用电。

2:动力用电。

3:<100 度/月。   3:≥100 度/月。

4:非高峰。   4:高峰。

5:<10 000 度/月。   5:≥10 000 度/月。

结果如下。

A:按 A 类收费。

B:按 B 类收费。

C:按 C 类收费。

D:按 D 类收费。

Step 02 根据原因和结果绘制因果图,把原因和结果用逻辑符号连接。考虑到条件中居民用点和动力用电之间存在必须二选一的情况,因此在因果图中施加 O 约束,具有约束的因果图如图 2-15 所示。

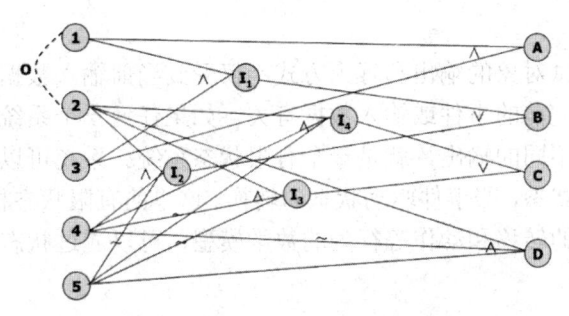

图 2-15 具有约束的因果图

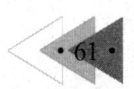

Step 03 根据因果图建立的判定表如表 2-21 所示。

表 2-21 根据因果图建立的判定表

组合条件		1	2	3	4	5	6
条件（原因）	1	1	1	0	0	0	0
	2	0	0	1	1	1	1
	3	1	0	/	/	/	/
	4	/	/	1	0	1	0
	5	/	/	0	0	1	1
动作（结果）	A	1	0	0	0	0	0
	B	0	1	1	0	0	0
	C	0	0	0	1	1	0
	D	0	0	0	0	0	1

Step 04 根据判定表设计测试用例，如表 2-22 所示。

表 2-22 测试用例

用例序号	条件组合	输入数据	预期结果
1	第 1 列	居民电，90 度/月	A
2	第 2 列	居民电，110 度/月	B
3	第 3 列	动力电，非高峰，8 000 度/月	B
4	第 4 列	动力电，非高峰，12 000 度/月	C
5	第 5 列	动力电，高峰，9 000 度/月	C
6	第 6 列	动力电，高峰，11 000 度/月	D

2.1.2.5 状态转换法

1. 概念

很多情况下，测试对象的输出和行为方式不仅受到当前输入数据的影响，还与测试对象之前的执行情况或之前的事件或输入数据有关。如果任何一个系统对同一个输入，根据不同的状态可以得到不同的输出，就是一个有限状态系统。系统可以从测试对象的初始状态开始转换到不同的状态，即事件驱动状态的转换。这里的有限状态机是表示有限个状态，以及在这些状态之间的转移和动作等行为的数学模型，可以通过状态图、状态表或状态树表示，如图 2-16 所示。

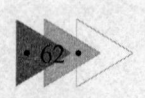

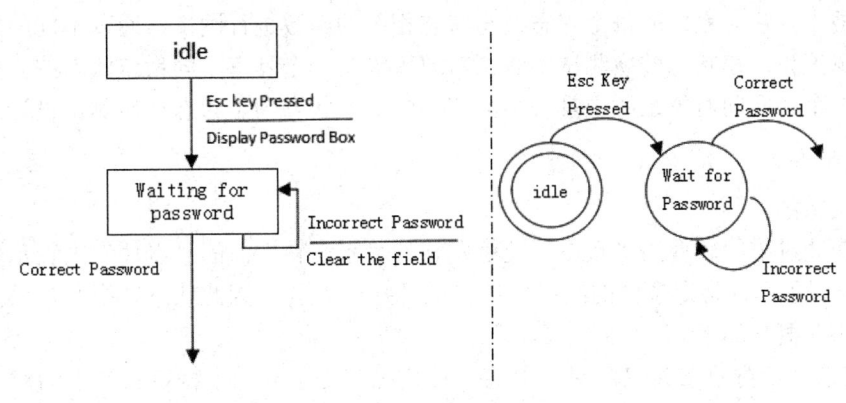

(a) 状态图

State Name	Inputs					On Entry	Always
	Open Button	Close Button	Door Open	Floor Sensor	Door closed		
Stopped	A	B	Ignore	Can't happen	C	Call Stopping	None
Moving	Ignore	Ignore	Can't happen	D	Can't happen	None	None
Stopping	Ignore	Ignore	Return	Can't happen	Can't happen	A	None
Going Home	Ignore	Ignore	Can't happen	E	Can't happen	None	F

(b) 状态表

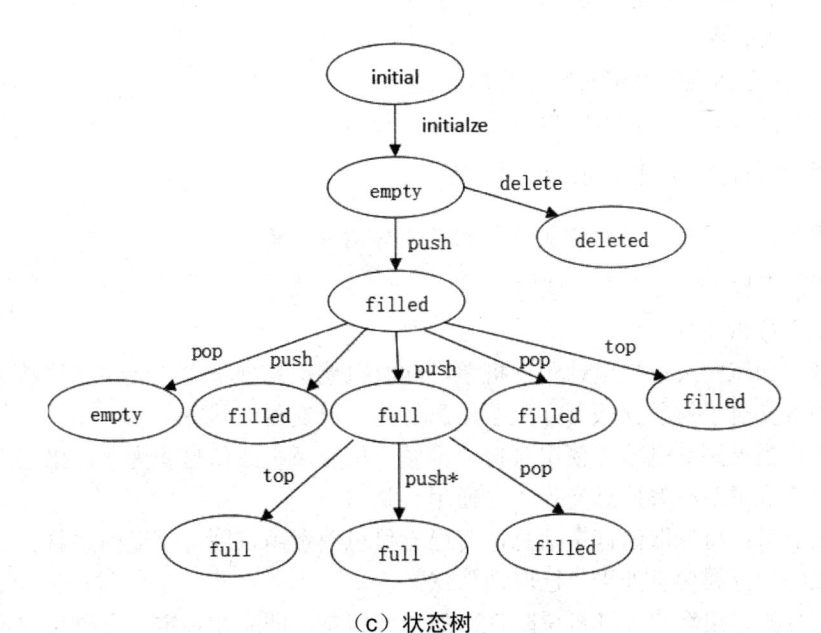

(c) 状态树

图 2-16 有限状态机

这些表示形式并不重要，关键是能够看明白各个状态。

状态转换测试是一种基于产品规格分析状态转换的测试，即一种基于产品规格分析的黑盒测试技术。它对系统的每个状态及与状态相关的函数进行测试，通过不同的状态验证软件的逻辑流程。在状态转换测试中测试对象可以是一个具有不同系统状态的完整系统，也可以是一个在面向对象系统中具有不同状态的类，状态图是状态转换测试设计的基础。

2. 原理

（1）状态图。

状态图通过描绘软件的"状态"及引发软件"系统转换"的"事件"来表示软件的行为，并且指明了作为特定事件的结果软件将做哪些"动作"。因此状态转换图提供了行为建模机制，相关概念如下。

1）状态是指对象在其生命周期中的一种状况，处于某一个特定状态中的对象必然满足某些条件而执行某些动作或者某些事件。例如，MP4 有播放、暂停、快进、停止等状态。

2）事件是指在事件和空间上占有一定位置，并且对状态机来讲是有意义的那些事件。它通常会引起状态的变迁，促使状态机从一种状态转换到另外一种状态。

3）转换是指两种状态之间的一种关系，表明对象将在第 1 个状态中执行一定的动作并将在某个事件发生；同时某个特定条件满足时进入第 2 个状态。

4）动作是指状态转换之后一种结果或者输出。

（2）使用状态图转换法设计测试用例的步骤。

状态转换法的目的是设计足够的用例达到对软件状态、状态与动作组合及状态转换路径的覆盖，使用状态转换法测试设计测试用例的步骤如下。

1）根据需求提取全部状态。

2）绘制状态图。

3）根据状态图推导测试路径（状态树）。

4）选取测试数据，构造测试用例。

3. 使用状态转换法设计测试用例案例

【案例】路人甲打电话预订飞机票到某地的测试用例。

Step 01 根据需求提取全部状态。

测试需求分析如下。

（1）客户向航空公司打电话预订机票，此时机票信息处于"完成预订"状态。

（2）顾客支付了机票款项后，机票信息变为"已支付"状态。

（3）客户当天到达机场并使用身份证换领登机牌后机票信息变为"已出票"状态。

（4）检票登机后机票信息变为"已使用"状态。

（5）在登机前可以取消订票信息，若已支付机票费用，则可以退回票款。

（6）取消后订票信息处于"已取消"状态。

由以上分析得出客户预订机票时订单的全部状态，即完成预定、已支付、已出票、已使用、已取消。

Step 02 绘制状态图，根据客户预订机票时订单的全部状态绘制状态图，如图 2-17 所示。

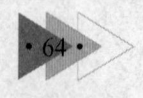

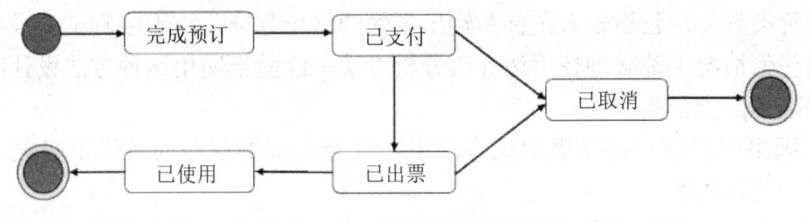

图 2-17　预订机票状态图

Step 03 根据预订机票状态图得出测试路径包括如下几种。
（1）完成预订→。
（2）完成预订→已支付→已取消。
（3）完成预订→已支付→已出票→已取消。
（4）完成预订→已支付→已出票→已使用。

Step 04 根据测试路径编写测试用例，每一条路径就是一个测试用例。

2.1.2.6　错误推测法

错误推测法是指人们基于经验和直觉推测软件中可能存在的各种错误，并且针对这些错误设计相应的测试用例，它常常作为一种补充测试用例的设计方法。

错误推测法的基本思想是，列举出软件所有可能的错误和容易发生错误的特殊情况，并根据它们选择测试用例，举例如下。

（1）输入数据和输出数据为 0 的情况；输入表格为空格或表格只有一行，这些都是容易发生错误的情况，可选择这些情况下的例子作为测试用例。

（2）时间性测试，提交操作时限；未到达的日期是否可以选择、前后时间限制问题和系统时间调整等这些都是时间测试的注意点，可选择这些特殊时间作为测试用例。

（3）测试一个对线性表（如数组）进行排序的软件，输入的线性表为空表；表中只含有一个元素、表中所有元素已排序，以及表中部分或全部元素相同等，可推测这几项是需要特别测试的情况并设计测试用例。

从上述可以看出需要完成的前提条件如下。

（1）深入熟悉被测试软件的业务和需求。

（2）对被测试软件或类似之前的缺陷分布情况进行过系统分析，包括功能缺陷、数据缺陷、接口缺陷和界面缺陷等。

通过错误推测法可以充分发挥个人的经验和潜能、测试的命中率高，可以集思广益，并且快速切入。但是测试覆盖率难以保证，可能丢失大量未知的区域；另外，错误推测法带有主观性且难以复制。该方法过多地依赖于个人的经验，因此应根据实际的测试需要进行选择。

2.1.3　选择策略

黑盒测试法的共同特点是，都把软件看作是一个打不开的盒子，只知道输入和输出的映射关系，根据需求规格说明书设计测试用例。以下是各种黑盒测试方法的选择策略，可在实际应用过程中参考。

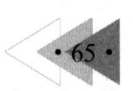

（1）等价类划分法包括输入条件和输出条件的等价划分，将无限测试变成有限测试。

（2）在任何情况下都必须使用边界值分析方法，经验表明用这种方法设计的测试用例发现软件缺陷的能力最强。

（3）在因果图测试和决策表测试方法中通过分析被测程序的逻辑依赖关系构造决策表，进而设计测试用例。

等价划分类、边界分析值、判定表、因果图、状态转换法都是比较常用的黑盒测试方法，每种方法都有其优点不足及使用的场合，测试的时候要根据实际情况灵活选择。

2.2 白盒测试

2.2.1 概念

白盒测试作为测试人员常用的一种测试方法越来越受到测试工程师的重视，它并不是简单地按照代码设计测试用例，而是需要根据不同的测试需求并结合不同的测试对象，使用适合的方法进行测试。因为不同复杂的代码逻辑可以衍生出多种执行路径，所以只有适当试方法才能正确地分析代码。

白盒测试的概念

白盒测试又称为"结构化测试"和"基于代码的测试"，是一种测试用例设计方法。它把软件看成装在一个透明的白盒子里，其结构和处理过程完全可见。按照软件的内部逻辑测试软件，以检查其中的每条通路是否都能按照预先要求正确工作。它从软件的控制结构导出测试用例，是针对被测单元内部是如何进行工作的测试。该测试根据软件的控制结构设计测试用例，主要用于软件验证。

采用白盒测试必须遵循以下原则才能达到测试的目标。

（1）保证一个模块中的所有独立路径至少被测试一次。

（2）所有逻辑值均需测试真（true）和假（false）两种情况。

（3）检查软件的内部数据结构，保证其有效性。

（4）在上下边界及可操作范围内运行所有循环。

满足白盒测试的测试覆盖率意味着被测试对象已不需要基于此技术再进行额外的测试，但是可以继续应用其他测试技术。白盒测试通常需要测试工具的支持，如一些代码覆盖工具可以用来获取基于机构的测试覆盖率。

2.2.2 基本方法

测试人员了解白盒测试技术的基本原理有助于更好地开发白盒测试。本节主要根据代码结构讲解白盒测试的6种逻辑覆盖测试方法。

白盒测试的基本方法

2.2.2.1 语句覆盖

1. 基本思想

语句覆盖的基本思想是设计若干个测试用例运行被测试软件，使软件的每一个执行语句至少被执行一次。

2. 案例分析

实现一个简单算术运算的代码如下:

```
int x,y,z;
if(x>0&&y>0)
    z=z/x;
if(x>1||z>1)
    z=z+1;
```

以上代码简化前后的软件流程图如图 2-18 所示。

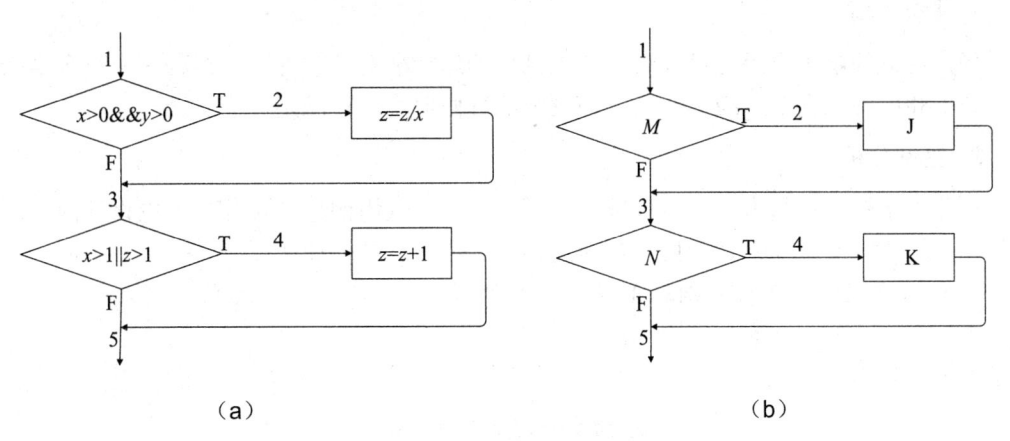

（a）　　　　　　　　　　　　　　　（b）

图 2-18　简化前后的软件流程图

由图(b)可以看出该软件有两个判定,即判定 $M=\{x>0 \ \&\& \ y>0\}$ 和判定 $N=\{x>1 \ || \ z>1\}$。该软件模块有 4 条不同的路径。

P1：（1-2-4）　　　P2：（1-2-5）
P3：（1-3-4）　　　P4：（1-3-5）

按照语句覆盖的测试用例设计原则,可以使用 P2 或 P3 来设计测试用例,如表 2-23 所示。

表 2-23　语句覆盖测试用例

测试用例	具体取值条件	覆盖语句	覆盖路径
输入：$\{x=2,y=2,z=6\}$	$x>0$ 且 $y>0$	$z=z/x$	P1：（1-2-4）
输出：$\{x=2,y=2,z=4\}$	$x>1$ 或 $z>1$	$z=z+1$	
输入：$\{x=-1,y=-2,z=-3\}$	$x>0$ 且 $y>0$	—	P4：（1-3-5）
输出：$\{x=-1,y=-2,z=-3\}$	$x>1$ 或 $z>1$		

3. 优势

语句覆盖可以很直观地从源代码得到测试用例,不必细分每个判定表达式。

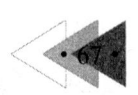

4. 不足

由于这种测试方法仅仅针对软件逻辑中显式存在的语句（即可执行语句），因此无法测试隐藏的条件和可能到达的隐式逻辑分支。

5. 语句覆盖率

语句覆盖的覆盖率定义为至少被执行一次的语句数量/可执行语句的总数量。

尽管语句覆盖率是一个比较弱的评判标准，但是有时实现100%的语句覆盖率也是不容易的。

2.2.2.2 判定覆盖

1. 基本思想

判定覆盖的基本思想是设计若干个测试用例运行被测试软件，使得程序中每个判断的取真分支和取假分支至少经历一次，即判断的真假值均曾被满足。

2. 案例分析

按照判定覆盖的基本原理可以针对上面提到的测试用例进行设计，可以设计两次测试用例使判定 M、N 分别为真和假，从而达到判定覆盖。具体如下。

当 $x=1$，$y=2$，$z=-2$ 时，判定 M 为真，N 为假。

当 $x=2$，$y=-2$，$z=6$ 时，判定 M 为假，N 为真。

如表 2-24 所示。

表 2-24 判定覆盖测试用例

测试用例	具体取值条件	覆盖判定	覆盖路径
输入：{$x=1,y=2,z=-2$} 输出：{$x=1,y=2,z=-2$}	$x>0$ 且 $y>0$ $x>1$ 或 $z>1$	M=T，N=F	P2：（1-2-5）
输入：{$x=2,y=-2,z=6$} 输出：{$x=2,y=-2,z=7$}	$x>0$ 且 $y>0$ $x>1$ 或 $z>1$	M=F，N=T	P3：（1-3-4）

同理，也可以让测试用例测试路径是 P1 和 P4。

3. 优势

判定覆盖比语句覆盖要多几乎一倍的测试路径，当然具有比语句覆盖更强的测试能力。判定覆盖也具有和语句覆盖一样的简单性，不必细分每个判定就可以得到测试用例。

4. 不足

往往大部分判定语句由多个逻辑条件组合而成（如判定语句中包含 AND、OR、CASE），若仅仅判断其最终结果而忽略每个条件的取值情况，必然会遗漏部分测试路径。

5. 判定覆盖率

判定覆盖的覆盖率定义为判定结果被评价的次数/判定结果的总数。

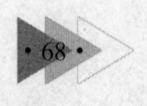

2.2.2.3 条件覆盖

1. 基本思想

条件覆盖的基本思想是设计若干个测试用例，运行被测试软件使得每个判断中每个条件的可能取值至少满足一次。

2. 案例分析

按照条件覆盖的基本原理可以针对上面提到的测试用例进行设计。

判定 M 包含下列两个条件。

条件 $x>0$：取真时为 T1，取假时为 F1。

条件 $y>0$：取真时为 T2，取假时为 F2。

判定 N 包含下列两个条件。

条件 $x>1$：取真时为 T3，取假时为 F3。

条件 $z>1$：取真时为 T4，取假时为 F4。

如表 2-25 所示。

表 2-25　条件覆盖测试用例

测试用例	具体取值条件	覆盖判定	覆盖条件	覆盖路径
输入：$\{x=1,y=2,z=-2\}$ 输出：$\{x=1,y=2,z=-2\}$	$x>0$ 且 $y>0$ $x>1$ 或 $z>1$	M=T，N=F	T1，T2，F3，F4	P2：（1-2-5）
输入：$\{x=2,y=-2,z=6\}$ 输出：$\{x=2,y=-2,z=7\}$	$x>0$ 或 $y>0$ $x>1$ 或 $z>1$	M=F，N=T	F1，F2，T3，T4	P3：（1-3-4）

3. 优势

显然条件覆盖比判定覆盖增加了对符合判断情况的测试，增加了测试路径。

4. 不足

要达到条件覆盖需要足够多的测试用例，但条件覆盖并不能保证判断覆盖。条件覆盖只能保证每个条件至少有一次为真，而不考虑所有的判定结果。

5. 条件覆盖率

条件覆盖的覆盖率定义为条件操作数值至少被评价一次的数量/条件操作数值的总数量。

2.2.2.4 判定-条件覆盖

1. 基本思想

判定-条件覆盖是判定覆盖和条件覆盖设计方法的交集，其基本思想是设计足够多的测试用例使得判定条件中的所有条件可能取值至少执行一次，并且所有判定的可能结果至少执行一次。

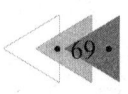

2. 案例分析

按照判定-条件测试用例的设计思想，结合前面例子中应该至少保证条件 M 和 N 各区真/假一次；同时要保证 8 个条件取值至少执行一次，如表 2-26 所示。

表 2-26　判定-条件覆盖测试用例

测试用例	具体取值条件	覆盖判定	覆盖条件	覆盖路径
输入：{x=2,y=2,z=6} 输出：{x=2,y=2,z=4}	x>0 且 y>0 x>1 或 z>1	M=T，N=T	T1，T2，T3，T4	P1：（1-2-4）
输入：{x=-1,y=-2,z=-3} 输出：{x=-1,y=-2,z=-3}	x>0 且 y>0 x>1 或 z>1	M=F，N=F	F1，F2，F3，F4	P4：（1-3-5）

3. 优势

判定-条件覆盖满足判定覆盖和条件覆盖准则，弥补了两者的不足。

4. 不足

判定-条件覆盖原则未考虑条件的组合情况。

5. 判定-条件覆盖率

判定-条件覆盖的覆盖率定义为条件操作数组或判断结果值至少被评价一次的数量/（条件操作数值总数量+判断结果总数量）。

2.2.2.5　条件组合覆盖

1. 基本思想

条件组合覆盖的基本思想是设计足够的测试用例，使得判断条件中的所有条件可能取值至少执行一次，同时所有判断的可能结果至少执行一次。

2. 案例分析

按照条件组合覆盖的基本思路，对于前面的例子采用设计条件组合覆盖设计的测试用例，如表 2-27 所示。

表 2-27　条件组合覆盖测试用例

编　号	覆盖条件取值	判断条件取值	判断-条件组合
1	T1，T2	M=T	x>0，y>0
2	T1，F2	M=F	x>0，y<=0
3	F1，T2	M=F	x<=0，y>0
4	F1，F2	M=F	x<=0，y<=0
5	T3，T4	N=T	x>1，z>1
6	T3，F4	N=T	x>1，z<=1
7	F3，T4	N=T	x<=1，z>1
8	F3，F4	N=F	x<=1，z<=1

针对以上 8 种条件组合，设计所有能覆盖这些组合的测试用例，如表 2-28 所示。

表 2-28 所有能覆盖条件组合的测试用例

测试用例	具体取值条件	覆盖判定	覆盖条件	覆盖路径
输入：{x=2,y=2,z=6} 输出：{x=2,y=2,z=4}	x>0 且 y>0 x>1 或 z>1	M=T，N=T	T1，T2，T3，T4	P1：（1-2-4）
输入：{x=1,y=2,z=-2} 输出：{x=1,y=2,z=-2}	x>0 且 y>0 x>1 或 z>1	M=T，N=F	T1，T2，F3，F4	P2：（1-2-5）
输入：{x=2,y=-2,z=6} 输出：{x=2,y=-2,z=7}	x>0 且 y>0 x>1 或 z>1	M=F，N=T	F1，F2，T3，T4	P3：（1-3-4）
输入：{x=-1,y=-2,z=-3} 输出：{x=-1,y=-2,z=-3}	x>0 且 y>0 x>1 或 z>1	M=F，N=F	F1，F2，F3，F4	P4：（1-3-5）

3. 优势

条件组合覆盖原则满足判定覆盖、条件覆盖和判定-条件覆盖要求设计足够多的测试用例，从而使得判定中每个条件的所有可能结果至少出现一次，以及每个判定本身的所有可能结果也至少出现一次，并且每个条件都能单独影响判定结果。

4. 不足

条件组合覆盖线性地增加了测试用例的数量。

5. 条件组合覆盖率

条件组合覆盖的覆盖率定义为条件操作数值至少被评价一次的数量/条件操作数组所有组合总数量。

2.2.2.6 路径覆盖

1. 基本思想

路径覆盖的基本思想是设计所有的测试用例来覆盖软件中所有可能执行的路径。

2. 案例分析

按照路径覆盖的基本思路设计覆盖所有路径的测试用例，如表 2-29 所示。

表 2-29 路径覆盖测试用例

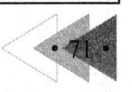

测试用例	具体取值条件	覆盖判定	覆盖条件	覆盖路径
输入：{x=2,y=2,z=6} 输出：{x=2,y=2,z=4}	x>0 且 y>0 x>1 或 z>1	M=T，N=T	T1，T2，T3，T4	P1：（1-2-4）
输入：{x=1,y=2,z=-2} 输出：{x=1,y=2,z=-2}	x>0 且 y>0 x>1 或 z>1	M=T，N=F	T1，T2，F3，F4	P2：（1-2-5）
输入：{x=2,y=-2,z=6} 输出：{x=2,y=-2,z=7}	x>0 且 y>0 x>1 或 z>1	M=F，N=T	F1，F2，T3，T4	P3：（1-3-4）
输入：{x=-1,y=-2,z=-3} 输出：{x=-1,y=-2,z=-3}	x>0 且 y>0 x>1 或 z>1	M=F，N=F	F1，F2，F3，F4	P4：（1-3-5）

3. 优势

路径覆盖测试方法可以彻底测试软件，比前面几种方法测试的覆盖面更广。

4. 不足

由于路径覆盖需要对所有可能路径进行测试（包括循环、条件组合、分支判断等），所以需要设计大量且复杂的测试用例，使得工作量呈现指数级增长。对于比较简单的小软件，实现路径覆盖是可能做到的。如果软件中出现较多判断和循环，可能的路径数目将会急剧增加，要在测试中覆盖所有路径是无法实现的。为了解决这个难题，只有把覆盖路径数量压缩到一定限度内。

在实际测试过程中即使对路径数较少的软件已经做了路径覆盖，仍然不能保证测试的正确性，还需要采用其他测试方法进行补充。

总之，路径覆盖的出发点是完善合理的，但是做不到完全无遗漏的覆盖。

2.2.3 选择策略

白盒测试的选择策略如下，可在实际应用过程中参考。

（1）应尽量首先使用工具进行静态结构分析。

（2）可采取先静态后动态的测试实施方式，即先进行静态结构分析和代码检查，再进行覆盖率测试。

（3）利用静态分析的结果作为导引，通过代码检查和动态测试的方式对静态发现结果进一步确认，使测试工作更为有效。

（4）覆盖率测试是白盒测试的重点，一般可使用基本路径测试法达到语句覆盖要求。对于软件的重点模块，应使用多种覆盖率标准衡量其覆盖率。

（5）在不同的测试节点测试的侧重点不同，在单元测试阶段以代码检查、逻辑覆盖为主；在集成测试阶段需要增加静态结构分析等；在系统测试阶段则应根据黑盒测试的结果采取相应的白盒测试。

2.3 静态测试和动态测试

白盒测试可分为静态测试和动态测试。静态测试和动态测试的相关内容如下。

1. 静态测试

静态测试是一种不通过执行软件而进行测试的技术，它仅通过分析或检查源软件的文法、结构、过程、接口等来检查其正确性。静态测试从项目立项即可开始，并且贯穿整个测试过程。

最常见的静态测试目的是找出源代码的语法错误，可由编译器来完成。因编译器可逐行分析检验软件的语法，找出错误并报告；除此之外，测试人员须采用人工方法来检验软件，主要有代码检查法、静态结构分析法等。

静态测试可以帮助识别代码中的缺陷，测试由具有良好编码知识且训练有素的软件开发人员进行，这也是查找和修复缺陷的快速简便方法。静态测试可以使用自动化工具，使扫描和查看软件变得非常快。通过静态测试可以在开发生命周期的早期阶段发现缺陷，从而降低修复成本。但是静态测试通过手动完成，需要大量时间，而特定的自动化工具仅适用于少数编程语言，并且可能会出现误报和漏报；另外，自动化工具仅扫描代码，无法查明可能在运行时产生问题的缺陷。

2. 动态测试

在动态测试中，执行代码以检查软件在运行时环境中的执行方式，测试其功能行为，以及 CPU 使用情况和整体性能等。动态测试的目的是确保最终产品的设计符合客户提供的业务要求，也称为"验证"或"执行测试"。

最常见的动态测试技术有单元测试、集成测试、系统测试、验收测试和回归测试等。

动态代码分析有助于识别运行时环境中的薄弱区域，即使测试人员没有实际代码，动态测试也支持应用软件分析。它确定了静态代码分析难以找到的薄弱环节，允许验证静态代码分析结果，还可以应用于任何应用软件。但动态代码分析也受到了一定限制，自动化工具可能会给出错误的结果，产生误报和漏报。动态测试使用预期结果验证输出，可在所有级别进行，可以是黑盒或白盒测试。

3. 静态测试与动态测试的主要区别

（1）静态测试用于预防，动态测试用于矫正。
（2）多次的静态测试比动态测试效率高。
（3）静态测试综合测试软件代码。
（4）在相当短的时间内静态测试的覆盖率能达到100%，而动态测试经常只能达到50%左右。
（5）动态测试比静态测试更费时间。
（6）静态测试比动态测试更能发现缺陷。
（7）静态测试的执行可以在软件编码编译前，动态测试只能在编译后才能执行。

2.4 主动测试和被动测试

主动测试是指测试人员和被测软件直接交互，测试人员根据测试的目标主动向被测软件发送特定的测试输入信息；同时检查输出结果是否符合预期。在主动测试中，测试软件及其配置和运行环境完全处在测试人员的控制之下。被测软件并不处于正常的工作状态，而是处于被测状态，如图2-19所示。

被动测试是指被测软件运行在真实的环境之下，即处于正常的工作状态。测试人员不干预被测软件的运行，只是被动地接收其输入和输出信息，然后通过分析来判断软件运行是否正常。被动测试不需要设计测试用例，可以长时间测试而无需人工干预。并且不影响被测试线的执行和运行环境，这种被动测试需要充分地分析和判断结果，如图2-20所示。

目前绝大多数的测试都是主动测试，只有线上观察、系统操作运维人员的系统监控、性能测试等测试属于被动测试。

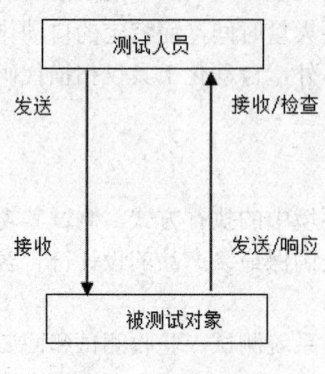

图 2-19 主动测试

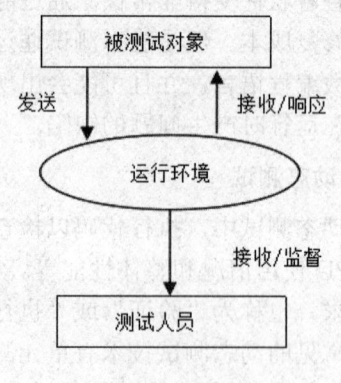

图 2-20 被动测试

★ 本章小结 ★

1. 黑盒测试也称"功能测试""数据测试"或"基于'需求规格说明书'的测试",它通过测试来检测每个功能是否都能正常使用。

2. 黑盒测试不关注软件的内部结构,而是着眼于软件外部结构,即关注其输入、输出。并且关注用户的需求,从用户的角度验证软件功能,实现端对端的测试。

3. 黑盒测试常用的具体方法有等价类划分法、边界值分析法、决策表法、因果图法、状态转换法、错误推测法等,借助这些方法可以简化测试数据的数据量并设计更有效的测试用例。

4. 白盒测试又称为"结构化测试""基于代码的测试",是一种测试用例设计方法。它从软件的控制结构导出测试用例,是针对被测单元内部是如何进行工作的测试。该测试根据软件的控制结构设计测试用例,主要用于软件验证。

5. 白盒测试检查软件内部逻辑结构,并对所有逻辑路径进行测试,是一种穷举路径的测试方法。

6. 白盒测试常见的6种逻辑覆盖测试方法为语句覆盖、判定覆盖、条件覆盖、判定-条件覆盖、条件组合覆盖和路径覆盖。

7. 白盒测试的方法主要分为静态测试和动态测试,静态测试是一种不通过执行程序而进行测试的技术,仅通过分析或检查源程序的文法、结构、过程、接口等来检查其正确性;动态测试是在软件受控的环境中使用特定期望结果而进行的正确性测试,在这种测试中,执行代码以检查软件在运行时环境中的执行方式。

8. 主动测试方法主要是指测试人员主动向被测试对象发送请求,或借助数据、事件驱动被测试对象的行为,从而验证被测试对象的反应或输出结果。

9. 被动测试方法主要是指测试人员不干预软件的运行,而是被动地监控软件在实际环境中运行。并且通过一定的被动机制来获得软件运行的数据,包括输入、输出数据。

目 标 测 试

一、单项选择题

1. 常用的黑盒测试方法有边界值分析、等价类划分、错误猜测、因果图等，其中（　　）经常与其他方法结合使用。
   A. 边界值分析　　　　　　　　　B. 等价类划分
   C. 错误猜测法　　　　　　　　　D. 因果图

2. 下列哪种方法设计的测试用例发现软件缺陷的能力最强？（　　）
   A. 等价类划分法　　　　　　　　B. 场景法
   C. 边界值分析法　　　　　　　　D. 决策表法

3. 下列哪种方法是根据输出对输入的依赖关系来设计测试用例？（　　）
   A. 边界值分析　　　　　　　　　B. 等价类划分法
   C. 因果图法　　　　　　　　　　D. 错误推测法

4. 以下关于覆盖测试的说法中错误的是（　　）。
   A. 语句覆盖要求每行代码至少执行一次
   B. 在路径测试中必须用不同的数据重复测试同一条路径
   C. 路径测试不是完全测试，即使每条路径都执行了一次，软件还可能存在缺陷
   D. 分支覆盖应使软件中每个判定的真假分支至少执行一次

5. 测试工程师的工作范围会包括检视代码、审阅开发文档，这属于（　　）。
   A. 动态测试　　　　　　　　　　B. 静态测试
   C. 黑盒测试　　　　　　　　　　D. 白盒测试

6. 对于一个含有 n 个变量的程序，采用边界值分析法测试软件会产生（　　）个测试用例。
   A. $6n+1$　　　　　　　　　　　B. $5n$
   C. $4n+1$　　　　　　　　　　　D. $7n$

7. 下列哪一种是关注变量定义赋值点（语句）和引用或使用这些值的点（语句）的结构性测试并主要用作路径测试的真实性检查？（　　）
   A. 基本路径测试　　　　　　　　B. 逻辑覆盖
   C. 决策表　　　　　　　　　　　D. 数据流测试

8. 对于逻辑表达式((a&b)||c)，需要（　　）个测试用例完成条件覆盖。
   A. 2　　　　　　　　　　　　　　B. 3
   C. 4　　　　　　　　　　　　　　D. 5

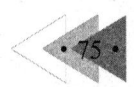

9. 逻辑覆盖法不包括（　　）。
   A. 分支覆盖　　　　　　　　　　B. 语句覆盖
   C. 需求覆盖　　　　　　　　　　D. 修正条件判定覆盖

10. 在下面所列举中的逻辑测试覆盖中测试覆盖最弱的是（   ）。
   A. 条件覆盖   B. 条件组合覆盖
   C. 语句覆盖   D. 判定覆盖
11. 下列根据输出对输入的依赖关系设计测试用例的方法是（   ）。
   A. 路径测试   B. 等价类
   C. 因果图   D. 归纳测试
12. 如果某测试用例集实现了某软件的路径覆盖，那么它一定同时实现了该软件的（   ）。
   A. 判定覆盖   B. 条件覆盖
   C. 判定-条件覆盖   D. 组合覆盖
13. 以下关于测试用例特征描述错误的是（   ）。
   A. 最有可能抓住错误的   B. 一定会有重复和多余的
   C. 一组相似测试用例中最有效的   D. 既不是太简单，也不是太复杂
14. 划分软件测试属于白盒测试还是黑盒测试的依据是（   ）。
   A. 是否执行软件代码   B. 是否能看到软件设计文档
   C. 是否能看到被测源软件   D. 运行结果是否确定
15. 白盒测试与黑盒测试的最主要区别是（   ）。
   A. 白盒测试侧重于软件结构，黑盒测试侧重于软件功能
   B. 白盒测试可以使用测试工具，黑盒测试不能使用测试工具
   C. 白盒测试需要软件参与，黑盒测试不需要
   D. 黑盒测试比白盒测试应用更广泛
16. 某软件对每个员工一年的出勤天数进行核算和存储（按每月22个工作日计算，一年最多出勤日为 22×12=264 天），使用文本框模式填写。在此文本框的测试用例编写中使用了等价类划分法，则下面划分不准确的是（   ）。
   A. 无效等价类，出勤日＞264 天   B. 无效等价类，出勤日＜0
   C. 有效等价类，0≤出勤日≤64   D. 有效等价类，0＜出勤日＜264 天
17. 对下面的个人所得税软件中满足判定覆盖测试用例的是（   ）。
If(income < 800) taxrate = 0;
else if(income <= 1500) taxrate = 0.05;
else if(income < 2000) taxrate = 0.08;
else taxrate = 0.1;
   A. income = (799,1500,1999,2001)   B. income = (799,1501,2000,2000)
   C. income = (800,1500,2000,2001)   D. income = (800,1499,2000,2001)

二、填空题

1. 判定覆盖设计足够多的测试用例，使得被测试软件中的每个判断的真和假分支至少被执行_____。
2. 黑盒测试的技术方法为_____、_____、_____、因果图法。
3. 等价类划分法分为两种不同的情况即_____和_____。

4. 根据覆盖目标的不同，逻辑覆盖又可以分为_____、_____、_____、路径覆盖、_____、判定-条件覆盖。

5. 白盒测试又称为"结构测试"，可以分为_____和_____。

三、简答题

1. 在逻辑覆盖方法中哪一种覆盖率高？为什么？
2. 黑盒测试的目的是什么？
3. 分析如何选择恰当的黑盒测试方法？
4. 简述静态测试的优势。

四、综合题

1. 一个小软件能够求出 3 个整数值在-10 000～+10 000 中的最大者，其界面如图 2-21 所示。

请用等价类划分法设计测试用例。

2. 为招干考试软件的"输入学生成绩"子模块设计测试用例。招干考试分为3个专业，准考证号第1位为专业号，如1-行政专业、2-法律专业和3-财经专业。其中，行政专业准考证号码为110001～111215，法律专业准考证号码为210001～212006，财经专业准考证号码为310001～314015，请划分准考证号码的等价类。

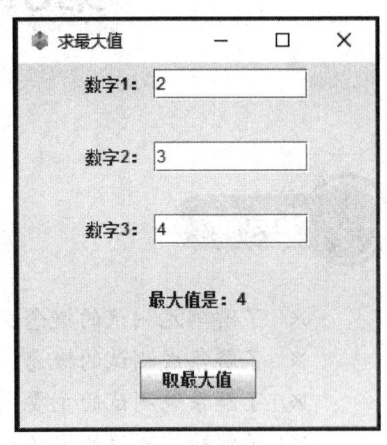

图 2-21　软件界面

3. 年、月、日分别由 Y、M 和 D 来存储相应的值，现在要测试 NextData(Y,M,D)函数，请用判定表方法来设计相应的测试用例。

4. 某个网站的积分兑换软件规定只有金牌会员才能参加积分兑换，登录后可在该网站的积分商城兑奖。具体规则是若积分 5 000 及以上，则可以兑换 1 台手机。兑换一次奖品积分减少 3 000，可多次兑换；若奖品已经被其他会员兑换完，则不能兑换，只能保留积分。登录和会员权限都不满足的情况下优先显示"没有登录"信息，在积分不够和奖品兑完同时发生的情况下，优先显示"积分不够"信息。请用判定表方法来设计相应的测试用例。

5. 为以下程序段设计一组测试用例，要求分别满足语句覆盖、判定覆盖和条件覆盖。

```
void DoWork (int x, int y, int z)
  {
   int k=0,j=0;
   if((x>3)&&(z<10))   {k=x*y-1;j=sqrt(k);}
   if((x==4)|(y>5))   {j=x*y+10;}
       j=j%3;
  }
```

第 2 章目标测试参考答案

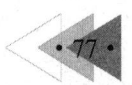

第3章 软件测试技术

学习目标

※ 了解单元测试的概念，掌握其主要内容并进行单元测试。
※ 了解集成测试的概念，掌握其主要过程并进行集成测试。
※ 了解系统测试的主要内容，掌握其主要流程并进行系统测试。
※ 了解验收测试的定义和目的，掌握其主要内容并能正确选择合适的测试策略。
※ 了解面向对象测试的概念，掌握单元测试、集成测试、系统测试中的面向对象测试。
※ 了解软件本地化测试的概念。

思维导图

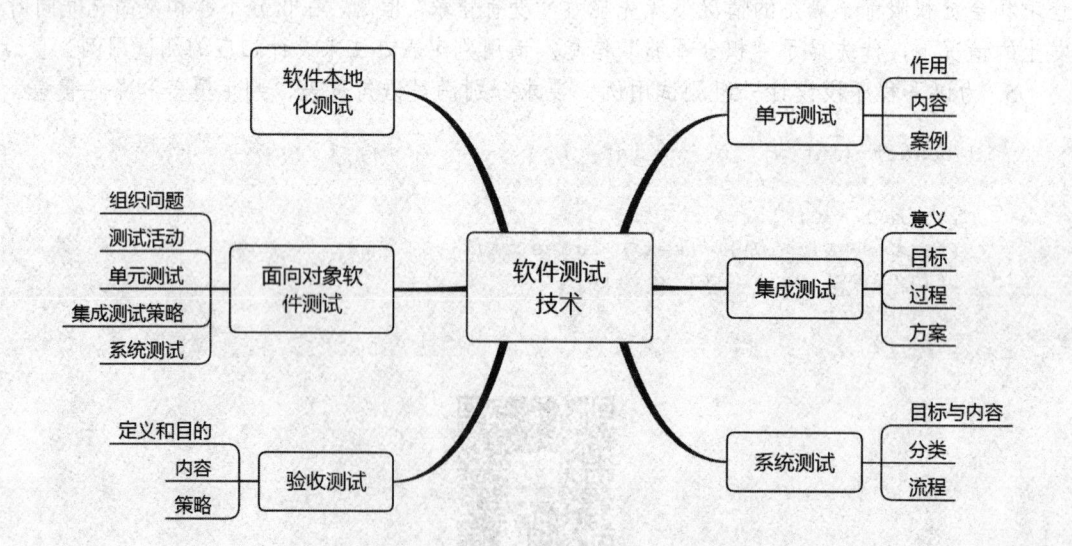

- 软件测试技术
  - 软件本地化测试
  - 面向对象软件测试
    - 组织问题
    - 测试活动
    - 单元测试
    - 集成测试策略
    - 系统测试
  - 验收测试
    - 定义和目的
    - 内容
    - 策略
  - 单元测试
    - 作用
    - 内容
    - 案例
  - 集成测试
    - 意义
    - 目标
    - 过程
    - 方案
  - 系统测试
    - 目标与内容
    - 分类
    - 流程

3.1 单元测试

单元测试（Unit Testing）又称"模块测试"，指对软件中的最小可测试单元进行检查和验证。一般来说，要根据实际情况判定单元的具体含义。例如，在 C 语言中单元指一个函数或子过程。在 C++ 和 Java 这样面向对象的语言中指类或类的方法，在图形化软件中可以指一个窗口或一个菜单等。总的来说，单元就是人为规定的最小的被测功能模块。

单元测试是在软件开发过程中要进行的最低级别的测试活动，也是非常重要的测试。软件的独立单元将在与其他部分相隔离的情况下进行测试，目的是检验其能否正确地实现应有的功能，并且满足性能和其他条件下的要求。

3.1.1 作用

在软件开发的整个流程中前期会有静态测试手段，后期也会有集成测试和系统测试，进行单元测试的原因如下。

（1）在一个软件的开发过程中，当开发人员完成一个模块之后往往迫切希望进行软件的集成，以看到整个软件的工作情况。但是如果不进行单元测试，那么在后期的集成测试中将会遇到更多的缺陷。如此一来，不但不会节省时间，反而增加了工作量。因此在每一个模块编写完成后对其进行单元测试能够纠正更多的缺陷，从而为后期软件开发奠定良好的基础，使后期的集成测试工作变得更加高效和可靠。

（2）在软件开发中开发人员经常会忽略针对单元模块做出详细的规格说明，而是直接编码开发。所以当完成编码之后仅能从代码中找到该单元模块做了什么，而在做测试的时候能够表明的就是编译器正常工作，如此一来仅能发现编译器的缺陷。在实践过程中真正要理解的是该单元模块的功能，那么可以根据规格说明书进行代码的复查。以确保该单元模块没有错误，并进一步发现更多的缺陷，这是提高代码质量及降低开发成本的必由之路。

（3）如果软件有缺陷，则运行一次全部单元测试，找到未通过的测试单元可以很快地定位有缺陷的执行代码。修复代码后运行对应的单元测试，如果还不通过，则继续修改并再测试，直到测试通过。单元测试可以大大减少调试时间，从而达到节约时间成本的效果。

（4）规模越大的代码集成意味着复杂性越高，如果软件的单元没有事先测试，开发人员很可能会花费大量的时间仅仅是为了使软件能够运行，而任何实际的测试方案都无法执行。一旦软件可以运行，开发人员又要面对这样的问题，即在考虑软件全局复杂性的前提下对每个单元进行全面的测试。这是一件非常困难的事情，甚至在创造一种单元调用的测试条件的时候要全面考虑单元被调用时的各种入口参数。在软件集成阶段，对单元功能全面测试的复杂程度远远超过独立进行的单元测试过程，最后的结果是测试将无法达到它所应该有的全面性。一些缺陷将被遗漏，并且很多缺陷将被忽略。

（5）研究成果表明，无论什么时候做出修改都需要进行完整的回归测试，在软件生命周期中尽早地进行测试将使软件效率和质量都得到最好的保证。缺陷发现的越晚，修改它所需的费用就越高，因此从经济角度来看应该尽可能早地查找和修改缺陷。在修改费用变得过高之前，单元测试是一个在早期抓住缺陷的机会。相比后阶段的测试，单元测试的创建更简单，维护更容易并且可以更方便地重复。从全程的费用来考虑，相比那些复杂且旷日持久的集成测试，或不稳定的软件系统来说，单元测试所需的费用是很低的。

3.1.2 内容

单元测试的内容主要包括模块接口测试、路径测试、边界条件测试、错误处理测试等，还要包括语法检查、逻辑检查及局部数据结构测试等。

1. 模块接口测试

模块接口测试是单元测试的第 1 步，包括以下 6 个方面。

（1）调用其他模块时，调用者所给的输入参数与模块的形式参数在个数、属性、顺序上是否匹配。

（2）输入的实际参数在个数、属性及类型上是否匹配。

（3）各个模块对全局变量的定义是否一致。

（4）文件在使用前是否已经打开。

（5）是否处理了输入输出错误。

（6）输出信息中的文字信息是否正确无误。

2. 路径测试

造成路径错误的主要因素如下。

（1）运算优先次序不正确或误解了运算优先次序。

（2）运算方式错误，运算的对象彼此在类型上不相容、算法错误、初始化错误、运算精度不够，表达式的符号不正确等。

（2）循环次数不正确。

（3）错误或不可能达成的循环终止条件。

（4）不同类型数据的比较。

（5）不适当地修改循环变量。

3. 边界条件测试

软件经常在边界上失效，采用边界值分析技术针对边界值及其临近值设计测试用例很有可能会发现错误，常见的边界值如下。

（1）数组元素的第 1 个和最后一个。

（2）循环的第 0 次、第 1 次、倒数第 2 次和最后一次。

测试所包含的边界检验的类型为数字、字符、位置、大小、方位、尺寸、空间等。

4. 错误处理测试

比较完善的模块设计要求能预见出错的条件，并设置相应的出错处理，以便在软件出错时能重做安排，从而保证其逻辑的正确性。这种出错处理也应当是模块功能的一部分。

表明出错处理模块有错误或缺陷的情况如下。

（1）出错的描述难以理解。

（2）出错的描述不足以对错误定位，从而确定出错的原因。

（3）显示的错误与实际的错误不符。
（4）对错误条件的处理不正确。
（5）异常处理不当。

5. 局部数据结构测试

模块的局部数据结构往往是错误产生的来源，常见的错误有如下几类。
（1）不适合或者不相容的类型说明。
（2）变量未初始化。
（3）使用未赋值的变量。
（4）出现溢出或地址异常。
（5）变量名不正确。
（6）数据类型不一致。

6. 软件语法检查

软件语法检查可以从两个方面进行，即通过编译语言检查和人工检查。编译语言一般只检查语法的正确与否，不能检查软件的逻辑结构和功能性的错误；人工检查是一种静态的方法，可以检查软件的逻辑结构、处理的功能及书写的格式。软件逻辑检查主要检查软件中使用的逻辑是否合理、循环次数是否有问题，以及是否出现循环函数或子模块出现自我调用的问题。

经常与单元测试联系起来的另外一些开发活动包括代码复查（Code Review）、静态分析（Static Analysis）和动态分析（Dynamic Analysis）。静态分析研读软件的源代码，以查找错误或收集一些度量数据，并不需要对代码进行编译和执行；动态分析通过观察软件运行时的操作提供执行跟踪、时间分析，以及测试覆盖度方面的信息。

总之，单元测试应该以简单、易于调试、可靠、快速执行的方式来操作，借此检查软件的最小构建模块在被组合前是否能够正常工作。值得注意的是，虽然单元测试可以证明模块独立工作时是正常的，但是无法证明模块组合在一起后是否也能正常工作。

3.1.3 案例

【案例】对求绝对值 abs() 函数进行单元测试。

测试用例可以有如下选择。
（1）输入正数，如 1、1.2、0.99，期待返回值与输入相同。
（2）输入负数，如-1、-1.2、-0.99，期待返回值与输入值的符号相反。
（3）输入 0，期待返回 0。
（4）输入非数值类型，如 None、[]、{}，期待提示"Type Error"。

把上面的测试用例放到一个测试模块中就是一个完整的单元测试。

如果单元测试通过，说明被测函数能够正常工作；否则要么函数有缺陷，要么测试条件输入不正确。总之，需要修复使单元测试能够通过。

如果我们修改了 abs() 函数代码，只需要再执行一遍单元测试。如果通过，说明修改不会对该函数原有的行为造成影响；如果测试不通过，说明修改与原有行为不一致，只能修改代码并重新测试。

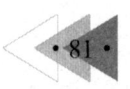

3.2 集成测试

集成测试也称"组装测试"或"联合测试",是指在单元测试的基础上将所有模块按照设计要求(如根据结构图)组装成为子系统或系统并进行测试。

3.2.1 意义

集成测试是在单元测试的基础上,测试在将所有的软件单元按照"概要设计规格说明书"的要求组装成模块、子系统或系统的过程中各部分工作是否达到或实现相应技术指标及要求的活动。首先,在集成测试之前单元测试已经完成,集成测试中所使用的对象应该是已经经过单元测试的软件单元。这一点很重要,因为如果不经过单元测试,那么集成测试的效果将会受到很大影响,并且会大幅增加软件单元代码纠错的代价。其次,实践表明:一些模块虽然能够单独工作,但并不能保证连接起来也能正常工作;一些局部反映不出来的问题,在全局上很可能暴露出来。此外,在某些开发模式,如迭代式开发中,设计和实现是迭代进行的。在这种情况下,集成测试的意义还在于它能间接地验证概要设计是否具有可行性。

集成测试确保各单元组合在一起后能够按既定意图协作运行,并确保增量的行为正确。所有的软件项目都不能摆脱系统集成这个阶段,不管采用什么开发模式,具体的开发工作必须从一个一个的软件单元做起,软件单元只有经过系统集成才能形成一个有机的整体。具体的集成过程可能是显性的,也可能是隐性的。只要有系统集成,总会出现一些常见问题,在工程实践中几乎不存在软件单元组装过程中不出任何问题的情况。

图 3-1 所示为针对一个功能点的各类测试所花费的时间统计。

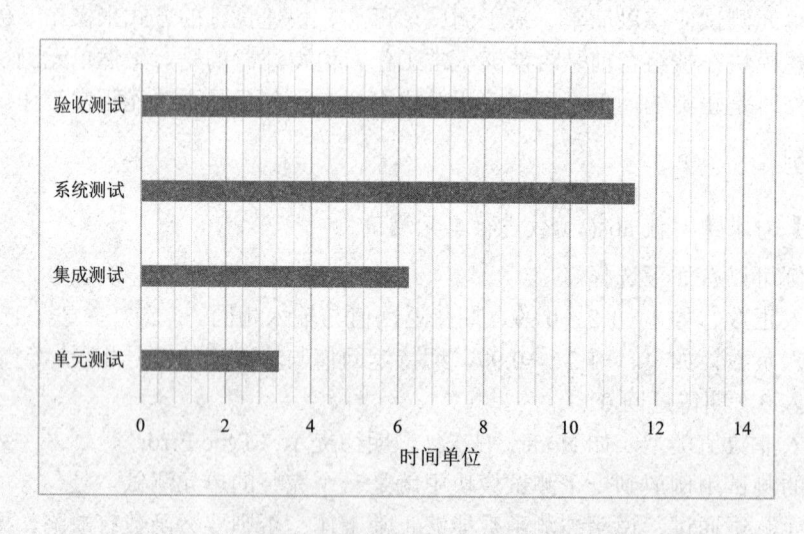

图 3-1 针对一个功能点的各类测试所花费的时间统计

从图中可以看出,集成测试需要花费的时间明显超过单元测试,直接从单元测试过渡到系统测试是极不妥当的做法。

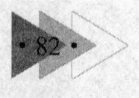

3.2.2 目标

集成测试的目标是按照设计要求使用那些通过单元测试的构件来构造软件结构，单个模块的高质量不足以保证整个系统的高质量，有许多隐蔽的失效是高质量模块间发生非预期交互而产生的。以下两种测试技术用于集成测试。

（1）功能性测试：使用黑盒测试技术针对被测模块的接口规格说明进行测试。

（2）非功能性测试：对模块的性能或可靠性进行测试。

3.2.3 过程

集成测试过程如图 3-2 所示。

制订集成测试计划 → 设计集成测试 → 实施集成测试 → 执行集成测试 → 评估集成测试

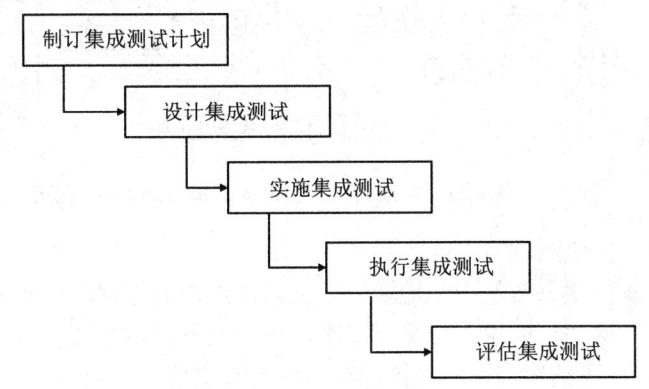

图 3-2 集成测试过程

该过程是由系统设计人员、软件测评人员及开发人员共同完成的。

集成测试相对来说比较复杂，而且不同的平台、技术和应用的差异性也比较大，更多的是和开发环境融合在一起，它所确定的测试内容主要来源于设计模型。

集成测试人员的工作内容如表 3-1 所示。

表 3-1 集成测试人员的工作内容

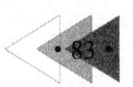

过程	工作内容	工作计划	执行人员及职责
制订集成测试计划	设计模型，集成构建计划	集成测试计划	测试设计员负责制订集成测试计划
设计集成测试	集成测试计划、设计模型	集成测试用例、测试过程	测试设计员负责设计集成测试用例和测试过程
实施集成测试	集成测试用例、测试过程、工作版本	测试脚本（可选）、测试过程（可选）、驱动程序或稳定桩	测试设计员负责编制程序脚本（可选），更新测试过程
执行集成测试	测试脚本（可选）、工作版本	测试结果	测试设计员负责设计驱动程序和稳定桩，测试员负责执行测试并记录测试结果
评估集成测试	集成测试计划、测试结果	测试评估摘要	测试设计员负责组织开发人员、设计人员等有关人员评估此次测试，并生成测试评估摘要

3.2.4 方案

1. 自顶向下和自底向上集成测试

自底向上集成测试和自顶向下集成测试方案都是非常重要的，其表现形式如图 3-3 所示。

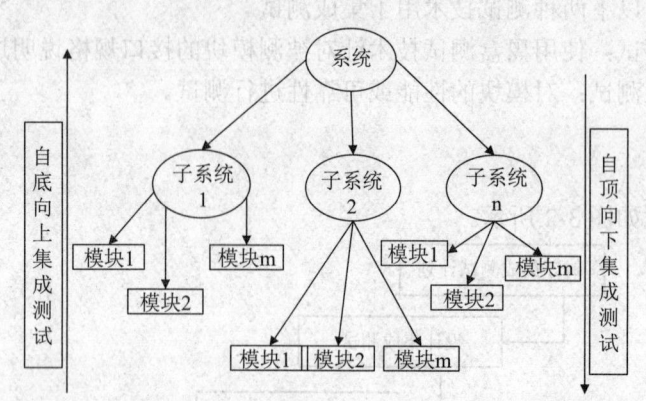

图 3-3　自底向上集成测试和自顶向下集成测试的表现形式

（1）自顶向下集成测试方案。

自顶向下集成测试方案是一个递增的组装软件结构的方案，即从主控模块（主程序）开始沿控制层向下移动把模块一一组合起来，分为如下两种方法。

1）先深度：按照结构用一条主控制路径将所有模块组合起来。

2）先宽度：逐层组合所有下属模块，在每一层水平进行。

组装过程分为以下 5 个步骤。

1）用主控模块作为测试驱动程序，其直接下属模块用承接模块来代替。

2）根据所选择的集成测试法（先深度或先宽度），每次测试时用实际模块代替下属的承接模块。

3）在组合每个实际模块时都要进行测试。

4）完成一组测试后用一个实际模块代替另一个承接模块。

5）可以执行回归测试（即重新再做所有或者部分已做过的测试），以保证不引入新的错误。

（2）自底向上集成测试。

自底向上集成测试方案是最常使用的方案，其他集成方案都或多或少地继承并吸收了这种集成方案的思想。该方案从软件模块结构中最底层的模块开始组装并测试。因为模块是自底向上组装的，一个给定层次的模块的子模块（包括其所有下属模块）事前已经完成组装并经过测试，所以不再需要编制桩模块（一种能模拟真实模块，为待测模块提供调用接口或数据的测试用软件模块）。自底向上集成测试方案的执行步骤大致如下。

1）按照"概要设计规格说明书"，明确有哪些被测模块，在熟悉被测模块性质的基础上对被测模块进行分层。在同一层次上的测试可以并行进行，然后排列出测试活动的先后关系并制订测试进度计划。

2）按时间的顺序关系将软件单元集成为模块，并测试在集成过程中出现的问题，这里可能需要测试人员开发一些驱动模块来驱动组成活动中形成的被测模块。对于比较大的模块，可以先将其中的某几个软件单元集成为子模块，然后再拼合为一个较大的模块。

3) 将各软件模块集成为子系统（或分系统），检测各子系统是否能正常工作，可能需要测试人员开发少量的驱动模块来驱动被测子系统。

4) 将各子系统集成为最终用户系统，测试各分系统能否在最终用户系统中正常工作。

自底向上的集成测试方案是工程实践中最常用的测试方案，相关技术也较为成熟。它的优势很明显，即管理方便，并且测试人员能较好地锁定软件缺陷的所在位置。但它对于某些开发模式不适用，如使用极限编程（XP）开发方法会要求测试人员在全部软件单元实现之前完成核心软件部件的集成测试。尽管如此，自底向上的集成测试方案仍不失为一个可供参考的集成测试方案。

2. 核心系统先行集成测试

核心系统先行集成测试方案的思想是先对核心软件部件进行集成测试，在测试通过的基础上再按各外围软件部件的重要程度逐个集成到核心系统中。每次添加一个外围软件部件都产生一个产品基线，直至最后形成稳定的软件产品。核心系统先行集成测试方案对应的集成过程是一个逐渐趋于闭合的螺旋形曲线，代表产品逐步定型的过程，其执行步骤如下。

（1）对核心系统中的每个模块进行单独且充分的测试，必要时使用驱动模块和桩模块。

（2）将核心系统中的所有模块一次性集成到被测系统中，解决集成中出现的各类问题。在核心系统规模相对较大的情况下，也可以按照自底向上的步骤集成核心系统的各组成模块。

（3）按照各外围软件部件的重要程度及模块间的相互制约关系，拟定外围软件部件集成到核心系统中的顺序方案，方案经评审以后即可进行外围软件部件的集成。

（4）在外围软件部件添加到核心系统以前，外围软件部件应先完成其模块级集成测试。

（5）按顺序不断添加外围软件部件，排除外围软件部件集成中出现的问题，形成最终的用户系统。

该集成测试方案对于快速软件开发很有效果，适合较复杂系统的集成测试，能保证一些重要的功能和服务的实现。不足是采用此方案的系统一般应能明确区分核心软件部件和外围软件部件，前者应具有较高的耦合度；后者内部也应具有较高的耦合度，但各外围软件部件之间应具有较低的耦合度。

3. 高频集成测试

高频集成测试方案指同步于软件开发过程，每隔一段时间对开发团队的现有代码进行一次集成测试。如某些自动化集成测试工具能实现每日深夜对开发团队的现有代码进行一次集成测试，然后将测试结果分发到各开发人员的电子邮箱中。该集成测试方案频繁地将新代码加到一个已经稳定的基线中，以免集成故障难以发现，并且控制可能出现的基线偏差。使用高频集成测试方案需要具备一定的条件，一是可以持续获得一个稳定的增量，并且该增量内部已被验证没有问题；二是大部分有意义的功能增加可以在一个相对稳定的时间间隔（如每个工作日）内获得；三是测试包和代码的开发工作必须是并行进行的，并且需要版本控制工具来保证始终维护的是测试脚本和代码的最新版本；四是必须借助于使用自动化工具来完成。高频集成测试方案的一个显著特点就是集成次数频繁，显然人工的方法是不胜任的。

高频集成测试方案一般采用如下步骤来完成。

（1）选择集成测试自动化工具，如很多 Java 项目采用 JUnit+Ant 方案来实现集成测试的自动化，也有一些商业集成测试工具可供选择。

（2）设置版本控制工具，以确保集成测试自动化工具所获得的版本是最新版本，如使用 CVS 进行版本控制。

（3）测试人员和开发人员负责编写对应软件代码的测试脚本。

（4）设置自动化集成测试工具，每隔一段时间对配置管理库的新添加的代码进行自动化的集成测试，并将测试报告分发给开发人员和测试人员。

（5）测试人员监督代码开发人员及时关闭不合格项。

后三个步骤多次循环，直至形成最终软件产品。

高频集成测试方案能在开发过程中及时发现代码错误，并直观地看到开发团队的有效的工程进度。在此方案中，开发维护源代码与开发维护软件测试包被赋予同等的重要性，这对有效防止错误、及时纠正错误都很有帮助。该方案的不足在于，测试包有时候可能无法暴露深层次的编码错误或图形界面错误。

以上是几种常见的集成测试方案，一般在现代复杂软件项目集成测试过程中通常采用核心系统先行集成测试和高频集成测试相结合的方案进行，而自底向上的集成测试方案在采用传统瀑布式开发模式的软件项目集成过程中较为常见。在软件项目实际开发中，应该结合其实际环境及各测试方案适用的范围进行合理的选型。

3.3 系统测试

系统测试是对整个系统的测试，即将硬件、软件、操作人员看作一个整体，检验其是否符合需求规格说明书的要求。这种测试可以发现系统分析和设计中的错误，如安全测试措施是否完善，即能不能保证系统不受非法侵入。再如，压力测试系统在正常数据量及超负荷量（如多个用户同时存取）等情况下是否还能正常工作。

3.3.1 目标与内容

系统测试是将经过集成测试的软件作为计算机系统的一个部分，与系统中的其他部分结合起来在实际运行环境下对计算机系统进行的一系列严格有效的测试。

系统测试的主要目标如下。

（1）确保系统测试的活动是按计划进行的。

（2）验证软件产品是否与系统需求用例不相符合或与之矛盾。

（3）建立完善的系统测试缺陷记录跟踪数据库。

（4）确保软件系统测试活动及其结果及时通知相关小组和个人。

（5）对测试过程中出现的问题进行修改，使之能达到令用户满意的程度。

系统测试的目的是验证最终软件系统是否满足用户规定的需求，其主要内容如下。

（1）功能测试：即测试软件系统的功能是否正确，其依据是需求规格说明书。由于正确性是软件最重要的质量因素，所以功能测试必不可少。

（2）健壮性测试：即测试软件系统在异常情况下能否正常运行的能力，包括容错能力和恢复能力。

3.3.2 分类

比较常见且典型的系统测试包括恢复测试、安全测试、压力测试。

1. 恢复测试

恢复测试作为一种系统测试，主要关注导致软件运行失败的各种情况，并验证其恢复过程能否正确执行。在特定情况下，系统需具备容错能力；另外，系统失效必须在规定时间段内被更正，否则将会导致严重的经济损失。

2. 安全测试

安全测试用来验证系统内部的保护机制，以防止非法侵入。在安全测试中测试人员扮演试图侵入系统的角色，采用各种办法试图突破防线，因此系统安全设计的准则是要想方设法使侵入系统所需的代价更加昂贵。

3. 压力测试

压力测试是指在正常资源下使用异常的访问量、频率或数据量来执行系统，在压力测试中可执行以下测试。

（1）如果平均中断数量是每秒 1～2 次，那么设计特殊的测试用例产生每秒 10 次的中断。

（2）输入数据量增加一个量级以确定输入功能将如何响应。

（3）在虚拟操作系统下产生需要最大内存量或其他资源的测试用例，或产生需要过量磁盘存储的数据。

3.3.3 流程

系统测试流程如图 3-4 所示。

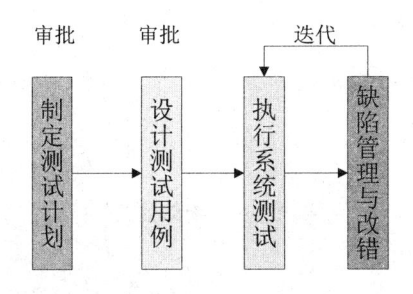

图 3-4 系统测试流程

（1）制订系统测试计划。

系统测试小组各成员共同协商测试计划，测试组长按照指定的模板起草系统测试计划，其中主要包括测试范围（内容）、测试方法、测试环境与辅助工具、测试完成准则、人员与任务等，由项目经理审批该计划。

（2）设计系统测试用例。

1）系统测试小组各成员依据系统测试计划、需求规格说明书、设计原型及指定测试

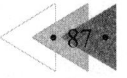

文档模板设计（撰写）测试需求分析和系统测试用例。

2）测试组长邀请开发人员和同行专家对系统测试用例进行技术评审并通过。

（3）执行系统测试。

1）系统测试小组各成员依据系统测试计划和系统测试用例执行系统测试。

2）将测试结果记录在系统测试报告中，用缺陷管理工具来管理所发现的缺陷，并及时通报给开发人员。

（4）缺陷管理与改错。

1）任何人发现软件系统中的缺陷都必须使用指定的缺陷管理工具记录所有缺陷的状态信息，并自动产生缺陷管理报告。

2）开发人员及时消除已经发现的缺陷。

3）开发人员消除缺陷之后立即进行回归测试，以确保不会引入新的缺陷。

3.4 验收测试

3.4.1 定义和目的

验收测试是部署软件之前的最后一种测试，即在软件产品完成单元测试、集成测试和系统测试之后，产品发布之前所进行的软件测试活动。它是技术测试的最后一个阶段，也称为"交付测试"。验收测试的目的是，确保软件准备就绪，并且可以让最终用户将其用于执行软件的既定功能和任务。

验收测试是向未来的用户表明系统能够如预定要求那样工作，经集成测试后已经按照设计把所有的模块组装成一个完整的软件系统，接口错误也已经基本排除，然后就应该进一步验证软件的有效性。这就是验收测试的内容或任务，即软件的功能和性能满足用户需求。

3.4.2 内容

验收测试的流程如图3-5所示。

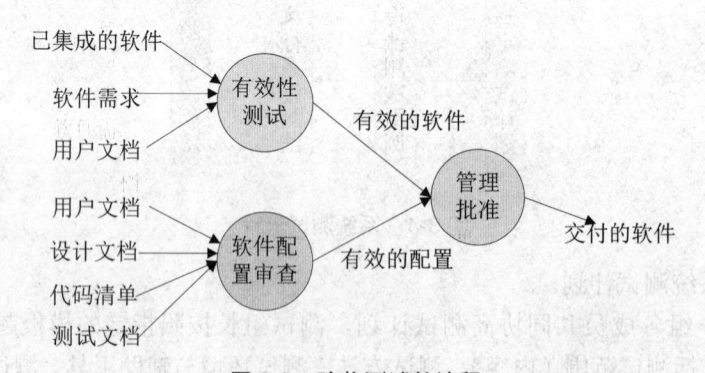

图3-5 验收测试的流程

在经过前面一系列的单元测试、集成测试、系统测试等测试阶段后，在验收测试这一阶段的测试内容主要包括以下几个方面。

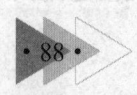

（1）用户需求规格说明书的评审和验证。

（2）用户界面和可用性测试：符合标准和规范，以及具有直观性、一致性、灵活性、舒适性、正确性和实用性测试。

（3）兼容性测试：向前与向后兼容、多版本兼容、数据共享，以及硬件的兼容性测试。

（4）安装和可恢复性测试：安装与卸载测试，以及可恢复性测试。

（5）文档测试：文档的种类，以及文档内容的正确性、完备性和易理解性。

3.4.3 策略

实施验收测试的常用策略有 3 种，即正式验收、非正式验收或 Alpha 测试、Beta 测试。选择的策略通常建立在合同需求、组织和公司标准，以及应用领域的基础上。

1. 正式验收测试

正式验收测试是一个管理严格的过程，通常是系统测试的延续。计划和设计这种测试的周密和详细程度不亚于系统测试，选择的测试用例应该是系统测试中所执行测试用例的子集。不要偏离所选择的测试用例方向，这一点很重要，在很多组织中正式验收测试是完全自动执行的。

在某些组织中开发组织（或其独立的测试小组）与最终用户组织的代表一起执行验收测试，在另一些组织中验收测试则完全由最终用户组织执行，或者由最终用户组织选择人员组成一个客观公正的小组来执行。

这种测试策略的优势如下。

（1）要测试的功能和特性都是已知的。

（2）测试的细节是已知的并且可以对其进行评测。

（3）可以自动执行，支持回归测试。

（4）可以对测试过程进行评测和监测。

（5）可接受性标准是已知的。

这种测试策略的不足如下。

（1）要求大量的资源和计划。

（2）可能是系统测试的再次实施。

（3）可能无法发现软件中由于主观原因造成的某种缺陷，这是因为只查找预期要发现的缺陷。

2. 非正式验收或 Alpha 测试

在这种测试中执行测试过程的限定不像正式验收测试中那样严格。在此测试中确定并记录要研究的功能和业务，但没有可以遵循的特定测试用例，测试内容由各测试人员决定。这种验收测试策略不像正式验收测试那样组织有序，而且更为主观。

大多数情况下非正式验收或 Alpha 测试是由最终用户组织执行的。

这种测试策略的优势如下。

（1）要测试的功能和特性都是已知的。

（2）可以对测试过程进行评测和监测。

（3）可接受性标准是已知的。

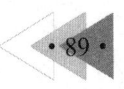

（4）与正式验收测试策略相比，可以发现更多由于主观原因而造成的缺陷。

这种测试策略的不足如下。

（1）要求规划资源并管理资源。

（2）无法控制所使用的测试用例。

（3）最终用户可能沿用系统工作的方式，并可能无法发现缺陷。

（4）最终用户可能专注于比较新的系统与遗留系统，而不是专注于查找缺陷。

（5）用于验收测试的资源不受项目的控制，并且可能受到压缩。

3. Beta 测试

与以上两种验收测试策略相比，Beta 测试需要的控制是最少的。在 Beta 测试中，采用的细节多少、数据选择和测试方法完全由测试人员决定。测试人员负责创建自己的环境、选择数据，并决定要研究的功能、特性或任务；另外负责确定自己对于系统当前状态的接受标准。

Beta 测试由最终用户实施，通常开发组织（或其他非最终用户）对其管理很少或不进行管理，该测试是所有验收测试策略中最主观的。

Beta 测试是多个用户软件在一个或多个用户的实际使用环境下进行的测试，开发人员通常不在测试现场，Beta 测试不能由程序开发人员或测试人员完成。

该测试策略的优势如下。

（1）测试由最终用户实施。

（2）有大量的潜在测试资源。

（3）提高客户对参与人员的满意程度。

（4）与正式或非正式验收测试策略相比，可以发现更多由主观原因造成的缺陷。

该测试策略的不足如下。

（1）未对所有功能或特性进行测试。

（2）测试流程的科学性和严谨性难以评估。

（3）最终用户可能沿用系统工作的方式，并可能没有发现或没有报告缺陷。

（4）最终用户可能专注于比较新的系统与遗留系统，而不是专注于查找缺陷。

（5）用于验收测试的资源不受项目的控制，并且可能被压缩。

（6）可接受性标准是未知的。

（7）需要更多辅助性资源来管理 Beta 测试人员。

3.5 面向对象软件测试

3.5.1 组织问题

通过执行软件代码完成的测试通常包括单元测试、集成测试和系统测试。

单元测试的基本要求是被测单元能够被独立地测试，在测试面向对象软件时由于一个类的各个成员方法通常是相互依赖的，因此很难对一个类中的单个成员方法进行充分的单元测试。面向对象的一个类甚至都不能作为可以被独立测试的单元，主要原因一方面是由

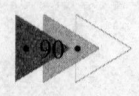

于继承的存在,一个类通常依赖于其父类和其他祖先类;另一方面是面向对象软件中经常出现多个类相互依赖,从而导致每个类难以被独立地测试。

集成测试一般是针对软件的集成结构进行的,在面向对象的软件中许多集成机制在传统结构化软件中很少见,对于这些机制的测试难以直接应用到传统结构化软件的集成测试中。类似地,对于由多个类组成的继承树的测试,传统的集成测试技术也难以适用。

3.5.2 测试活动

面向对象软件的测试活动分为分析测试(OOA Test)、设计测试(OOD Test)、编程测试(OOP Test)和软件系统测试(OOS Test),而编程测试又可分为单元测试和集成测试。

(1)分析测试。

面向对象软件的分析测试包括检查分析结果是否符合相应的面向对象分析方法的要求,检查分析结果是否可以满足软件需求。

(2)设计测试。

面向对象软件的设计测试包括对设计结果本身的审查、设计结果与分析结果一致性的审查,以及设计结果对编程的支持。

分析测试与设计测试的主要区别是:前者要考虑与实现相关的内容,而后者不需要考虑。

(3)编程测试。

面向对象编程的测试包括对执行代码进行测试并检查代码风格。对于有一定规模的软件而言,把整个软件放在一起测试非常困难,一般的方法是把软件的各个组成部分分别进行测试。有时候需要把多个类放在一起测试,这时候应当重点测试各个类之间的交互。当检查代码风格的时候,首先需要检查其是否符合要求;其次需要检查代码中是否存在不好的控制结构,这种控制结构通常是隐患,可能会影响以后的开发和维护。

3.5.3 单元测试

由于面向对象的程序中可独立被测试的单元通常是一个类族或是一个独立的类,所以面向对象的单元测试可以分为多个层次。

1. 方法层次的测试

对于一个方法,可以将其看作关于输入参数和所在类的成员变量的一个独立函数。如果该函数的内聚性很高且功能比较复杂,则可以对其单独进行测试。一般只有少数方法需要单独测试,因为有很多方法与成员变量具有很强的关联性。对单个成员方法的测试类似于传统软件测试中对单个函数的测试,很多测试技术都可以应用。

常用的测试技术如下。

(1)等价类划分测试:根据输入参数把取值域分成若干个等价类。

(2)组合功能测试:针对那些依据输入参数和成员变量的不同取值组合而选择不同动作的方法。

(3)递归函数测试。

(4)多态消息测试。

2. 类层次的测试

很多成员方法会通过成员变量产生相互依赖的关系，从而导致很难对单个成员方法进行充分的测试。合理的测试是将相互依赖的成员方法放在一起进行测试，这就是所谓的类层次测试。

常用的测试技术如下。

（1）不变式边界测试：首先准确定义类的不变式，然后寻找成员方法的调用序列以违反类的不变式，这些调用序列即可作为测试用例。

（2）模态类测试：模态类是指对该类所接受成员方法的调用序列设置一定的限制，这时需要对类的状态进行建模确定类的不同状态、每个状态下可以接受的成员方法调用及状态间的转换关系，从而获得类的状态图。根据状态图可以生成调用序列来覆盖状态图中的边和路径，每个调用序列可以作为一个测试用例。

（3）非模态类测试：非模态类所接受成员方法的调用序列没有任何限制，可以避免很多因状态引起的麻烦，但整个测试不能以状态图为指导。

3. 类树层次的测试

面向对象中具有集成和多态技术，所以对子类的测试通常不能限定在子类中定义的成员变量和成员方法上，还要考虑父类对子类的影响。

常用的测试技术如下。

（1）多态服务测试：测试子类中的多态方法的实现是否保持了父类对该方法的规格说明。

（2）展平测试：将子类自身定义的成员方法和成员变量，以及从父类和祖先类继承来的成员方法和成员变量全部放在一起组成一个新类，并对其进行测试。展平后的类的规模可能会相当大，从而给测试带来昂贵的代价，因此需要尽可能地减少不必要的代价。在复杂的情况下，对子类的测试可能只采用展平测试策略。

3.5.4 集成测试策略

面向对象软件的集成测试策略如下。

（1）协作集成测试：在集成时，针对系统完成的功能将可以相互协作完成特定功能的类集成在一起进行测试。优势是编写测试驱动和测试桩的开销小；不足是当协作关系复杂时测试难以充分进行，与传统集成测试相比，协作集成测试通常不完备。

（2）基干集成测试：在嵌入式系统中，基干集成划分为两部分，即内核部分（基干部分）和外围应用部分。优势是集中了传统集成的优势，并对缺陷进行了控制，更加适合大型复杂项目的集成。不足是必须对系统的结构和相互依存性进行分析，也必须开发桩模块和驱动模块，并且由于局部采用一次性集成策略，所以导致有些接口可能测试不完整。

（3）高频集成测试：一般采用"冒烟测试"（对一个硬件或硬件组件进行更改或修复后，直接给设备加电。如果没有"冒烟"，则该组件就通过了测试。在软件中，"冒烟测试"这一术语描述的是在将代码更改嵌入到产品的源树之前对这些更改进行验证的过程。在检查代码后冒烟测试是确定和修复软件缺陷的最经济有效的方法，其设计用于确认代码中的更改会按预期运行，并且不会破坏整个版本的稳定性）的方式，即不预测每个测试用例的预期结果，如果测试中未出现反常情况，则认为通过测试。

高频集成测试的 3 个主要步骤一是开发人员完成要提供代码的增量构件，并且测试人员要完成相关的测试包；二是集成测试人员将开发人员新增或修改的构件集中起来形成一个新的集成体；三是评价结果。

高频集成测试的优势为高效性、可预测性、并行性、尽早查出错误、易进行错误定位、桩模块不是必需的；不足为若测试包过于简单可能难以发现缺陷、开始不能平稳集成，以及若没有增加适当的标准可能会增加风险。

（4）基于事件（消息）的集成测试：从验证消息路径的正确性出发，渐增式地把系统集成在一起，从而验证系统的稳定性。

（5）基于使用的集成测试：从分析类之间的依赖关系出发，通过从对其他类依赖最少的类开始集成逐步扩大到有依赖关系的类，最后集成到整个系统。

（6）客户机/服务器的集成测试：不存在独立控制轨迹，每个系统构件都有自己的控制策略。优势为避免了一次集成的风险、次序没有大的约束、有利于复用和扩充，以及支持可控制和可重复的测试；不足为测试驱动代码和桩代码的开发成本高。

（7）分布式集成测试：用于测试松散耦合的同级构件之间交互的稳定性。

（8）类关联的多重性测试：在面向对象中，类间的关联关系存在多重性方面的限制。对多重性的测试是针对类间连接测试的重要方面，此时测试关注的重点是与连接关系有关的增删改操作。

（9）受控异常测试：由于使用异常处理，所以异常的抛出和异常的接收可以被放在不同的类中。这实际上是类间隐含的控制依赖关系，测试时需要尽可能地覆盖这些隐式的依赖关系。

（10）往返场景测试：面向对象中的许多功能是通过多个类相互协作完成的，往返场景测试就是针对类间协作的一种测试技术。从本质上讲，往返场景测试就是把与实现特定场景相联系的代码收取出，并且针对这些代码设计百分之百（分支）覆盖率的测试用例集。

（11）模态机测试：类似于类层次的模态类测试，只是模态类测试是针对一个类进行的，而模态机是针对多个类进行的。

3.5.5 系统测试

由于系统测试的主要目标是测试开发的软件是否是问题空间的一个合理解，因此对于系统测试而言，面向对象软件与传统结构化软件并没有本质区别。

（1）功能测试：一种是基于大纲的测试，即传统软件系统测试经常使用的技术；另一种是基于用例的测试，即利用 OOA 文档进行的系统测试。

（2）其他系统测试：性能测试、兼容性测试、易用性测试和文档测试等。

3.6 软件本地化测试

软件本地化就是将一个软件产品按照特定国家或语言的需求进行定制的过程，包括翻译、重新设计、功能调整、功能测试，以及是否符合各个地方的习俗、文化背景、语言和方言的验证等。例如，将英文版本的 Windows 软件改成中文版本就是软件本地化。

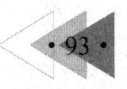

软件本地化测试的对象是软件的本地化版本,目的是测试特定目标区域设置的软件本地化质量,环境是在本地化的操作系统中安装本地化的软件。从测试方法上可以分为基本功能测试、安装与卸载测试,以及当地区域的软硬件兼容性测试。测试的内容主要包括软件本地化后的界面布局和软件翻译的语言质量,包含软件、文档和联机帮助等部分。

根据软件本地化的定义以及环境,一般来说,本地化测试过程中的测试工作集中在如下几个方面。

(1)受本地化影响的用户界面,如布局、格式、文字和图片等内容显示问题。

(2)基本功能测试,如函数间传递的参数、数据库的默认值经过本地化处理后,可能会对系统的功能运行产生较大的影响,从而产生功能缺陷。

(3)在本地化环境中运行的安装和升级测试,由于目标语言的操作系统和软件本身的差异,从而导致安装或升级的过程常常也会受到影响。

(4)根据产品的目标地区而进行的应用程序和硬件兼容性测试,应用程序的接口及标准可能不同,硬件型号及配置更有可能存在差异。

(5)不同的语言环境、文化背景和地理位置都可能给软件带来不同的影响。

(6)文字翻译的准确性及是否遗漏等。

例如,针对用户界面和语言的本地化测试应包括的方面:一是所有应用程序资源有效性的验证;二是验证语言的准确性和资源属性;三是版式;四是书面文档、联机帮助、消息、界面资源、命令键顺序等的一致性;五是确认是否遵守系统、输入和显示环境标准;六是用户界面是否符合当地审美标准;七是文化适合性的评估;八是检查政治上敏感的内容。

当交付本地化产品时,应确保包含本地化文档(手册、联机帮助、上下文帮助等),要检查的项目如下。

(1)功能性测试:所有基本功能、安装、升级等测试。

(2)翻译测试:包括语言的完整性、术语准确性等检查。

(3)可用性测试:包括用户界面和时区等符合当地要求的测试。

(4)兼容性测试:包括软件及硬件本身、第三方软件兼容性等测试。

(5)手册验证:包括联机文件、在线帮助、PDF 文件等测试。

(6)其他测试:文化、宗教、喜好等适用性测试。

★ 本章小结 ★

1. 软件测试技术包括单元测试、集成测试、系统测试、验收测试及面向对象测试。

2. 软件测试流程一般以单元测试开始,首先进行集成测试,然后进行系统测试。最后完成交付前的最后一轮测试,即验收测试。

3. 软件测试技术包括面向对象测试,它是针对面向对象编程过程中的一些特性,如成员方法的相互依赖性等开展的测试,也是其他测试的补充。

4. 在软件交付给用户之前一般还需要进行本地化测试,以确保软件本地化的质量。

目 标 测 试

一、单项选择题

1. 关于单元测试的内容，以下说法错误的是（　　）。
   A. 程序语法　　　　　　　　　　B. 逻辑检查
   C. UI 检测　　　　　　　　　　　D. 模块接口测试
2. 集成测试是在（　　）的基础上将所有模块按照设计要求组装成系统或子系统，对模块组装过程和模块接口进行正确性测试。
   A. 单元测试　　　　　　　　　　B. 系统测试
   C. 验收测试　　　　　　　　　　D. 回归测试
3. 集成测试从（　　）开始。
   A. 需求开发　　　　　　　　　　B. 体系结构设计
   C. 详细设计　　　　　　　　　　D. 编码
4. 集成测试应由专门的测试小组来进行，测试小组由有经验的（　　）组成。
   A. 项目经理　　　　　　　　　　B. 系统设计人员
   C. 开发人员　　　　　　　　　　D. 系统设计人员+开发人员
5. 下列不属于集成测试进度计划的内容是（　　）。
   A. 工作量估算　　　　　　　　　B. 接口分析
   C. 进度安排　　　　　　　　　　D. 风险分析和应对措施

二、简答题

1. 单元测试的主要内容包括哪些？
2. 集成测试的目标是什么？
3. 系统测试的目标是什么？
4. 系统测试的主要流程包括哪些？
5. 软件本地化测试主要做哪些事情？

第 3 章目标测试参考答案

第4章　软件测试项目管理

学习目标

※ 了解测试项目管理的基本概念，以及测试计划制订的基本过程。
※ 了解软件测试计划的作用及制订原则，掌握制订方法。
※ 了解软件测试项目团队的基本组织架构及人员分工。
※ 了解软件测试项目的风险管理要素和方法，掌握识别风险特征的常见方法。
※ 了解软件测试的成本管理，能进行简单的软件项目成本测算。

思维导图

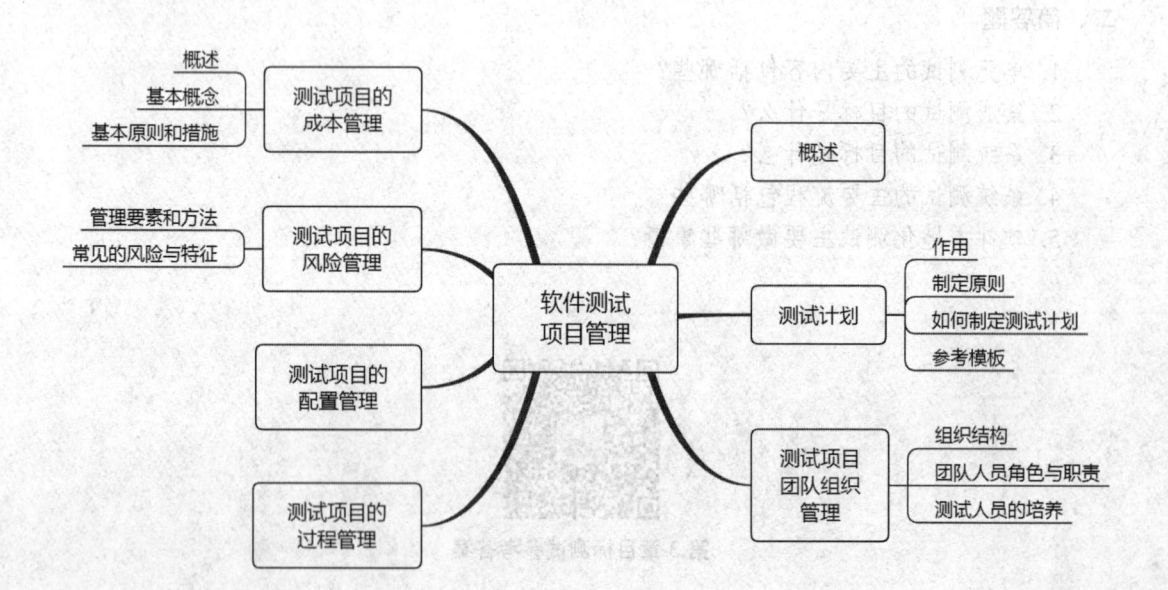

- 软件测试项目管理
  - 测试项目的成本管理
    - 概述
    - 基本概念
    - 基本原则和措施
  - 测试项目的风险管理
    - 管理要素和方法
    - 常见的风险与特征
  - 测试项目的配置管理
  - 测试项目的过程管理
  - 概述
  - 测试计划
    - 作用
    - 制定原则
    - 如何制定测试计划
    - 参考模板
  - 测试项目团队组织管理
    - 组织结构
    - 团队人员角色与职责
    - 测试人员的培养

4.1 概述

测试项目管理就是将测试项目作为管理的对象,通过一个临时性的专门测试组织运用软件测试知识、技能、工具和方法对测试项目进行计划、组织、执行和控制,并在时间成本、软件测试质量等方面进行分析和管理的活动。它贯穿于整个测试项目的生命周期,即测试项目管理的全过程。

测试项目管理有以下几个基本特征。

(1) 软件测试重视存在风险:难以定义清晰的目标、难以确定软件测试结束时间,以及找不到严重的缺陷并不代表软件不存在严重的缺陷等,这对软件测试项目的风险管理和成本管理等提出了更高的要求。

(2) 软件测试项目的需求变化控制和预警分析要求更高:软件需求变化是软件项目的最显著特点,而需求变化又会导致对系统设计、程序代码等进行相应的修改。在修改过程中又可能产生新的缺陷,其结果受到影响最大的是软件测试。需求变化使软件设计和编程被拖延;同时软件发布的时间又不能变动,结果常常压缩测试时间。所以测试管理更需要密切关注需求和设计的变化,并及时发出预警报告。

(3) 软件测试项目管理要求更严格更细致:软件设计和编程等出现问题,有测试人员把关。如果测试人员的责任心不高,有些严重问题未能被及时发现,最终会遗留在客户处。要保证质量必须每个人员都要把工作做好,任何一个人的失职都有可能对客户使用软件造成很大影响。

(4) 测试任务的分配难:例如,集成测试、功能测试和验收测试等关联程度比较大。但要求的技术不同,不容易划分清楚。

(5) 测试工作对人员稳定有更高的要求:由于软件测试不仅仅是一项技术工作,而且要求测试人员能够全面了解软件的各项功能,所以对每个模块都必须相当熟悉。

(6) 软件测试人员在多个方面容易受到不公正的待遇,但同时又要求测试人员具有丰富的工作经验、良好的心理素质,所以在软件测试项目管理中的人才激励和团队管理问题上应给予高度的重视。

由此可见,软件测试项目管理的好坏对其软件质量影响更直接,而且更富有挑战性,因此在软件测试过程中更要加强人力资源管理、过程管理、配置管理、风险管理和成本管理等。

4.2 测试计划

专业的测试必须以一个好的测试计划作为基础,尽管测试的每个步骤都是独立的,但是一定要有一个起到框架结构作用的测试计划。软件测试计划是整个测试工作的基本依据,在日常测试工作中无论是手工测试还是自动化测试,都要以测试计划为纲,其中所列的各项都必须一一执行。

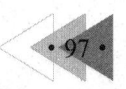

4.2.1 作用

测试计划主要用于描述所有要完成的测试工作,包含被测试项目的背景、测试目标、测试范围、测试方式、进度安排、测试组织,以及存在的风险等。测试计划的制订至关重要,如果制订了详细、可行的测试计划,那么整个项目的测试执行都会顺利进行。软件测试计划作为软件项目开发计划的子计划,在项目启动初期就必须规划。

测试计划作用分为内部作用和外部作用。

(1) 内部作用:一是作为测试计划的结果,让相关人员和开发人员来评审;二是保存计划执行的细节,让测试人员进行同行评审;三是保存计划进度表、测试环境等更多信息。

(2) 外部作用:为用户提供一种信心,通常向用户交代有关测试过程、人员的技能、资源、使用的工具等信息。

4.2.2 制订原则

制订测试计划是软件测试过程中颇具有挑战性的一个工作,应遵循以下原则。

(1) 应尽早开始。
(2) 保持适当的灵活性。
(3) 保持简洁易读。
(4) 尽量争取多渠道评审。
(5) 计算投入。

4.2.3 如何制订测试计划

测试计划是指导测试过程的纲领性文件,制订测试计划不是一件容易的事情,需要综合考虑各种影响测试的因素。为了做好测试计划,需要注意以下 4 个方面。

1. 认真做好测试资料的搜集和整理工作

测试资料的搜集和整理是一项具体而繁杂的工作,通常除了从软件定义中寻找之外,还要向开发人员直接了解软件的细节。所以测试人员与开发人员的密切合作对软件质量的提高有很大影响。

测试工作搜集的信息除了通过与同事及上级主管交谈了解与测试相关的人与事,以及工作环境之外,重点是收集与技术信息相关的如下内容。

(1) 软件的类别及其构成:包括软件的类别与用途(不同类的软件有不同的考虑重点)、软件的结构、所支持的平台、主要构成部分、各个部分的功能及其之间的联系、每一构成部分所使用的编程语言等。如果进行白盒测试,那么要熟悉各部分已建立的函数库中的函数,以及这些函数的用途及其输入、输出值。

(2) 软件的用户界面:用户界面的类别指的是 Android 系统或 iOS 系统、Windows 桌面系统或网页类软件等,并且包括用户界面各部分的功能及其联系,以及界面中组成部件的特征和操作特点等。

(3) 明确第三方软件的需求:在所测试的软件涉及第三方软件的情况下,必须对这个第三方软件的功能及其所要测试的软件之间的联系有一定的了解,第三方软件最常见的就

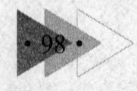

是网页所需的浏览器、手机 App 所需的 Android 系统或 iOS 系统等。

以上所有资料均可通过软件的需求规格说明书"设计说明书"或向有关人员了解而获得，掌握以上所有的资料后进行整理和归类；另外，需要搜集整理的信息还有软件项目进展过程中存在的问题，以及测试工作需要使用何种测试软件、何种缺陷报告软件、何种版本控制软件等，还要明确哪些专门用于测试，哪些是关于这一软件产品的文件、说明、定义等。

以上这些信息一般都可以从测试部门的主管那里获得。

2. 明确测试的目标，增强测试计划的实用性

当今任何应用软件都包含了丰富的功能，因此软件测试的内容千头万绪，如何在纷乱的测试内容之间提炼测试目标是制订软件测试计划时首先需要明确的问题。测试目标必须是明确、可以量化和可度量的，而不是模棱两可的文字描述；另外，测试目标应该相对集中，避免罗列一系列目标，从而轻重不分或平均用力。根据对用户需求文档和设计说明书的分析，确定被测软件的质量要求和测试需要达到的目标。

制订测试计划的重要目的就是，在测试过程中能够发现更多的软件缺陷，测试计划的价值取决于帮助管理测试项目，并且找出软件潜在的能力。因此软件测试计划中的测试范围必须高度覆盖功能需求，测试方法必须切实可行。所采用的测试工具必须具有较高的实用性，便于使用并且生成的测试结果直观、准确。

3. 坚持"5W"规则，明确内容与过程

"5W"规则指的是"What""Why""When""Where""How"，利用该规则制订软件测试计划可以帮助测试团队理解测试的目的（Why）、明确测试的范围和内容（What）、确定测试的开始和结束的日期（When）、指出测试的方法和工具（How），并且给出测试文档和软件的存放位置（Where）。

为了使"5W"规则更加具体化，需要准确理解被测试软件的功能特征、应用行业知识和软件测试技术并在需要测试的内容中突出关键部分。可以列出关键及风险内容、属性、场景或者测试技术，并且对测试过程的阶段划分、文档管理、缺陷管理、进度管理给出切实可行的方法。

4. 采用评审和更新机制保证测试计划满足实际需求

制订测试计划后如果没有经过评审直接发送给测试团队，则其内容可能不准确或有遗漏；如果软件需求变化引发测试范围的增减，而测试计划的内容没有及时更新，则会误导测试执行人员。

测试计划包含多方面的内容，编写人员可能受自身测试经验和对软件需求的理解所限而影响该计划的质量。软件开发是一个渐进的过程，所以最初制订的测试计划可能是不完善的，需要采取相应的评审机制对其完整性、正确性、可行性进行评估。例如，在制订测试计划后，提交给由项目经理、开发经理、测试经理、市场经理等组成的评审委员会评阅，根据审阅意见和建议进行修正。

制订测试计划时由于各个软件公司的背景不同，所以测试计划文档也有所差异。实践表明，制订测试计划时使用正规化的文档会对计划的质量及执行效果起到很好的作用。

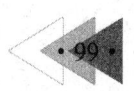

4.2.4 参考模板

1 引言
1.1 编写目的
本测试计划的具体编写目标,指出预期的计划使用者范围。
1.2 背景
说明如下。
(1)测试计划所管理的软件系统的名称。
(2)该开发项目的历史,列出用户和执行此项目测试的单位,以及在开始执行本测试计划之前必须完成的各项工作。
1.3 定义
列出本文件中用到的专门术语和定义,以及外文首字母组词的原词组。
1.4 参考资料
列出要用到的如下参考资料。
(1)本项目经核准的计划任务书或合同、上级机关的批文。
(2)属于本项目的其他已发布的文件。
(3)本文件中各处引用的文件、资料,包括所要用到的软件开发标准。列出这些文件的标题、文件编号、发布日期和发布单位,说明这些文件资料的来源。
2 计划
2.1 软件说明
提供一份图表逐项说明被测项目的功能、输入和输出等质量指标并作为叙述测试计划的提纲。
2.2 测试内容
列出组装测试和确认测试中的每一项测试内容的名称标识符、这些测试的进度安排,以及这些测试的内容和目的,如模块功能测试、接口正确性测试、数据文件存取测试、运行时间测试、设计约束和极限测试等。
2.3 测试1(标识符)
给出这项测试内容的参与单位及被测试的模块。
2.3.1 进度安排
给出这项测试的进度安排,包括测试工作的进度日期和工作内容(如熟悉环境、培训、准备输入数据等)。
2.3.2 条件
陈述本项测试工作的资源的要求。
(1)设备:所用到的设备类型、数量和预定使用时间。
(2)软件:列出将被用来支持本项测试过程,而本身并不是被测软件的组成部分的软件,如测试驱动程序、测试监控程序、仿真程序等。
(3)人员:列出在测试工作期间预测可由用户和开发任务组提供的工作人员的人数,技术水平及有关的预备知识。

2.3.3 测试资料

列出本项测试所需的如下资料。

（1）有关本项任务的文件。

（2）被测试软件及其所在的媒体。

（3）测试的输入和输出示例。

（4）有关控制此项测试的方法、过程的图表。

2.3.4 测试培训

说明或引用资料说明为被测软件的使用提供培训的计划，规定培训的内容、受训的人员及从事培训的工作人员。

2.4 测试 2（标识符）

以本测试计划 2.3 类似的方式说明另一项及其后各项测试内容的测试计划。

3 测试设计说明

3.1 测试 1（标识符）

说明对第 1 项测试内容的测试计划考虑。

3.1.1 控制

说明本测试的控制方式，如输入是人工、半自动或自动导入，控制操作的顺序及结果的记录方式等。

3.1.2 输入

说明本项测试中所使用的输入数据及选择这些输入数据的策略。

3.1.3 输出

说明预期的输出数据，如测试结果及可能产生的中间结果或运行信息。

3.1.4 过程

说明完成此项测试的步骤和控制命令，包括测试的准备、初始化、中间步骤和运行结束方式等。

3.2 测试 2（标识符）

以本测试计划 3.1 类似的方式说明第 2 项及其后项测试工作的计划考虑。

4 评价推测

4.1 范围

说明所选择的测试用例能够检查的范围及其局限性。

4.2 数据整理

陈述为了把测试数据加工成便于评价的适当形式，使得测试结果可以同已知结果进行比较而要用到的转换处理技术（手工方式或自动方式）。如果是用自动方式整理数据，还要说明为进行处理而要用到的硬件、软件资源。

4.3 尺度

说明用来判断测试工作是否能通过的评价尺度，如合理的输出结果类型、测试输出结果与预期输出之间的容许偏差范围、允许中断或停机的最大次数等。

4.4 测试人员需求

4.5 其他（仪器、服务器等）

5 风险评估

> 5.1 人力方面
> 5.2 时间方面
> 5.3 环境方面
> 5.4 资源方面
> 5.5 部门合作方面
> 6 其他内容

4.3 测试项目团队组织管理

测试项目团队组织管理指测试团队应该如何组建并管理，在实际的项目开发过程中，有些单位常常忽视专业测试团队存在的意义，当要实施测试时常常临时找几个程序员来充当测试人员；有些单位可能知道组建测试团队的重要性，但也是安排一些毫无开发经验的新手进行测试工作。这种做法会导致测试效率低下，测试人员对测试工作感觉索然无味。通常，一个好的测试团队首先要有好的带头人，这个带头人必须具有极为丰富的开发经验和测试经验并对开发过程中常见的缺陷或错误非常熟悉；其次，测试团队还应具备一技之长的成员，如对某些自动化测试工具运用熟练或能轻而易举地编写自动化测试脚本；再次，测试团队还应有兼职成员。例如，在验收测试实施过程中同行评审是最常见的一种形式，这些同行专家就属于兼职测试团队成员。测试团队中允许包括几个开发经验欠佳的新成员，可以安排他们从事交付验收或黑盒测试之类的工作。

4.3.1 组织结构

测试团队的组织结构根据人员数量并基于责任、权威和关系进行安排，保证通过这种结构发挥功能。

1. 测试团队组织结构设计时主要考虑的因素

（1）垂直结构还是水平结构。
（2）集中还是分散。
（3）分级还是分散。
（4）专业人员还是工作人员。
（5）功能测试还是项目测试。

2. 选择合理高效的测试组织结构方案的准则

（1）提供软件测试的快速决策能力。
（2）利于合作，尤其是产品开发与测试开发之间的合作。
（3）能够独立、规范、不带偏见地运作并具有精干的人员配置。
（4）有利于满足软件测试与管理的关系。
（5）有利于满足软件测试过程管理要求。
（6）有利于为测试过程提供专业技术。
（7）充分利用现有测试资源，特别是人。

(8)对测试者的职业道德和事业产生积极的影响。

3. 对测试人员进行有效、合理管理的主要工作

(1)建立合理、高效的组织结构。
(2)建立正确的分工体系,即角色和职责。
(3)培养合格的测试人员。

4. 测试组织结构

软件测试的测试组织结构形式多样,目前常见的有开发人员和测试人员混合组织和独立的测试小组两种形式。

为了提高测试的有效性,必须建立独立的测试团队。该团队可以连续为公司所有项目服务,并为管理层提供独立且不带偏见的高质量的信息。独立的测试团队专门从事软件的测试工作,其中一名测试组长负责整个测试的计划、组织工作,其他成员应由具有一定的分析、设计和测试经验的专业人员组成。小组人数根据测试项目的具体情况而定,一般情况3~5人即可。

建立独立测试团队的优势体现在以下几个方面。
(1)测试技术的不断发展,要求专门的测试组织掌握并且需要专业分工。
(2)为管理层提供独立且客观的高质量信息。
(3)有效地收集企业的质量数据。
(4)使得测试成为开发单位共享的资源。
(5)提高了测试工作的质量,使其工作目标明确,能够从宏观的角度显示自身的价值。
(6)测试是仅有的工作,没有开发压力,有利于测试人员测试水平的提高。

在实际的项目管理过程中,独立的测试团队也会有一些不利的方面,如测试人员与开发人员分开为两个团队会使双方把一个项目的目标分成两个部分,从而影响相互合作;另外测试人员发现软件缺陷后开发人员不认可,双方纠缠而浪费时间等。开发单位必须根据软件测试项目的实际需求权衡利弊,最终决定是否建立独立的测试团队。

4.3.2 团队人员角色与职责

根据测试项目团队的组织结构和职责,其中应该包括测试主管、测试经理/组长、测试分析与设计人员、测试开发人员、测试执行人员等多种角色。并不是所有的测试团队都必须有这些测试角色,而要根据不同的项目和任务而定。一个测试工程师也有可能兼具不同的角色,重要的是要准确地把特定的角色分给合适的人员。

表4-1中所示为测试人员的性格-角色分配表,可供测试主管参考,当然任务安排要根据项目的实际而定。

表4-1 测试人员的性格-角色分配表

类 型	性格特点	测试角色分配
现实型,偏好需要技能、力量、协调性的体力活动	害羞、真诚、持久、稳定、顺从、实际	测试开发人员、测试执行人员
研究型,偏好需要思考、组织和理解的活动	分析、创造、好奇、独立	测试分析与设计人员

(续表)

类　　型	性格特点	测试角色分配
社会型，偏好能够和帮助提高别人的活动	社交能力强、友好、合作、理解	测试管理人员
传统型，偏好规范、有序、清楚明确的活动	顺从、高效、实际、缺乏想象力和灵活性	测试执行人员
企业型，偏好能够影响和获得权力的语言活动	自信、进取、精力充沛、有霸气	测试分析与设计人员
艺术型，偏好需要创造性表达的模糊且无规律可循的活动	富于想象、无序、杂乱、有理想、情绪化、不切实际	测试分析与设计人员

测试主管的主要职责是组建测试团队、优化测试过程、向上级领导汇报测试信息和确认测试结论等；测试经理/组长的主要职责是制订测试计划、控制测试进度、评估测试效果；测试分析与设计人员的主要职责是获取测试需求、决定测试策略、制订测试大纲、设计测试用例、指导测试执行、开发或评估测试工具或者结合测试经验设计测试工具等；测试开发人员的主要职责是开发测试用例、测试工具、测试驱动程序和测试脚本；测试执行人员的主要职责是执行测试活动、参与测试用例设计、填写测试记录和编写测试报告等。

4.3.3　测试人员的培养

一个好的测试团队要有人才培养计划，不断地加强测试人员的职业技能，人才培养涉及人才招聘、培训及其职业发展规划。

1. 测试人员的选择

选择测试人员主要包括素质要求和技术要求两个方面，素质要求方面，需要有良好的沟通能力、自信心、耐心、适度的怀疑精神，以及一定的洞察力和责任心；技术要求方面，软件测试作为一种技术，必须要求测试人员具有良好的掌控能力，要对各项专项测试比较熟悉，并且要对模块的内部细节极为了解，细小到函数级，还应在编码阶段同步进行。

2. 培训

随着计算机软、硬件技术的快速发展，测试人员必须有足够的能力来适应这些变化。因为测试工作本身需要相关新技术，其中包括众多的理论和实践。缺乏知识和经验，测试的深度和广度就不够，测试的质量就无法保证。从测试管理的角度来说，为了高效地实现测试的目的，需要不断地帮助测试人员进行知识的更新和技术能力的提升，这些都需要通过专业培训来达到。

测试经理和测试人员应接受有关测试过程、测试方法、测试工具方面的专业培训，掌握需求评审、提出明确的测试需求、制订测试计划和测试用例的方法。项目经理应在不同的阶段安排针对不同测试活动的应用领域的专业知识培训，面向测试的培训应在项目计划或者项目测试计划中文档化。培训内容主要包含产品知识、测试理论、测试技术、测试工具等，培训的方式主要是以师带徒、技术交流、外请、外派、现场技术支持等。

3. 职业发展规划

为了更好地提升自己，测试人员应为自己制订一份职业发展规划。测试人员的职业发

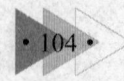

展方向选择面非常广，既可以继续在测试道路上前行，也可以向其他职位转型发展。这里我们主要介绍在技术岗位的发展阶段。

（1）掌握技术能力：该阶段主要是熟悉软件测试项目的生命周期、开始参与测试领域、评估与试用自动测试工具、开发和执行测试脚本、学习测试自动化编程技术，并且进一步培养编程语言、操作系统、网络、数据库等方面的技术能力。

（2）全面了解测试过程：该阶段一是要提高对测试过程生命周期的理解；二是评审、制订、改进测试标准和确定测试过程；三是参与需求、设计、代码审查、评审等过程；四是指导初级测试人员；五是改进测试自动化编程技术；六是进一步提高使用测试工具及需求管理工具方面的技能。

（3）领导测试组工作：该阶段一是监管 3~8 名测试工程师或程序员完成任务进度安排、跟踪和报告；二是参加测试会议研究测试的技术；三是完成测试规划并制订测试计划；四是保持技能并花费更多的时间在测试过程、计划、设计方面指导其他测试工程师；五是保持使用测试管理工具的技能。

（4）测试部长：该阶段主要是管理一个或多个项目的测试工作，并保持测试管理工具的使用技能。

4.4 测试项目的过程管理

成功的软件测试项目一定离不开过程管理，如果没有良好的过程管理，测试很容易失败。开发过程的质量决定了软件的质量，测试过程的质量也决定了软件测试的质量和有效性，软件测试过程的管理是保证测试过程质量、控制和减少测试风险的重要活动。

测试项目的过程管理

软件测试项目的过程管理主要集中在软件测试项目的启动、测试计划和制订测试用例设计、测试执行、测试结果的审查和分析，以及如何开发或使用测试过程管理工具。

1. 测试项目启动阶段

本阶段首先要确定项目组织，组建测试小组，可以同时与开发及销售等部门一起开展工作，然后完成有关测试项目计划书、分析和设计报告，获得项目需求分析、系统设计文档，以及相关产品的技术等资料。

2. 测试计划阶段

本阶段确定测试范围、测试策略和方法，以及对风险、日程、资源等进行分析和估算，从而合理地组织和管理计划阶段。测试项目的计划不可能一气呵成，需要经过起草、讨论、审查等不同阶段，不同的测试阶段都可以制订具体的测试计划。

测试项目过程管理的基础就是软件测试计划，其中描述了如何实施和管理软件的测试过程。

3. 测试设计阶段

本阶段确定测试的技术方案、设计测试用例、选择测试工具、编写测试脚本等。测试用例设计的实现要做好各项准备后再开始进行，并且需要其他部门审查测试用例。

测试设计时要考虑以下几点。

（1）测试技术方案是否可行、是否有效、是否能够达到预期的测试目标。

（2）测试用例是否完整、边界条件是否考虑、覆盖率能达到多大范围。

（3）测试环境是否和用户实际使用环境相似。

其中要注意的是在测试设计之前要将已掌握的技术、产品等知识告知测试人员，并且要做好测试用例的审查工作，即必须通过测试人员和开发人员的审查。

4. 测试执行阶段

本阶段主要是建立或设置相关的测试环境、准备测试数据和执行测试用例，对发现的软件缺陷进行报告、分析、跟踪等。测试执行阶段没有很高的技术性，却是测试的基础，直接关系到测试的可靠性、客观性和准确性。

5. 测试结果的审查和分析阶段

本阶段整理和综合分析测试结果，以确保软件产品质量的当前状态，为其改进和发布提供数据和依据。从管理角度来讲，既要做好测试结果的审查和分析，也要做好测试报告或质量报告的编写，主要工作内容如下。

（1）审查测试的全过程：在原来跟踪的基础上要对测试项目进行一次全过程、全方位的审视，即检查测试计划、测试用例是否得到执行，以及测试是否有漏洞。

（2）检查当前状态：包括软件产品和过程中未解决的各类问题，对其目前存在的缺陷逐个进行分析并了解对整体质量影响的程度，从而决定测试能否告一段落。

（3）结束标志：根据上述两项工作进行评估，如果所有测试内容完成、测试的覆盖率达到要求并且软件产品质量达到已定义的标准，则可以定稿测试报告。

（4）项目总结：通过分析项目中的问题，找出流程、技术或管理中存在的问题，避免今后发生并获得项目成功经验。

在具体测试项目的过程管理中可以采用日志、周志、例会及里程碑评审会等方式来了解测试项目的进展情况，建立、收集和分析项目的实际状态数据，从而对项目进行跟踪与监控，达到项目管理的目的。

4.5 测试项目的配置管理

配置管理是在团队开发中标识、控制和管理软件变化的一种管理，与软件开发过程紧密相关，其目的是在软件生命周期中建立和维护软件产品的完整性和一致性。在软件开发过程中测试活动的配置管理属于整个软件项目配置管理的一部分，独立的测试组织应建立专门的配置管理系统。一般来说，软件测试配置管理包括5个最基本的活动。

1. 配置标识

配置标识是配置管理的基础，为了在不严重阻碍合理的需求变化的情况下来控制变化，在配置管理中引入了基线的概念。在软件测试过程中，可以把所有的需要加以控制的配置项分为基线配置项和非基线配置项两类。所有配置项的操作权限都应当严格管理，其基本原则是所有基线配置项向测试人员开放读取权限；非基线配置项向测试组长、项目经理及相关人员开放。

配置标识主要用于标识测试样品、测试标准、测试工具、测试文档、测试报告等配置项的名称和类型，所有配置项都应按照相关规定统一编号并按照相应的模板生成；同时在文档中的有关部分记录对象的标识信息，标识各配置项的所有者及存储位置，并且指出何时基准化配置项，这样使得测试相关人员能方便地知道每个配置项的内容和状态。

2. 版本控制

在项目开发过程中，绝大多数配置项都要经过多次修改才能最终确定。对配置项的任何修改都将产生新的版本，由于不能保证新版本一定比老版本好，所以不能抛弃老版本。版本控制的目的是按照一定的规则保存配置项的所有版本，避免发生版本丢失或混淆等现象，并且可以快速准确地查找到配置项的任何版本。

3. 变化控制

变化控制的目的并不是控制和限制变化的发生，而是对变化进行有效的管理，确保变化有序地进行。变化的起源包括功能变化和缺陷修补，功能变化是为了增加或删除某些功能；缺陷修补则是对已存在的缺陷进行修补。变化控制成功的关键是成立变化控制小组，确定变化控制委员会的人员组成、职能及工作程序等。

变化控制主要包括以下内容。

（1）规定测试基线，对每个基线必须描述每个基线的项，以及与每个基线有关的评审、批准事项和验收标准等。

（2）规定何时何人创立新的基线及如何创立。

（3）确定变化请求的处理程序和终止程序。

（4）确定变化请求处理过程中各测试人员执行变化的职能。

（5）确定变化请求和所产生结果的对应机制。

（6）确定配置项提取和存入的控制机制与方式。

4. 配置状态报告

配置状态报告用于根据配置项操作数据库中的记录向管理者报告软件测试工作的进展情况，这样的报告应该是定期进行的，并用数据库中的客观数据来真实地反映各配置项的情况。其中应着重反映当前基线配置项的状态，以作为对测试进度报告的参照，并且也能从中根据测试人员对配置项的操作记录来发现各个成员之间的工作关系。

配置状态报告应该包括以下主要内容。

（1）定义配置状态报告形式、内容和提交方式。

（2）确认过程记录和跟踪问题报告，以及变化请求、变化次序等。

（3）确定测试报告提交的时间和方式。

5. 配置审计

配置审计的主要作用是作为变化控制的补充手段确保某一变化需求已被切实执行和实现。

配置审计包括以下主要内容。

（1）确定审计执行人员和执行时机。

（2）确定审计的内容和方式。

(3) 确定问题的处理方式。

配置管理是管理和调整变化的关键，对于一个参与人员较多且变化较大的项目更是至关重要的。软件测试配置管理概念相对比较简单，但实际操作却常常十分复杂。配置管理为测试项目管理提供了各种监控测试项目进展的视角，为掌握测试项目进程提供了保证。

4.6 测试项目的风险管理

测试项目也存在风险，并且会潜在地影响项目的结果，所以测试风险的控制管理是十分有必要的。

4.6.1 管理要素和方法

为了避免、转移和降低风险，事先要做好风险管理计划，识别并评估风险，以采取相应的措施。

1. 要素

风险管理的要素包括确定可能的风险、对风险进行量化、策划如何缓解风险和风险出现时的应对措施。

随着一些风险的确定和解决，其他风险又可能出现。因此风险管理实际是一种循环，即重复地执行风险确定、风险量化、风险缓解策划、风险应付，如图4-1所示。

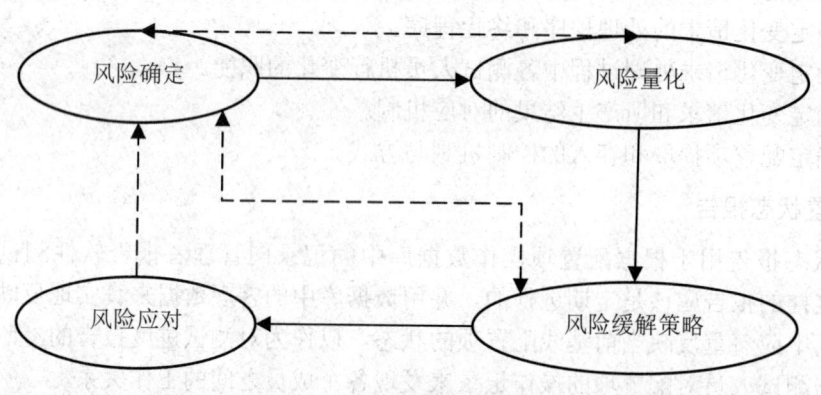

图4-1 风险管理的要素

2. 风险确定

虽然软件测试项目可能存在很多潜在风险，但风险确定应该关注更可能发生的风险，常见的一些确定风险的方法如下。

（1）使用检查单：经过一定时间的测试积累，在测试中会有一些新发现可归纳为检查单。例如，如果在安装测试中发现安装的特定步骤经常出现问题，那么在检查单中可以明确列出要检查该问题。

（2）利用组织的历史和指标：如果组织收集并分析各种指标（使用合适的公式或计算方法从度量中导出的数据，有项目指标、进度指标、生产力指标等），那么这些信息对确定项目可能出现的风险很有价值。例如，过程测试工作量估计偏差可以说明策划出现问题的可能性有多大。

（3）整个行业的非正式网络：有助于确定其他组织已经遇到过的风险。

3．风险量化

风险量化以数字的形式来描述风险，其中的两个要素为风险发生的可能性和风险影响的程度。

低优先级的缺陷可能有很高发生的可能性，但影响很小；高优先级缺陷发生的可能性较小，但影响很大。通常采用风险指数表示这两个要素，风险指数定义为风险可能性和风险影响的乘积。

4．风险缓解策略

风险缓解策略是指如果风险出现所采取的应对方法，如缓解风险的一些替代策略是让多人共享知识或者建立组织级的过程和标准。为了更好地面对风险带来的影响，最好能有多种缓解策略。

4.6.2 常见的风险与特征

为了控制软件测试中的风险必须了解测试中存在的风险，下面是一些测试项目中常见的风险和特征。

（1）不明白或不确定的需求。

测试的成功在很大程度上取决于对被测试产品的正确预期和了解，如果产品要满足的需求没有在文档中明确，则对测试结果的解释就存在模糊性。由此会导致测试报告中出现错误的缺陷或遗漏的真正缺陷；反过来又会导致开发人员和测试人员之间不必要的沟通，从而增加不必要的时间，降低这种风险的一种办法是保证测试团队预先参与需求分析阶段的工作。

（2）进度依赖性。

测试团队的进度在很大程度上取决于开发团队的进度，测试团队很难确定什么时间需要什么资源。如果测试团队同时负责多个项目，那么这种风险影响会更大，通常采用的应对这种风险的策略是确定测试资源的后备项目。

（3）测试时间不足。

尽管测试要求尽可能早地进行并在不同阶段进行不同的测试，但大部分测试还是在接近项目发布时实施的。例如，系统测试和性能测试只能在整个项目完成后并接近发布的时候进行。而这些测试非常耗费测试团队的资源，并且所发现的缺陷也是开发人员较难修复的。修复这类缺陷可能需要变化体系结构和设计，这样成本很高，甚至不可能修复。开发人员修复完成这样的缺陷后，测试团队的测试时间会更少，面临的压力也会更大。

（4）影响测试继续进行的缺陷。

当测试团队报告项目缺陷后，开发团队必须修复。如果开发团队没有及时修复或不能修复，有些缺陷可能会影响测试团队进一步的测试。遇到这类缺陷会对测试团队带来双重影响，首先测试团队不能继续测试，造成空闲；其次当缺陷修复后测试时间相对较少，应对这类风险采用的策略为确定测试资源的后备项目。

（5）测试人员的技能和测试积极性。

聘用和激励测试人员是很大的挑战，测试人员的聘用、保留和技能的不断提高对于组织是至关重要的。

（6）不能获得测试自动化工具。

由于手工测试容易出错，并且占用大量的人力和时间，所以需要使用自动化测试。但测试自动化工具比较昂贵，组织可能买不起或不愿买。解决的方法就是，组织自行开发自动化测试工具，但这也可能会引入更大的风险，因为工具的开发同样存在风险。

典型的风险、征兆、影响和缓解应对计划如表 4-2 所示。

表 4-2 典型的风险、征兆、影响和缓解应对计划

风险	征兆	影响	缓解应对计划
需求不清楚、用户需求变化等	产品通过所有内部测试后客户发现缺陷	造成客户不满，以及测试计划和工作量发生变化	和用户充分沟通，做好调用、需求获取与分析工作，调整测试策略与计划并明确测试准则
开发延迟	各个模块的编码工作进度经常调整延迟	测试时间相对更少，推迟产品的发布时间	测试团队需参加开发计划的制订，通过定期及及时的沟通调整测试活动
测试时间不足	测试工程师经常加班测试的时间在整个项目的生命周期中所占比例很少	缺陷漏洞被客户发现，测试团队内部出现矛盾	将测试活动分散到整个产品生命周期、测试活动自动化并尽早促进所有相关各方对时间进度达成共识
出现影响测试继续进行的缺陷	测试工作常常被挂起/恢复进行	浪费/闲置测试资源，当缺陷修改后测试恢复时给测试团队的压力有可能推迟进度	制订项目能够提交测试的开发退出准则，在等待时安排测试人员完成其他工作
缺少高素质的测试人员	测试部门人员不稳定，开发团队内的矛盾相对较多	测试数据准备不足、不充分，测试质量差，存在一些缺陷，并且测试团队信誉受到损害	加强定期培训提高技能、树立角色典型，并且在开发、测试和支持团队之间实行人员轮换制
缺少自动化测试工具	手工测试耗时太多	手工测试浪费人力，造成测试工程师不满	展示使用自动化测试工具获得的成功案例
测试过于保守	报告无关紧要的缺陷，测试团队成为项目发布的瓶颈	测试资源没有产生好的效果，测试效率低	制订客观的测试退出准则

4.7 测试项目的成本管理

在软件项目的早期测试有助于发现缺陷，降低系统修改成本；另外，测试可以缩短项目的开发周期，节约时间和开发成本。

4.7.1 概述

软件测试项目成本管理就是根据组织的情况和软件测试项目的具体要求，利用既定的资源在保证软件测试项目的进度、质量达到客户满意的情况下，对测试项目的成本进行有效的组织、实施、控制、跟踪、分析和考核等一系列管理活动。目的是最大限度地降低测试项目成本，提高利润。简而言之，测试成本管理就是估算和控制，首先对软件的成本进行估算并形成成本管理计划，然后在软件测试过程中对测试项目严格控制使其按照计划进

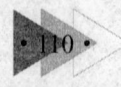

行。其中成本管理计划是成本控制的标准，不合理的集合可能使测试项目失去控制，超出预算。因此成本估算是整个软件测试项目管理过程中的基础，成本控制使软件测试项目的成本在测试过程中控制在预算范围之内。

测试项目成本管理的过程主要包括如下方面。

（1）资源计划：包括决定为实施测试项目需要使用的资源，以及每种资源的用量，其主要文件是"资源需求清单"。

（2）成本估算：包括估计完成测试项目所需资源成本的近似值，主要文件是"成本管理计划"。

（3）成本预算：包括将整个成本估算配置到各单项工作，以建立一个衡量绩效的基准计划，其主要文件是"成本基准计划"。

（4）成本控制：包括控制软件测试项目预算的变化，主要文件是修正的成本估算、更新预算和纠正操作中的错误文档。

4.7.2 基本概念

一般情况下，项目的成本主要由项目直接成本、管理费用和期间费用等构成。项目直接成本是指与项目有直接关系的成本费用，是与项目直接对应的，包括直接人工费用、直接材料费用和其他直接费用；项目管理费用是指为了组织、管理和控制项目所发生的费用，一般是项目的间接费用；期间费用是指与项目没有直接关系，即不受项目业务量增减所影响的费用。

1. 测试费用的有效性

在项目测试过程中，如果对风险测试过少，会造成软件的缺陷和系统的瘫痪；但是测试过多，即对本来没有缺陷的系统进行没有必要的测试，或者对轻微缺陷的系统所花费的测试费用远远大于它们给系统造成的损失。

测试费用的有效性可以用"测试费用-质量"曲线来表示，如图 4-2 所示。

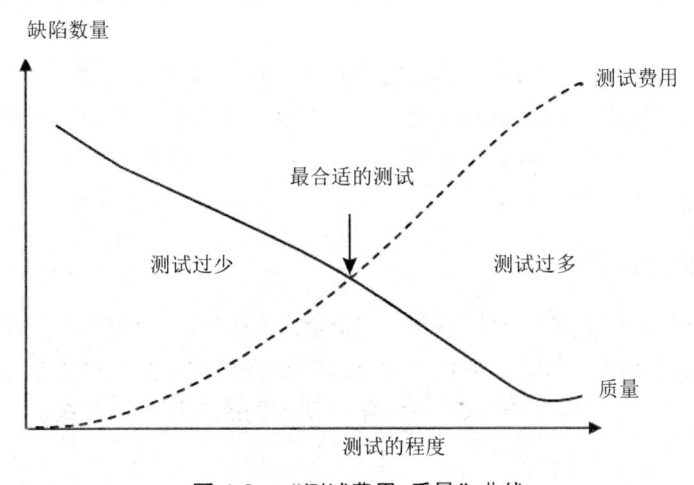

图 4-2 "测试费用-质量"曲线

随着测试费用的增加，发现缺陷的机会也会增加。在两线相交处是过多测试开始的地方，这时排除缺陷的测试费用超过了缺陷给系统造成的损失费用。

2．测试成本控制

测试成本控制也称为"项目费用控制"，在整个测试项目的实施过程中定期收集项目的实际成本数据与成本的集合值进行对比分析和成本预测，以及时发现并纠正偏差，使项目的成本目标尽可能地实现。项目成本管理的主要目的就是项目的成本控制，即将项目的运作成本控制在预算或者可以接受的范围内，以便在项目失控之前及时采取措施予以纠正。

在实际的软件测试中，资源是有限的，要完成所有的测试是不可能的。要么缺时间，要么缺钱和人。并且往往不知道实际测试成本有多少，也不知道怎样系统地降低成本。

测试成本控制的目的是控制测试开发成本，使测试实施成本和测试维护成本最小化，其中测试实施成本主要包括测试准备成本、测试执行成本和测试结束成本。

（1）测试准备成本控制：目的是使测试工作时间消化总量和劳动力总量降到最低，测试准备工作一般有硬件配置、软件配置、测试环境确定和搭建等。

（2）测试执行成本控制：目的是使总执行时间和所需的测试专用设备尽可能地减少，执行时间要求和用户进行手工操作执行测试的时间应尽量减少，并且劳动力和所需的技能也要尽量减少。如果需要重新测试，不同的选择会有不同的成本控制效果，其决策是在成本与风险的矛盾中进行的。完全重新测试将测试全部重新执行一遍，将风险降低至最低，但加大了测试执行的成本；部分重新测试有选择地重新执行部分测试，能减少执行成本，但加大了风险。一般情况下，选择重新测试的策略建立在软件测试错误的多少，以及测试的时间、人力、资源投入成本的大小之间和折中基础上。

（3）测试结束成本控制：在分析测试结果和编写测试报告、消除测试环境与恢复原环境所需的成本时，使所需的时间和熟练劳动力总量减少到最低限度。

（4）降低测试实施成本：尽可能采用自动化的测试工具，减少手工辅助测试。当测试结束编写测试报告时，测试结果与预期结果的比较采用自动化方法也可以降低分析比较成本。

（5）降低测试维护成本：加强软件测试的配置管理，使所有测试的软件样品、测试文档（测试计划、测试说明、测试用例、测试记录、测试报告等）都置于配置管理系统控制下。采用渐进式测试，以适应新变化的测试。并且定期检查和维护所有测试用例，以获得测试效果的连续性。

4.7.3 基本原则和措施

测试项目的管理者一般都在一种不能够完全确定的环境下管理项目，项目的成本费用可能出现难以预料的情况。因此必须有一些可行的措施和办法来帮助测试项目的管理者进行项目成本管理，实施整个软件测试项目生命周期内的成本度量和控制。

1．控制原则

（1）成本最低化原则：软件测试项目成本控制主要通过成本管理的各种手段不断降低软件测试的成本，以达到可能实现最低目标成本的要求。

（2）全面成本控制原则：全面成本控制管理是整个测试团队、全体测试人员和测试全过程的管理，要求成本控制工作要随着软件测试过程在各个阶段连续进行。

（3）动态控制原则：软件测试项目的成本控制应当强调项目的中间控制，尽早发现问题并及时纠正。

（4）项目目标管理原则：测试项目采用相应的目标管理，主要包括目标的设定和分析、目标的责任到位和执行、检查目标的执行结果、评测和修正目标，以形成目标管理的计划、实施、检查、处理循环等。

（5）责、权、利相结合的原则：在软件测试实施过程中，测试项目负责人和各测试人员肩负着成本控制的同时还享有成本控制的权利，并且还要对成本控制中的业绩进行定期检查和考评，实现合理的奖罚。只有真正做好责、权、利正确相结合的成本控制才能收到预期的效果。

2. 控制措施

（1）组织措施：测试项目负责人是项目成本管理的第 1 责任人，全面组织测试项目的成本管理工作，及时掌握和分析盈亏状况并迅速采取有效措施；负责测试的工作人员应及时分析项目的财务收支情况，合理调度资金。

（2）技术措施：主要从 3 个方面着手，一是制订先进且经济合理的测试方案，以达到缩短工期、提高质量、降低成本的目的；二是在软件测试过程中努力寻求各种降低消耗、提高功效的新工艺、新技术等降低成本的技术措施；三是严把质量关，杜绝返工现象，缩短验收时间并节约费用开支。

（3）经济措施：主要从人工、材料、工具控制管理等方面着手，人工控制管理主要是改善劳动组织减少窝工浪费。并且实行合理的奖罚制度，加强技术培训和劳动纪律等；材料控制管理主要是减少各个环节的损耗，节约费用；工具控制管理主要是正确选择和合理利用软件测试工具，提高利用率和测试效率。

★ 本章小结 ★

1. 软件测试项目管理就是将测试项目作为管理的对象，通过一个临时性的专门测试组织并且运用专门的软件测试知识、技能、工具和方法对测试项目进行计划、组织、执行和控制；同时在时间成本、软件测试质量等方面进行分析和管理的活动。

2. 软件测试项目管理过中遇到的如软件质量标准定义不准确、测试项目的变化控制和预警分析要求高、项目成员的稳定性和责任心等问题，需要通过软件测试项目管理更细致地管理，也需要通过人力资源管理、成本管理、风险管理等方面处理。

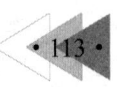

目标测试

一、单项选择题

1. 以下各项都是项目的特点,除了（　　）。
   A. 特殊性 　　　　　　　　　　　B. 重复性
   C. 时限性 　　　　　　　　　　　D. 目的性
2. 不是项目的共同特点的是（　　）。
   A. 明确的起止日期 　　　　　　　B. 预定目标
   C. 采用相同的开发方法 　　　　　D. 受到资源的限制
3. 项目管理的对象是（　　）。
   A. 项目 　　　　　　　　　　　　B. 项目团队
   C. 项目生命周期 　　　　　　　　D. 项目干系人
4. 不是日常工作与项目的区别的是（　　）。
   A. 管理方法 　　　　　　　　　　B. 责任人
   C. 组织机构 　　　　　　　　　　D. 收益大小
5. 确定项目是否可行是在（　　）中完成。
   A. 项目启动 　　　　　　　　　　B. 项目计划
   C. 项目执行 　　　　　　　　　　D. 项目收尾

二、简答题

1. 在制订测试计划过程中一般需要遵守哪些原则？
2. 测试项目团队成员都有哪些角色？其职责分别是什么？
3. 软件测试项目风险管理中的要素有哪些？
4. 软件测试项目中的常见风险有哪些？
5. 简述软件测试成本管理的基本概念。

第4章目标测试参考答案

第5章　软件测试自动化

学习目标

※ 了解手动测试的局限性。
※ 理解软件测试自动化的概念。
※ 理解软件测试自动化的原理和方法。
※ 理解软件测试自动化的优势。
※ 了解软件测试自动化普遍存在的问题。
※ 掌握如何引入和实施自动化测试。

思维导图

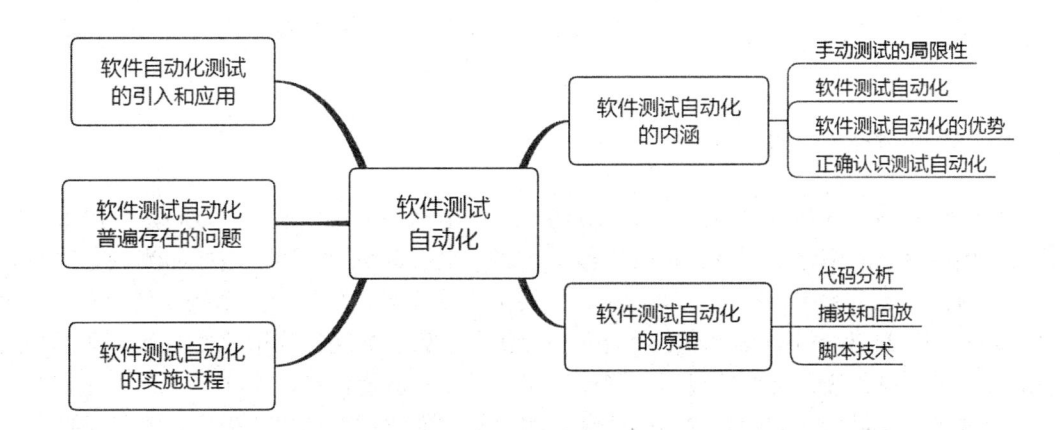

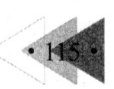

```
                                              ┌─ 手动测试的局限性
                          ┌─ 软件测试自动化 ─┼─ 软件测试自动化
软件自动化测试 ─┐         │   的内涵         ├─ 软件测试自动化的优势
的引入和应用   │         │                  └─ 正确认识测试自动化
               │         │
软件测试自动化 ─┼─ 软件测试自动化
普遍存在的问题 │
               │         │                  ┌─ 代码分析
软件测试自动化 ─┘         └─ 软件测试自动化 ─┼─ 捕获和回放
的实施过程                    的原理         └─ 脚本技术
```

相信很多做过测试工作的人员都会有同感，那就是软件测试是一项艰苦又乏味的任务，需要投入大量的时间和精力，不断地重复测试以得到满意的结果。测试分手动测试和自动测试，随着技术的不断发展测试不再是单纯的手动测试，而是自动测试为主，手动测试为辅。软件测试实行自动化进程是根据测试需求完成手动测试不能完成的任务，提高测试效率和测试结果的可靠性，保证测试质量。

5.1 软件测试自动化的内涵

5.1.1 手动测试的局限性

测试人员在手动测试时具有创造性，可以举一反三。即从一个测试用例想到另外一些测试用例，特别是可以考虑测试用例不能覆盖的一些特殊或边界的情况。并且对于那些复杂的逻辑判断、界面是否友好等，手动测试具有明显的优势。但是手动测试在某些测试方面还存在一定的局限性，具体如下。

（1）无法做到覆盖所有代码的执行路径。

（2）简单的功能性测试用例在每一轮测试中都不能少，而且具有一定的机械性、重复性。其工作量往往较大，却无法体现手动测试的优越性，许多与时序、死锁、资源冲突、多线程等有关的缺陷通过手动测试很难捕捉到。

（3）在系统负载和性能测试中需要模拟大量数据或大量并发用户等多种应用场合时，很难通过手动测试来进行。

（4）在测试系统可靠性时需要模拟系统运行十年、几十年，以验证系统能否稳定运行，这也是手动测试无法模拟的。

（5）如果有大量（几千或上万）的测试用例，需要在短时间内（例如1天）完成，手动测试几乎不可能做到。

测试可以发现缺陷，但不能表明软件的正确性，因为不论黑盒、白盒方式都不能实现穷举测试。对一些关键软件，如导弹发射软件，则需要考虑利用数学归纳法或谓词演算等证明。

5.1.2 软件测试自动化

在传统的手机软件测试中，测试人员按照测试用例手工操作手机，双眼紧盯屏幕，时刻注意软件界面的变化是否符合正常流程。当测试工作量小的时候，这样的测试方式最为高效，测试人员拿起手机很快就能完成。如果工作量变大，如规定某个操作要执行 1 000 次，或者连续 24 小时不间断测试；另外工作精度要求高，如测试应用软件启动时间要求测试结果精确到毫秒级，类似情况下，测试工作的进度、质量都难以保证。

测试自动化可以让这些难题迎刃而解，如手机软件测试自动化的基本思路就是把人工操作手机变成自动化操作手机、把测试用例中的操作过程变成自动化操作的指令、把人眼判断测试结果变成自动化判断结果。

软件测试自动化（也称自动测试）是一种让测试过程脱离人工的一次变革，是对控制

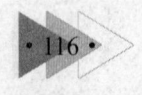

成本、控制质量、回溯质量和减少测试周期都有积极影响的一种研发过程，可以把以人为驱动的测试转化为机器执行。

5.1.3 软件测试自动化的优势

由于手工测试的局限性，所以软件测试借助测试工具极为必要；同时软件测试正向着全面自动化方向发展，将测试工具和软件测试自动化结合会带来如下一些优势。

（1）缩短软件开发测试周期：软件测试自动化具有速度快、效率高的特点，对于上千个测试用例，软件测试自动化工具可以在很短时间内完成，还可以在很短的时间内运行同一测试用例 10 遍、100 遍等。

（2）测试效率高并充分利用硬件资源：可以在运行某个测试工具的同时运行另一个测试工具，也可以在运行某个测试工具的同时思考新的测试方法或设计新的测试用例。可以把大量测试个案分配到多台机器上同时运行，从而节省大量时间。也可以把大量的系统测试及回归测试安排到夜间及周末运行，这样能提高效率。例如，在第 1 天下班前将所有要运行的测试脚本（用脚本语言写成的一些短小程序）准备好并启动测试工具，第 2 天一上班就能拿到测试结果。

（3）节省人力资源并降低测试成本：在回归测试时，如果是手工方式，则需要大量的人力验证大量稳定的旧功能。而通过测试脚本或测试工具只要一个人即可，由此可节省大量的人力资源。同样的测试用例，需要在很多不同的测试环境（如不同的浏览器、不同的操作系统、不同的连接条件等）下运行，这也正是自动化测试工具大展身手的时候。

（4）增强测试的稳定性和可靠性：通过自动化测试工具使测试工具更稳定、可行。

（5）提高软件测试的准确度和精确度：软件自动化测试的结果都是数量化的，能够同所预期结果或规格说明书中规定的标准进行量化对比。

（6）软件测试工具使测试工作相对比较容易，能产生更高质量的测试结果。

（7）可以完成手工不能做的事情，如负载和性能测试。

5.1.4 正确认识测试自动化

测试过程中不能全部期待自动化，不现实的期望注定测试自动化的失败。测试自动化能显著降低重复手动测试的时间并建立可靠且重复的测试，减少人为错误并增强测试质量和覆盖率。但是测试自动化并不能完全替代手动测试，不能保证 100%的测试覆盖率，也不能弥补测试实践的不足。

5.2 软件测试自动化的原理

软件测试自动化实现的基础是可以通过特定的软件（包括脚本、指令）模拟测试人员对软件系统的操作过程及操作行为，或者类似于编译系统那样对计算机软件进行检查。软件测试自动化实现的原理和方法主要有直接对代码进行静态和动态分析、测试过程的捕获和回放、打印日志文档、测试脚本技术、虚拟用户技术和测试管理技术。

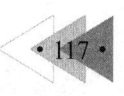

图 5-1 所示为软件测试自动化管理体系。

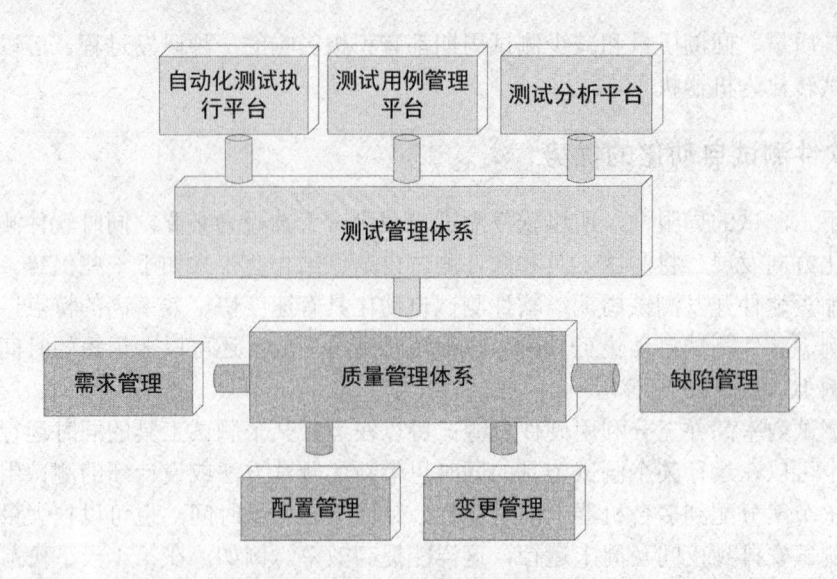

```
                  ┌──────────┐ ┌──────────┐ ┌──────────┐
                  │自动化测试执│ │测试用例管理│ │测试分析平台│
                  │   行平台  │ │   平台   │ │          │
                  └─────┬────┘ └─────┬────┘ └─────┬────┘
                  ┌─────┴────────────┴────────────┴─────┐
                  │            测试管理体系              │
                  └──────────────────┬──────────────────┘
       ┌────────┐  ┌────────────────┴────────────────┐ ┌────────┐
       │ 需求管理│──│          质量管理体系            │─│ 缺陷管理│
       └────────┘  └────────┬───────────────┬────────┘ └────────┘
                       ┌───┴────┐      ┌───┴────┐
                       │配置管理 │      │变更管理 │
                       └────────┘      └────────┘
```

图 5-1　软件测试自动化管理体系

整个体系分为两层架构，第 1 层为测试管理体系，主要包括自动化测试执行平台、测试用例管理平台、测试分析平台；第 2 层为质量管理体系，主要包括需求管理、配置管理、变化管理、缺陷管理。

5.2.1　代码分析

代码分析类似高级编译系统，一般针对不同的高级语言构造分析工具，在工具中定义类、对象、函数、变量等定义规则、语法规则。在分析时对代码进行语法扫描，找出不符合编码规范的地方，根据某种质量模型评价代码质量并生成系统的调用关系图等。

最早进行代码分析的工具是编译器，为了顺利地编译代码，编译器首先要检查软件是否符合编程语言的语法，以发现代码中的语法错误，然后将源代码转换成可执行的二进制代码。随着软件测试技术的不断发展，越来越多的代码分析工具被开发出来用于排查和纠正软件中的错误。

Android Lint 是在 ADT16 提供的新工具，它是一个代码扫描工具，通过对代码进行静态分析可以帮助软件开发人员发现代码存在问题并及时改正。该工具除了检查 Android 项目源码中的错误，还可以识别资源、不符合规范的错误（如将 "==" 写成 "="），以及代码结构存在的问题；此外，对于代码的正确性、安全性、性能、易用性、便利性和国际化方面也会进行检查。随着 Android Lint 的更新，后续推出了一系列工具，主要包括 PC-lint/FlexeLint（Gimpel）和 Lint Plus（Cleanscace）等。

Android Lint 作为项目的代码检测工具，具有以下特性。

（1）已经被集成到 Android Studio 中，使用方便。

（2）能在编写代码时实时反馈潜在的问题。

（3）可以自定义规则，Android Lint 本身包含的大量已经封装的接口能提供丰富的代码信息，开发人员可以基于这些信息编写自定义规则。

编写 Java 软件的相关软件 Eclipse/MyEclipse 也可以检查代码。在已经安装的 Eclipse/

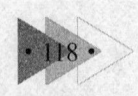

MyEclipse 中可以安装插件 FindBugs，这是一个静态分析工具，可以用来查找 Java 代码中存在的缺陷。安装 FindBugs 后，可以右击需要查找缺陷的 Java 文件、包或项目，然后选择 FindBugs，如图 5-2 所示。

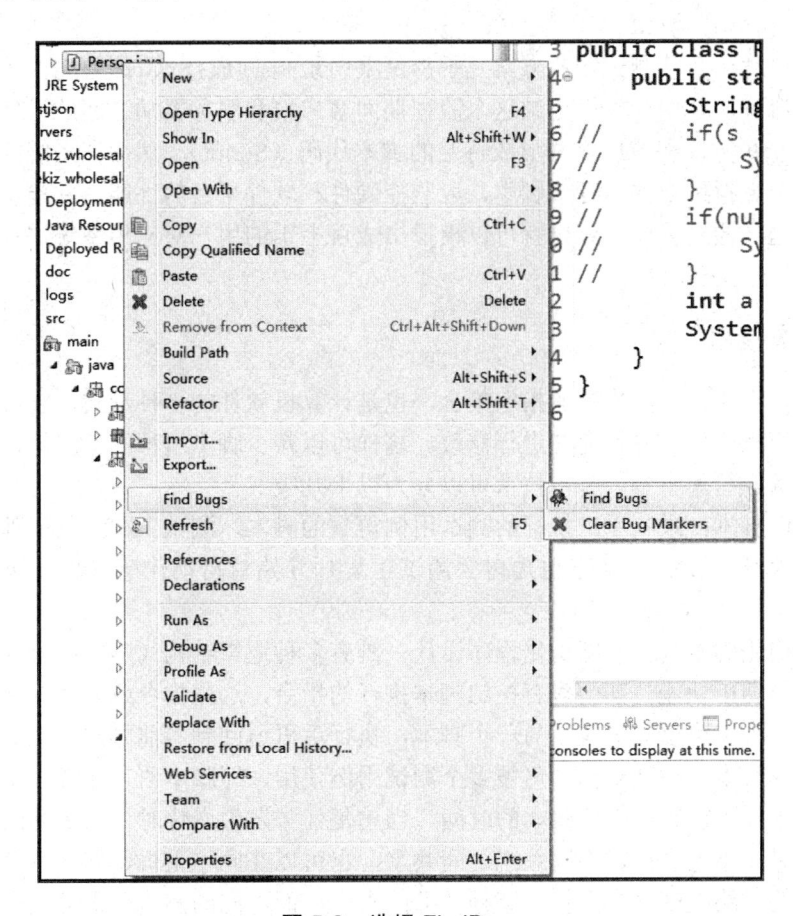

图 5-2 选择 FindBugs

检查完毕后，在 Bug Explorer 标签页面中查看相关缺陷，如图 5-3 所示。

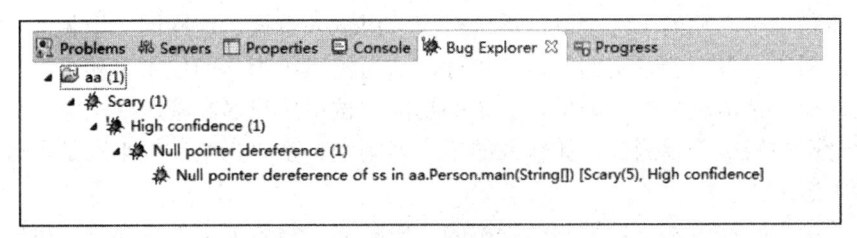

图 5-3 相关缺陷

5.2.2 捕获和回放

代码分析是一种白盒测试的自动化方法，捕获和回放是一种黑盒测试的自动化方法。捕获将用户的每一步操作都记录下来，记录的方式有两种，即软件用户界面的像素坐标（或软件显示对象、窗口、按钮、滚动条等）的位置，以及相对应的操作、状态变化或属性变化。所有的记录转换为一种脚本语言所描述的过程,以模拟用户的操作。

回放时将脚本语言所描述的过程转换为屏幕上的操作,然后将被测系统的输出记录下来与预先给定的标准结果比较。这可以大大减轻黑盒测试的工作量,在迭代开发的过程中能够很好地进行回归测试。

目前的自动化负载测试解决方案几乎都是采用录制/回放技术,即首先由手工完成一遍需要测试的流程,并由计算机记录这个流程期间客户端和服务器端之间的通信信息。这些信息通常是一些协议和数据,并形成特定的脚本代码(Script)。然后在系统的统一管理下同时生成多个虚拟用户并运行该脚本,以监控硬件和软件平台的性能,并提供分析报告或相关资料。这样通过多台计算机就可以模拟出成百上千的用户对应用系统进行负载能力的测试。

5.2.3 脚本技术

脚本是一组测试工具执行的指令集合,也是计算机软件的一种形式。它可以通过录制测试的操作流程产生,并且允许进行修改。这样可以减少脚本编程的工作量,当然也可以直接用脚本语言编写脚本。脚本技术可以分为以下几类。

(1)线性脚本:录制手工执行的测试用例得到的脚本,测试工程师只需理解测试流程即可开展自动化测试工作,它也是树立测试工程师开始对自动化感兴趣最快速的方法和技术。

(2)结构化脚本:类似结构化程序设计,具有多种逻辑结构(顺序、分支、循环等),而且具有函数调用功能。其中含有控制脚本执行的指令,这些指令或为控制结构或为调用结构。结构化脚本可以嵌套调用另一个脚本,执行后再返回到当前脚本。

(3)共享脚本:指某个脚本可被多个测试用例使用,即脚本语言允许一个脚本调用另一个脚本,这样可以节省生成脚本的时间。当重复任务发生变化时,只需修改一个脚本。共享脚本可以在不同主机、不同系统之间共享,也可以在同一主机、同一系统之间共享。开发此脚本的思路是产生一个执行某种任务的脚本,而不同的测试要重复这个任务,当要执行这个任务时只要在适当的地方调用该脚本即可。

(4)数据驱动脚本:将测试输入的数据存储在独立的数据文件中,而不是脚本中。针对某些功能测试时,相当于一个测试用例对应一组输入数据。这样同一个脚本可以针对不同数据输入而实现多个测试用例的自动执行,从而提高了脚本的使用率和可维护性。在实际测试过程中这种情况很多,如用户登录的功能测试中用户名和密码就是输入数据。测试时需要针对不同情况分别测试,如输入的用户名为空、密码为空,大小写是否区分,是否有特殊字符等。

(5)关键字驱动脚本:数据驱动脚本的逻辑扩展,将数据文件变为测试事例的描述,用一系列关键字指定要执行的任务。该类脚本的一个特点是其看起来更像是描述一个测试事例做什么,而不是如何做。前面4类脚本是说明性方法的脚本,只有关键字驱动脚本是描述性方法,因而更容易理解。

5.3 软件测试自动化的实施过程

单纯依靠所开发的软件测试工具测试自动化无法完成庞大的测试量，还需要借助网络通信环境、测试仪器设备、系统 Shell 命令、后台运行程序，以及多种开发流程等，从而系统地自动完成软件测试的各项工作。

图 5-4 所示为软件测试架构。

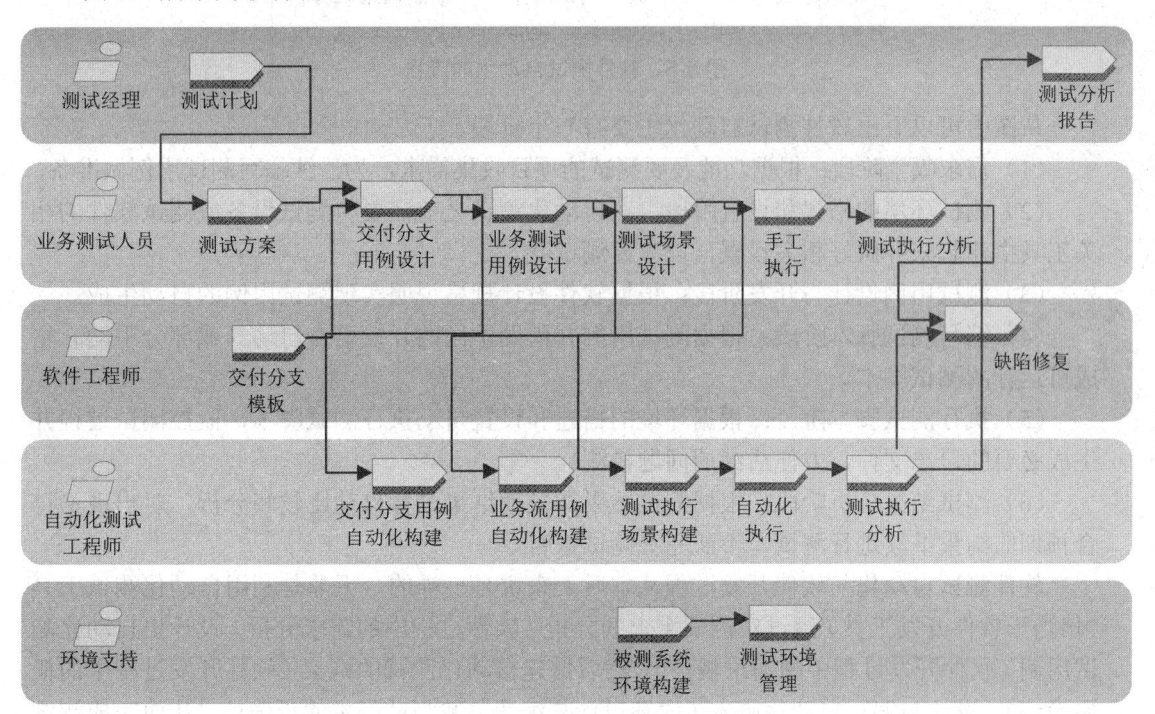

图 5-4　软件测试架构

测试人员主要有测试经理、业务测试人员、软件工程师、自动化测试工程师，当然还需要基础的环境支持。不同的测试人员负责不同的测试任务，测试经理主要统管整个测试计划及最后的测试分析报告。

业务测试人员负责的任务有测试方案设计、交付分支用例设计、业务测试用例设计、测试场景设计、手工执行和测试执行分析等。

软件工程师主要负责进行代码版本管理的交付分支模板和针对测试过程中出现的缺陷进行修复。在开发过程中难免会出现各种各样的缺陷，有些缺陷在测试前就可以解决。但是有些缺陷要在一定的环境下才会表现出来，因此针对手动测试和自动测试中发现的缺陷再进行修复。

自动化测试工程师所处的位置在第 4 层，主要负责的测试任务有自动化构建代码交付分支用例、业务流用例、测试执行场景，以及自动化执行和测试执行分析。

最底层是环境支持，主要包括被测系统环境构建和测试环境管理。在这一层中需要仪器设备、自动测试工具，以及各种网络命令的搭配组合，在完好的测试环境下才能准确地进行自动化测试。

软件测试自动化的流程如图 5-5 所示。

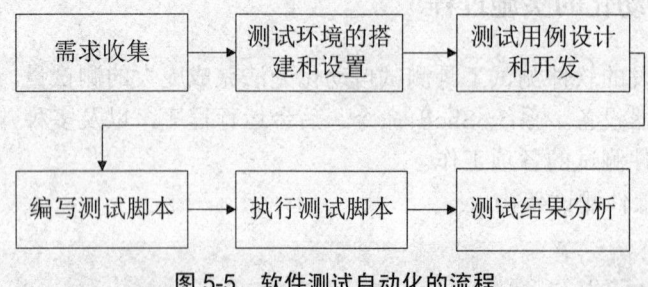

图 5-5　软件测试自动化的流程

从图中可以看出软件测试自动化主要有 6 个阶段。

（1）需求收集阶段：根据功能及要测试的项目收集需求，为后续编写测试用例做准备。

（2）测试环境的搭建和设置阶段：在自动化测试之前需要将测试设备或测试软件的相关工具搭建起来并做好相关设置，以方便测试。

（3）测试用例设计与开发阶段：根据软件设计规格说明实现测试用例的自动生成。

（4）编写测试脚本阶段：根据测试用例并借助不同的开发语言自动（或部分手动）生成可运行的测试脚本。

（5）执行测试脚本阶段：根据环境的搭建和设置自动执行测试脚本，监控测试过程并生成必要的日志文件，方便后续的问题检测。

（6）测试结果分析阶段：根据测试结果和预期结果进行自动比较和分析，对出现不符合预期的结果继续进行测试，不断完善测试报告。

软件测试自动化与软件开发过程从本质上来讲是一样的，无非是利用自动化测试工具（相当于软件开发工具）经过对测试需求的分析（软件过程中的需求分析）设计出自动化测试用例（软件开发过程中的需求规格），然后搭建自动化测试的框架（软件开发过程中的概要设计），设计与编写自动化脚本（详细设计与编码）并测试脚本的正确性，从而完成测试脚本，最后对结果进行分析和评估。

5.4　软件测试自动化普遍存在的问题

虽然软件测试自动化有诸多优势，但仍有很多软件公司在实施自动测试时没有达到预期的效果，即没有让测试技术和测试工具发挥应有的作用。产生这种问题的原因主要有以下几个方面。

（1）不正确的观念或不现实的期望。

没有正确的软件测试自动化的观念，或操之过急，或认为测试自动化可以完全代替手工测试，或认为测试自动化可以发现大量新的缺陷，或不够重视而不愿在初期投入比较大的开支等。多数情况下对软件测试自动化存在过于乐观的态度、过高的期望，即期望通过这种测试自动化的方案能解决目前遇到的所有问题。而提供测试工具的软件厂商自然会强调其工具的优势、有利或成功的一面，可能对要取得这种成功所要做出持久不懈的努力和困难却只字不提，结果导致最初的期望得不到实现。

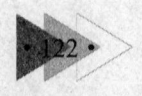

(2) 缺乏具有良好素质和经验的测试人才。

有些软件公司舍得花几十万元购买测试工具软件，但不愿花钱聘用具有良好素质和经验的测试人才。软件测试自动化并不是简简单单地使用测试工具，还需要有良好的测试流程、实用的测试用例等来配合脚本的编写。这就要求测试人员不仅熟悉项目的特性和应用领域、熟悉测试流程，而且能很好地掌握测试和编程技术。

(3) 测试工具本身的问题影响测试的质量。

对自动测试脚本一般不会做大规模的改动，所以自动测试脚本的质量往往依赖于测试工程师的经验和工作态度。如果自动测试工具不能提供一种机制来保证脚本的质量，则将直接影响测试结果的正确性。通过自动测试工具测试的测试用例不需要再进行手工测试，将自动测试与手工测试有机地结合并在最终的测试报告中也体现自动测试的结果是比较正确的做法。

(4) 没有进行有效和充分的培训。

人员和培训是相辅相成的，如果没有良好、有效和充分的培训，测试人员对测试工具的了解缺乏深度和广度，从而导致其使用效率低下且应用结果不理想。这种培训是一个长期的过程，不是通过一两次讲课就能达到效果。而且在实际使用测试工具的过程中，测试人员可能还存在这样或那样的问题，这也需要有专人负责解决，否则会严重影响使用测试工具的积极性。

(5) 没有考虑公司的实际情况，盲目引入测试工具。

不同的测试工具面向不同的测试目的，并具有各自的特点和适用范围，所以不是任何一个优秀的测试工具都能适应不同组织的需求。例如，某个组织付出不小的代价购买了测试工具，一年后测试工具却成了摆设。究其原因就是，没有能够考虑组织的现实情况，不切实际地期望测试工具能够改变组织的现状，从而导致了失败。

国内多数软件公司针对最终用户项目开发工程性质的软件，项目开发周期短，不同的用户需求不一样，而且在整个开发过程中需求和用户界面变动较大。这种情况下不适合引入黑盒测试软件，因为黑盒测试软件的基本原理是录制/回放（虽然通过修改形成结构化测试脚本）。对于不断变化的需求和界面可能修改和录制脚本的工作量大大超过测试实施的工作量，运用测试工具不但不能减轻工作量，反而加重了测试人员的负担。这种情况下可以考虑引入白盒测试工具，以提升代码质量。

(6) 没有形成一个良好的使用测试工具的环境。

建立良好的测试工具应用环境，需要测试流程和管理机制做相适应的变化，也只有这样测试工具才能真正发挥其作用。例如，对于基于图形用户界面录制/回放的自动测试来说，项目界面的改变对脚本的正常运行影响较大。再者，白盒测试工具一般在单元测试阶段使用，而单元测试一般由开发人员完成。如果没有流程来规范开发人员的行为，在项目进度压力比较大的情况下，开发人员很可能就会有意识地不使用测试工具来逃避问题。所以有必要将测试工具的使用在开发和测试流程中明确指出，如在项目各个里程碑所提交的文档中必须包含某些测试工具生成的报告。例如，集成测试时 DevPartner 工具生成的测试覆盖率报告、Logiscope 生成的代码质量报告等。

(7) 其他技术和组织问题。

软件测试自动化所需要的测试脚本的维护量很大，而且软件项目本身代码的改变也需

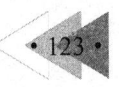

要遵守一定的规则,从而保证良好测试脚本使用的重复性,也就是说测试自动化和软件项目本身不能分离。其次提供软件测试工具的第三方厂家对客户的应用缺乏足够理解,很难提供强有力的技术支持和具体问题的解决能力,也就是说软件测试工具和被测试对象软件项目或系统的互操作性会存在或多或少问题,加之技术环境的不断变化,所有这些对测试自动化的应用推广和深入都带来很大的影响。另外还有安全性的错觉,如果软件测试工具没有发现被测项目的缺陷并不能说明其中不存在缺陷,而可能是测试工具本身不够全面或设置的预期结果不对。

5.5 软件自动化测试的引入和应用

在了解软件测试自动化的重要意义之后就要开始启动软件测试自动化进程,在自动化测试之前首先要建立一个对软件测试自动化的正确观念,软件测试自动化工具能提高测试效率、覆盖率和可靠性等。软件测试自动化虽然具有很多优势,但其只是测试工作的一部分,也是对手动测试的一种扩展。

1. 软件测试自动化的特点

软件测试自动化不能代替手动测试,它们各有各自的特点,并且测试对象和测试范围不一样,说明如下。

(1)在软件功能逻辑测试、验收测试、适用性测试、涉及物理交互性测试时多采用黑盒测试的手工测试方法。

(2)单元测试、集成测试、系统负载或性能测试、稳定性测试、可靠性测试等比较适合采用自动化测试。

(3)那种不稳定项目的测试、开发周期很短的项目和一次性的项目等不适合采用自动化测试方案。

(4)工具本身并没有想象力和灵活性,根据报道,自动化测试只能发现 15% 的缺陷,而手动测试可以发现 85% 的缺陷。

(5)自动化测试工具在进行功能测试时,其准确的含义是回归测试工具。这时工具不能发现更多的新问题,但可以保证对已经测试部分的准确性和客观性。

(6)多数情况下手动测试和自动化测试应该相结合,以最为有效的方法来完成测试任务。

2. 软件测试自动化的注意点

在软件测试自动化过程中为了避免出现有关问题,在引入和应用自动化测试时需要注意以下 5 个方面。

(1)找准测试自动化的切入点。

不管是自己开发测试工具,还是购买第三方工具,当开始启动测试自动化时不要希望能做很多事情。必须从最基本的测试工作切入,如验证新构建的软件包是否有严重或致命的缺陷,即验证构建的软件包的所有基本功能是否正常实现。或者可以从某一个模块开始。如果这个模块成功,则向其他模块推进。

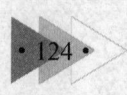

(2) 把测试开发纳入整个软件开发体系。

设计完成测试用例之后可以进行手动测试，但要用测试工具还必须将测试用例转化成测试脚本或编写特殊的测试软件。测试脚本也是软件，所以应该要遵守已有的且规范的编程标准和规则。用编程语言或脚本语言写出短小的软件来产生大量的测试输入（包括输入数据与操作指令），或同时也按一定的逻辑规律产生标准输出。输入与输出的文件名与开发中的其他环节一样统一规划，按规定进行配对，以便对比分析自动化测试的结果。自动化测试应该是整个开发过程中的一个有机组成部分，要依靠配置管理来提供良好的运行环境，并且必须要与开发中的软件构建紧密配合。

只要是软件，就可能存在缺陷，所以测试脚本或测试软件也要进行测试。在实际运行测试之前，要保证测试工具或测试脚本的正确性。当然并不是说要一层层地测试下去，而进入软件测试递归的死胡同。相对来说，测试脚本或测试工具简单一些，其测试也容易一些。一旦测试中发现问题，要么是被测试的对象有问题，要么是测试脚本或测试工具有问题，总之问题容易发现。

为了使测试自动化的脚本能多次重复进行，测试用例和测试脚本要存入数据库进行动态管理。

(3) 测试自动化依赖测试流程和测试用例。

手工测试和自动测试的关键是建立测试流程和设计测试用例，只有在良好的测试用例基础上编写测试脚本、执行测试或运行测试脚本，才能保证测试的执行效果。在自动化测试脚本编程时，可以将测试用例转化为用例矩阵，使测试脚本容易实现结构化。

(4) 软件测试自动化的投入较大。

由于软件测试自动化在前期的投入要比手动测试的投入大得多，所以除了在购买软件测试工具或成套工具系统所投入的资金（一般这类工具软件比较贵）和大量的人员培训费用之外，还要花很多时间编写测试和维护脚本等。

(5) 合理调度资源。

在开发中的项目达到一定程度的时候应该开始每日构造新版本并进行自动化验证测试，这种做法能使软件的开发状态得到频繁的更新，及早发现设计和集成的缺陷。为了充分利用时间与设备资源，第 1 天下班之后自动构建软件，然后进行自动化测试（这里多指系统测试或回归测试）是一个非常行之有效的方法。如果安排得当，第 2 天上班时测试结果就已经生成了。

★ 本章小结 ★

1. 软件测试自动化是一种让测试过程脱离手工操作的一次变革，是对控制成本、控制质量、回溯质量和减少测试周期都有积极影响的一种研发过程。

2. 软件测试自动化为软件开发带来很多优势，包括缩短软件开发和测试周期、测试效率高、充分利用硬件资源、节省人力资源、降低测试成本、增强测试的稳定性和可靠性、提高软件测试的准确度和精确度，以及能产生更高质量的测试结果等。

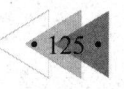

3. 软件测试自动化实现的原理和方法主要有直接对代码进行静态和动态分析、测试过程的捕获和回放、打印日志文档、测试脚本技术、虚拟用户技术和测试管理技术等。

4. 脚本可以分为线性脚本、结构化脚本、共享脚本、数据驱动脚本、关键字驱动脚本等类别。

5. 软件测试自动化的实施过程可以分为需求收集、测试环境的搭建和设置、测试用例设计与开发、编写测试脚本、执行测试脚本和测试结果分析。

6. 在软件测试中，引入和应用自动化测试需要找准测试自动化的切入点，把测试开发纳入整个软件开发体系。测试自动化依赖测试流程和测试用例，其投入较大，需要合理调度资源。

目 标 测 试

一、单项选择题

1. 下列（   ）不是软件测试自动化的优势。
   A. 速度快、效率高　　　　　　　　B. 准确度和精确度高
   C. 能提高测试的质量　　　　　　　D. 能充分测试软件

2. 以下有关测试自动化的说法中错误的是（   ）。
   A. 测试自动化过程的核心内容是执行测试用例
   B. 采用技术手段保证测试自动化的连续性和准确性很重要
   C. 自动化辅助手工测试过程中设置和清除测试环境是自动开展的
   D. 在自动化测试过程中，除选择测试用例和分析失败原因外，其他过程都是自动化开展的

3. 关于测试自动化局限性的描述错误的有（   ）。
   A. 测试自动化不能取代手工测试
   B. 测试自动化比手动测试发现的缺陷少
   C. 测试自动化不能提高测试覆盖率
   D. 测试自动化对测试设计的依赖性极大

二、填空题

1. 软件测试自动化实现的原理和方法主要有直接对代码进行静态和动态分析、虚拟用户技术、_____、_____、_____和测试管理技术。

2. 软件测试实行自动化进程是_____和_____的需要。

3. 脚本是一组_____，也是计算机软件的一种形式。

4. 脚本技术可以分为_____、_____、_____、数据驱动脚本和关键字驱动脚本。

5. 软件测试自动化的实施过程可以分为需求收集、_____、测试用例设

计与开发、_____、执行测试脚本和测试结果分析。

三、简答题

1. 简述软件测试自动化的优势。
2. 手动测试和自动化测试的主要区别是什么？
3. 测试自动化中实现的关键技术是什么？
4. 谈谈如何更好地开展测试自动化。

第5章目标测试参考答案

第6章 软件测试工具

学习目标

※ 了解测试工具的作用。
※ 理解自动化测试工具的分类。
※ 掌握常用的自动化测试工具的优势、不足及适合的场景。
※ 掌握常用自动化测试工具的安装和配置方法。

思维导图

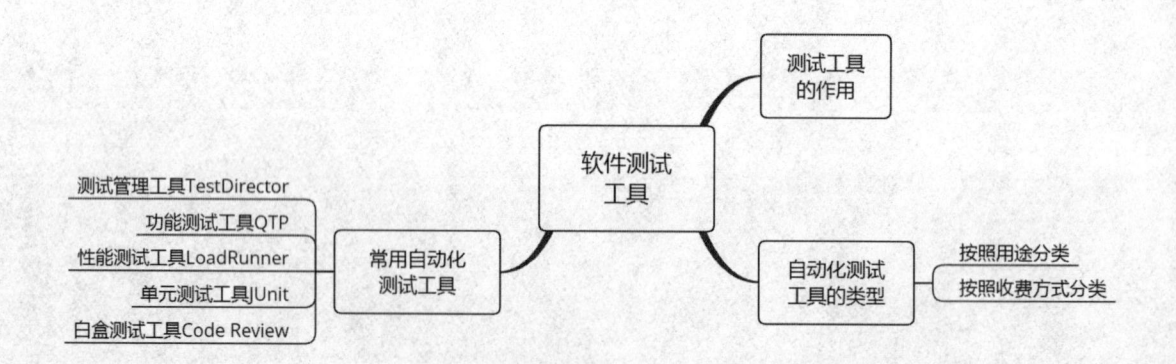

```
                                    ┌── 测试工具的作用
                                    │
                        软件测试工具 ──┤
                                    │                    ┌── 按照用途分类
           测试管理工具TestDirector   │                    │
           功能测试工具QTP           │                    └── 按照收费方式分类
           性能测试工具LoadRunner ── 常用自动化测试工具    自动化测试工具的类型
           单元测试工具JUnit
           白盒测试工具Code Review
```

软件测试人员根据测试项目的需求和特点选择合适的测试工具，测试工作将会事半功倍。

6.1 测试工具的作用

软件测试工具能够使软件的一些问题直观地显示在用户面前，从而使测试人员更好地找出软件缺陷的所在。

软件测试工具分为自动化测试工具和测试管理工具，自动化测试工具用软件来代替人工输入可以节省人力、时间或硬件资源并提高测试效率。很多时候，测试人员没有这些测试工具也能正常工作，但是效率可能会比较低。例如，当需要生成成千条测试用例时，使用数据生成工具替代人工逐条添加数据，显然数据生成工具的优势更加明显。

有些测试工具用来管理测试项目的流程，为了复用测试用例而提高软件测试的价值，而不是用来提高测试工作效率。例如，管理跟踪工具可以让整个测试流程变得更加规范，使得测试工作能够按照流程有条不紊地进行，并且对于测试用例、测试进度、测试缺陷、缺陷解决进度、测试报告等都能够进行一整套完美的管理，使得数据记录更加完整、统计分析更加准确、测试报告更加精确，这样的测试结果才是整个项目所需要的。

测试人员必须认识到测试工具不是万能的，不能盲目地用其测试。因为很多测试工具对环境有一定的要求，而且对于一些非常难以用自动化测试工具实现的测试任务完全没有必要或者不需要使用测试工具，并且发现的缺陷也有限。例如，有些测试需要一定的经验才能发现缺陷。如果使用测试工具并花费大量的时间和精力却得不到预期的结果，还不如手动测试效果好。

一个好的软件测试工具和测试管理工具结合起来使用将会使软件测试效率大大提高。

6.2 自动化测试工具的类型

自动化测试工具的类型非常多，可以按照运行原理、用途、收费方式或者针对不同功能分类。

6.2.1 按照用途分类

自动化测试工具按照其用途可大致分成为测试管理工具、功能测试工具、性能测试工具、单元测试工具、白盒测试工具、测试用例设计工具。

（1）测试管理工具。

测试管理工具是指在软件开发过程中，对测试需求、计划、用例和实施过程进行管理，对软件缺陷进行跟踪处理的工具。通过使用测试管理工具可以更方便地记录或监控每个测试活动、阶段的结果，找出并记录测试活动中发现的缺陷。通过使用该工具测试用例可以被多个测试活动或阶段复用，可以输出测试分析报告和统计报表。有些测试管理工具可以更好地支持协同操作，共享中央数据库并且支持并行测试和记录，从而大大提高测试效率。

常用的测试管理工具有 TestCenter（泽众软件）、TestDirector（MI 公司 TD.8.0 后改成 QC）、IBM Rational TestManager、QADirector（Compuware）、TestLink（开源组织）、QATraq

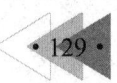

（开源组织）和 oKit（统御至诚）。

（2）功能测试工具。

功能测试工具是用于自动化执行功能测试脚本的工具，一般采用基于录制回放的机制。通过录制操作过程产生基本的测试脚本，然后在脚本编辑器中进一步完善脚本。最后通过回放脚本的方式执行脚本的测试步骤，从而实现功能测试的自动化。一般常用的功能测试工具有 QTP、Rational Robot 和 TestComplete。

（3）性能测试工具。

性能测试是指模拟真实的环境，以各种不同的压力（模拟大量用户）测试被测软件，即"攻击"被测试软件；同时记录服务器中的各种重要资源情况，包括 CPU、内存、磁盘和网络等。常用的性能测试工具有 LoadRunner 和 SilkPerformer 等。

（4）单元测试工具。

单元测试工具一般指用于单元测试的测试框架，这些工具提供单元测试的一些接口并管理单元测试的执行。常用的单元测试工具有 JUnit 系列、XUnit 系列及 MSTest 等。

（5）白盒测试工具。

白盒测试工具根据软件内部的结构测试，能够发现软件内部的逻辑缺陷。该工具一般针对代码进行测试，发现的缺陷可以定位到代码级。根据测试工具原理的不同，又可以分为静态测试工具和动态测试工具。常用的白盒测试工具有 Jtest、Test、TrueCoverage 和 CodeReview 等。

（6）测试用例设计工具。

测试用例设计工具是指用于辅助测试用例的设计或者测试数据生成的工具，一般常用的有 TestCase Designer、CTE XL 和 PICT 等。

6.2.2 按照收费方式分类

按照测试工具的收费方式可以分为商业测试工具、开源测试工具，以及自主开发测试工具等。

1. 商业测试工具

商业测试工具需要花钱购买，但相对成熟和稳定并有一定的售后服务及技术支持，问题是价格昂贵。该类工具主要集中在图形用户界面功能和性能测试方面，各种自动化工具实现的功能基本相同，但是在集成式开发环境（IDE）、脚本开发语言、支持的脚本开发方式、支持的控件等方面有很多不同之处。

2. 开源测试工具

开源测试工具是测试工具的一个重要组成部分，目前越来越多的软件企业开始使用该工具。但开源并不意味着免费，在某些方面甚至可能要比商业测试工具的成本更高。

开源测试工具的优势如下。

（1）相对低的成本：大部分的开源测试工具都可免费使用。

（2）更大的选择余地：可以打破商业测试工具的垄断地位，给测试人员更大的选择空间。

（3）可塑性强：源代码开放，意味着可对其修改、补充和完善并且进行个性化改造。

3. 自主开发测试工具

目前很多软件测试组织已经具备了自己动手开发测试工具的条件，市场对局部测试工具的接受程度在不断提高；同时对测试工具原理的理解也在不断提高，而且技术的成熟使得测试工具变得容易构建，也可以被一些开源框架平台用来组织和搭建适合测试项目的测试平台和测试框架。

自主开发测试工具的优势如下。

（1）购买成本几乎为 0。
（2）简便，只需要开发所需部分的功能。
（3）个性化，可以定制需要的功能，随时修改，以适应项目组成员的使用习惯。
（4）可扩展性，可随时增加新的功能。
（5）可充分利用项目组熟悉的语言开发。
（6）可以使用熟悉的脚本语言。

需要考虑自己开发测试工具的成本，如开发时间和人员投入的成本、维护成本，以及可能需要的额外测试设备的成本等。

6.3 常用自动化测试工具

常用的自动化测试工具主要有测试管理工具 TestDirector、功能测试工具 QTP、性能测试工具 LoadRunner、单元测试工具 JUnit、白盒测试工具 CodeReview，以及测试用例设计工具 CTE XL 等。

6.3.1 测试管理工具 TestDirector

TestDirector 是全球最大的软件测试工具提供商 Mercury Interactive 公司生产的企业级测试管理工具，也是业界最早的基于 Web 的测试管理系统，它可以在组织内部或外部进行全球范围内的测试管理。通过在一个整体的应用系统中集成测试管理的各个部分，包括需求管理、测试计划、测试执行及错误跟踪等功能，TestDirector 极大地加速了测试过程，提高了测试的效率和质量。

测试管理工具 TestDirector

TestDirector 能消除组织机构间、地域间的障碍，能让测试人员、开发人员或其他 IT 人员通过一个中央数据仓库在不同地方交互测试信息。TestDirector 将测试过程流水化，从测试需求管理、制订测试计划、测试日程安排、测试执行到出错后的错误跟踪在一个基于浏览器的应用中即可完成，而不需要每个客户端都安装一套客户端程序。

软件的需求驱动整个测试过程，TestDirector 的 Web 界面简化了这些需求管理过程，以此可以验证应用软件的每一个特性或功能是否正常。通过提供一个比较直观的机制将需求和测试用例、测试结果和报告的错误联系起来，从而确保达到最高的测试覆盖率。

TestDirector 8.0 的安装条件有四条：一是安装并且启动 IIS；二是有一个系统管理员级的账户及密码；三是必须要安装一种数据库（Access、MsSQL 或 Oracle）；四是安装之前关闭一些 IE 的辅助软件和杀毒软件。

在服务器上安装 TestDirector 8.0 后，在客户端浏览器中输入地址 http://服务器 ip/TDBIN/start_a.htm，打开如图 6-1 所示的 TestDirector 8.0 主界面（读者如果使用新版本，界面可能有少许不同）。

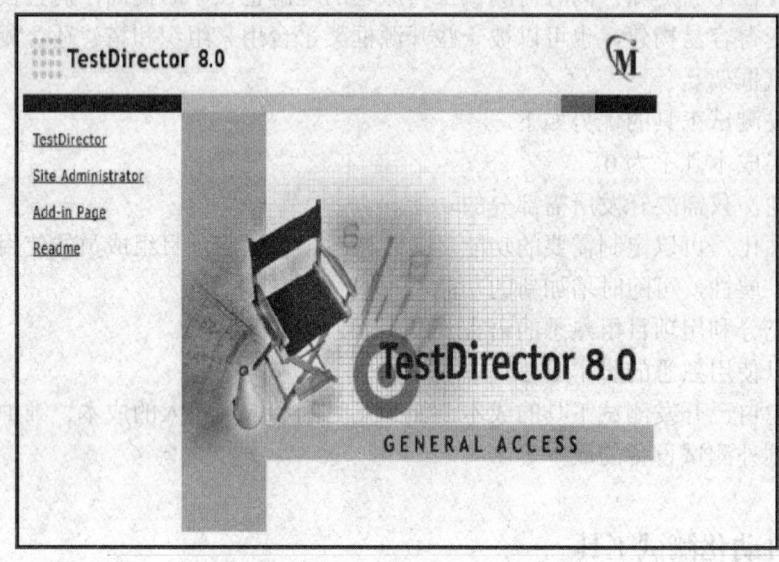

图 6-1　TestDirector 主界面

6.3.2　功能测试工具 QTP

QTP（Quick Test Professional）是一款性能测试工具，由 Mercury 公司开发，该公司开发的同类产品还有 LoadRunner。Mercury 已被 HP 公司收购，如今两大企业级软件测试工具均属 HP 旗下的商业产品。

自动化功能测试工具 QTP

QTP 与 LoadRunner 的最大区别在于二者的侧重面不同，QTP 是收费的商业性功能测试工具，并且支持 Web 和桌面自动化测试，侧重于软件的功能测试和回归测试，属功能测试工具；LoadRunner 是收费的商业性能测试工具，其功能强大，适合做复杂场景的性能测试，侧重于软件的压力、负载等性能测试。

使用 QTP 的目的是执行重复的自动化测试，主要是回归测试和测试同一软件的新版本。因此测试人员在测试前要考虑好如何测试，如要测试哪些功能、操作步骤、输入的数据和期望的输出数据等。可以根据网上的 QTP 安装步骤安装 QTP11。

【案例】使用 QTP12 测试 Web 的功能（QTP12 以后改名为"UFT"）。

打开 QTP 后，按照如下步骤进行操作。

Step 01 单击"文件"→"新建"→"测试"命令，如图 6-2 所示。

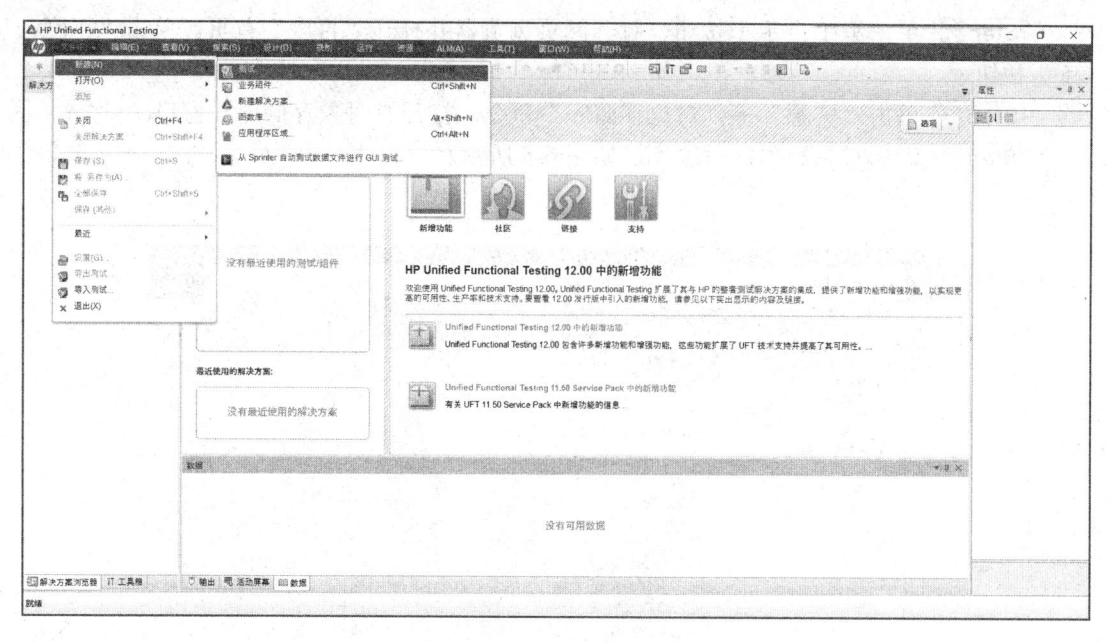

图 6-2 "文件"→"新建"→"测试"

Step 02 在弹出的"新建测试"对话框中选择"GUI 测试"选项,并在"名称"文本框中键入"GUITest1"。在"位置"文本框中键入任一路径,如"D:\Undefined Functional Testing"。单击"创建"按钮完成项目的创建,如图 6-3 所示。

Step 03 单击"工具"→"对象侦测器"命令,弹出"对象侦测器"对话框,如图 6-4 所示。

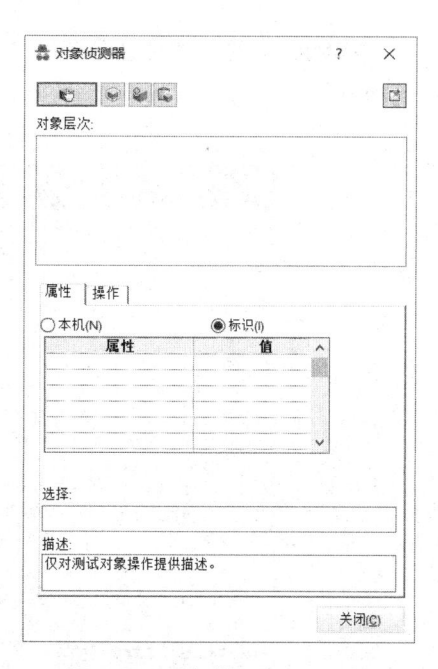

图 6-3 创建项目   图 6-4 "对象侦测器"对话框

Step 04 单击第 1 个手型按钮,打开网页浏览器并打开"百度"首页,单击"百度一下"按钮。

Step 05 单击"资源"→"对象存储库"命令,打开"对象存储库"窗口。

Step 06 添加对象到本地对象库,如图 6-5 所示。

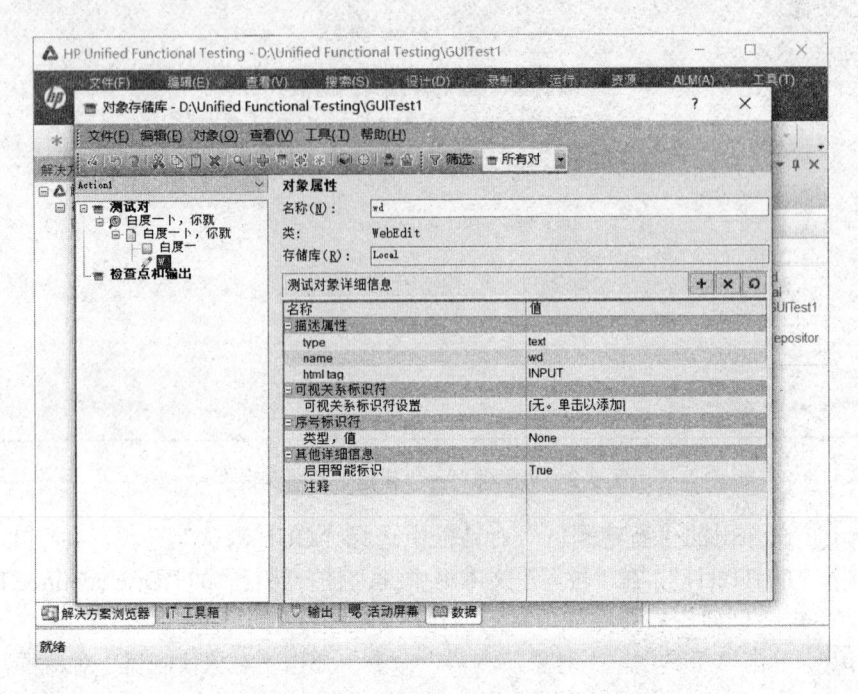

图 6-5 添加对象到本地对象库

Step 07 关闭"对象存储库"窗口,刷新主界面中的工具箱以显示新添加的对象,如图 6-6 所示。

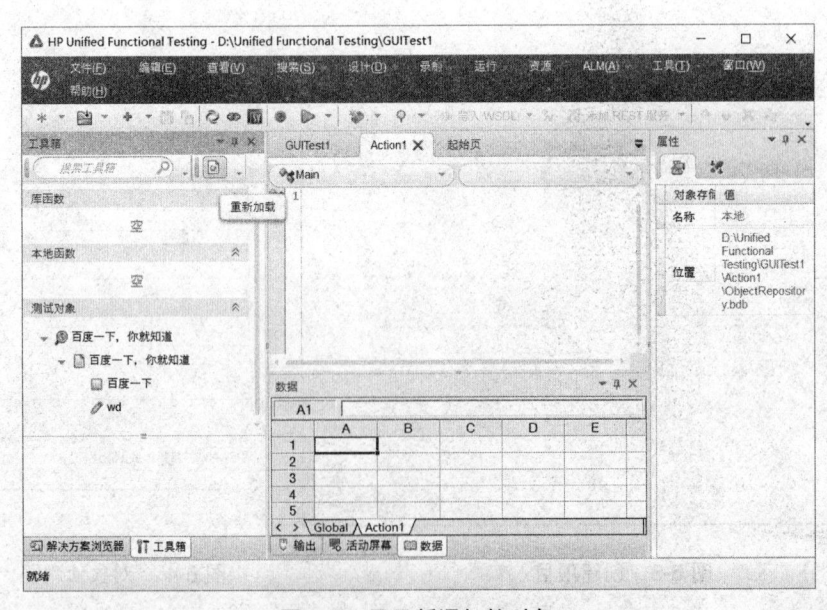

图 6-6 显示新添加的对象

Step 08 将"百度一下"和"wd"对象拖动到右侧编辑区中,如图 6-7 所示。

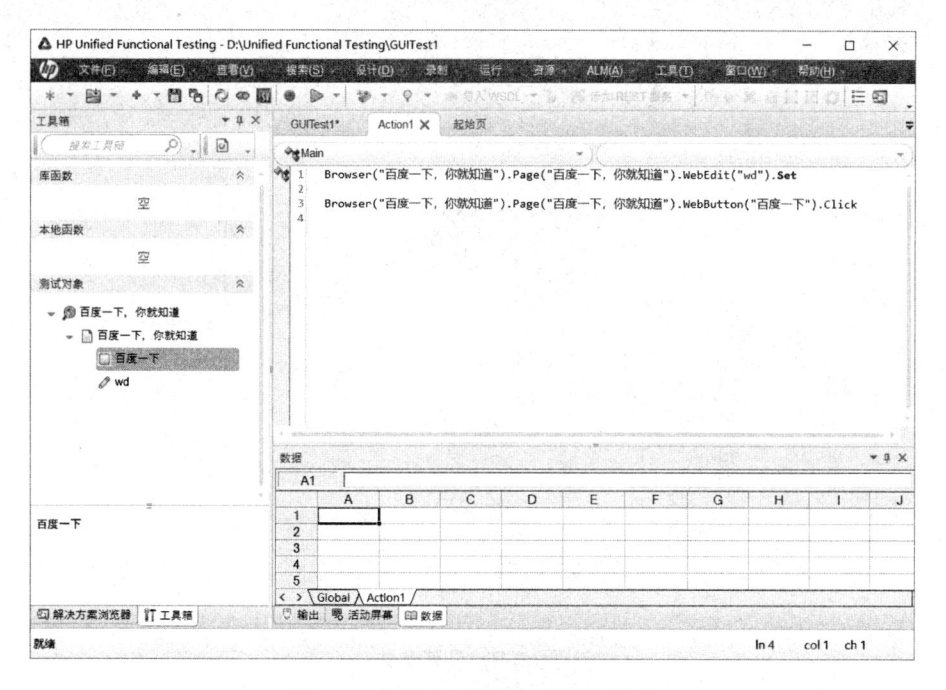

图 6-7 将测试对象添加到编辑区中

Step 09 在编辑区中将"Set"后面的参数设置为"QTP",如图 6-8 所示。

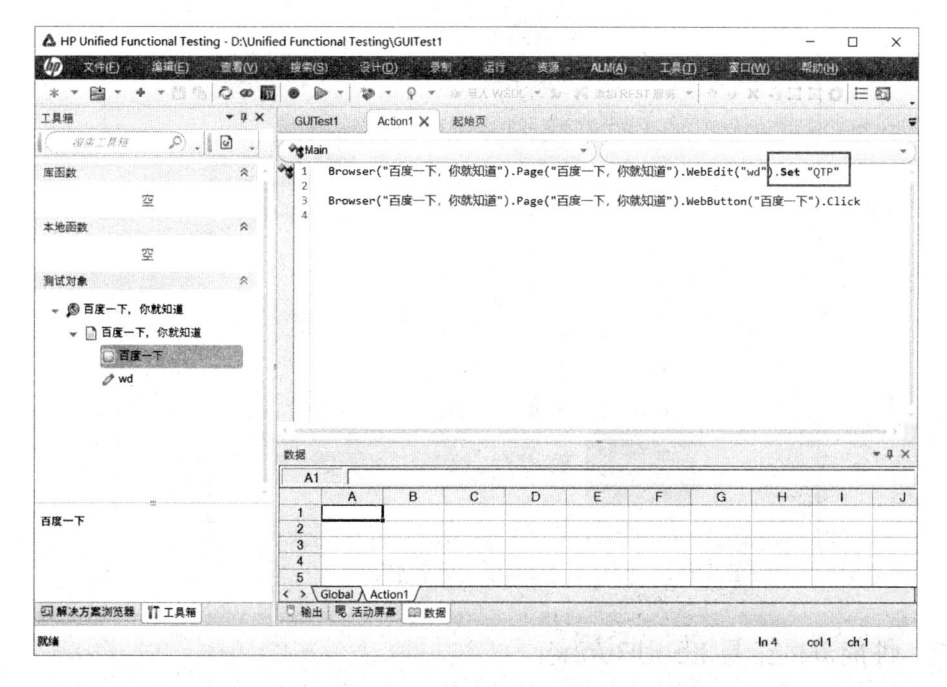

图 6-8 将"Set"后面的参数设置为"QTP"

Step 10 单击"运行"按钮,打开"运行"对话框。

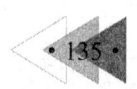

Step 11 如图6-9所示设置参数,单击"运行"按钮。

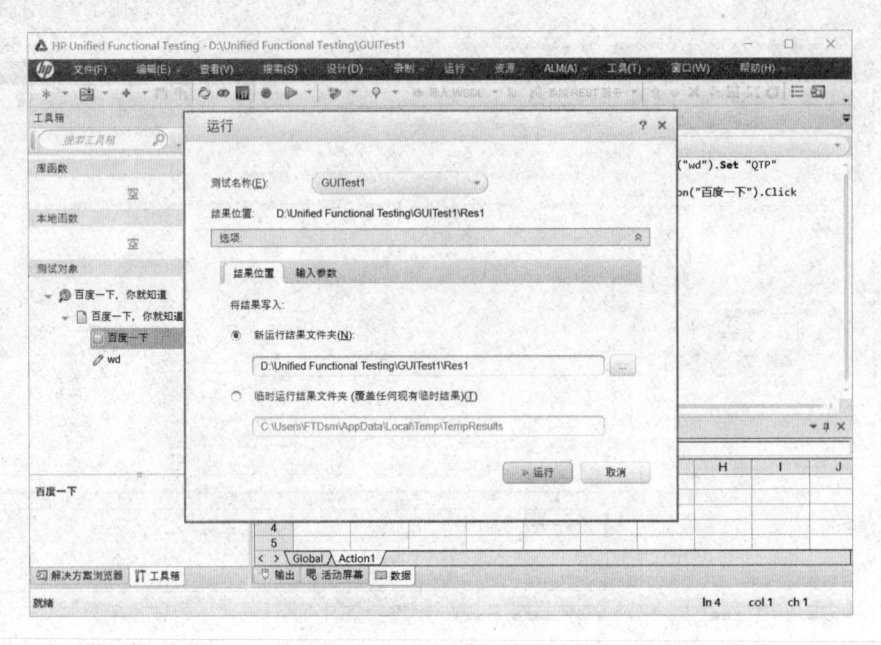

图 6-9 设置参数

运行结果如图6-10所示。

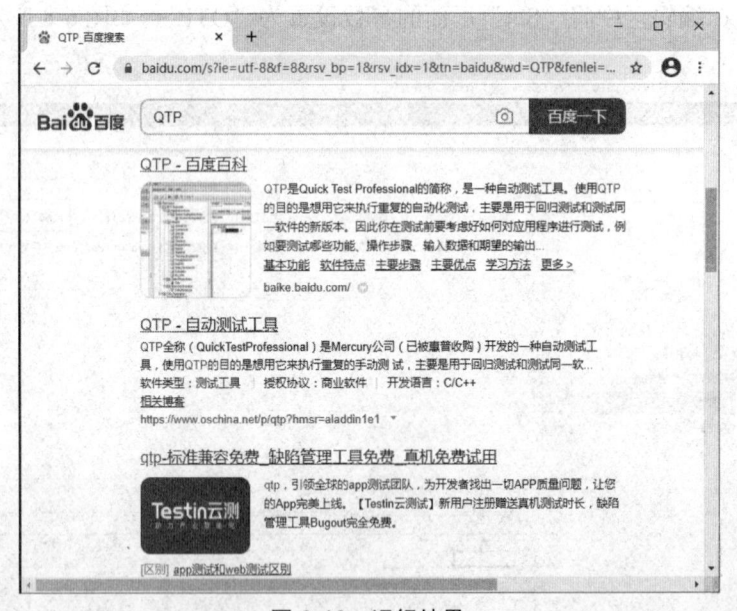

图 6-10 运行结果

6.3.3 性能测试工具 LoadRunner

LoadRunner 是一种预测系统行为和性能的负载测试工具,它通过模拟上千万用户实施并发负载及实时性能监测的方式来确认和查找问题。该工具能够对整个企业架构进行测试,用其能最大限度地缩短测试时间，并且优化性能和缩短应用系统的发布周期。它适用于各种体系架构的自动负载测试，能预测系统行为并评估系统性能。

LoadRunner 在国内有广泛的基础，是各大软件公司性能测试工具的首选，其特点如下。

（1）支持广泛的应用标准，如 Web、RTE、Tuxedo、SAP、Oracle、Sybase、E-mail、WinSock 等，拥有近 50 种虚拟用户类型。

（2）创建真实的系统负载，可以真正模拟用户行为；同时借助参数化功能实现并发用户的不同行为，所以 LoadRunner 向服务器发起的压力请求是完全真实的。

（3）支持多种平台开发的脚本，LoadRunner 几乎支持所有主流的开发平台，尤其是 Java 和.NET 开发的软件，更支持基础的 C 语言软件，这种设计为快速开发虚拟用户脚本提供了方便。

（4）精确分析测试结果，自动产生压力测试结果。尤其是 Web 页面细分功能可以详细了解每个元素的下载情况，进而找出问题。最后以 HTML 形式生成文档报告，保障了结果的真实性。

（5）界面友好，易于使用。LoadRunner 主要有 3 大图形界面，通过图形化的操作方式使用户在最短的时间内掌握它。

（6）无代理方式性能监控器，无需改动生产服务器即可监控网络、操作系统、数据库、应用服务器等性能指标。

LoadRunner 主要包括 3 大组件，如图 6-11 所示。

（1）虚拟用户脚本生成器（Virtual User Generator，VUGen）：可以通过录制用户执行的典型业务流程来开发 Vuser 脚本，使用此脚本可以模拟实际情况。

（2）压力调度控制台（Controller + Load Generator）：可以从单一控制点轻松、有效地控制所有 Vuser，发起并发压力并在测试执行期间监控场景性能。

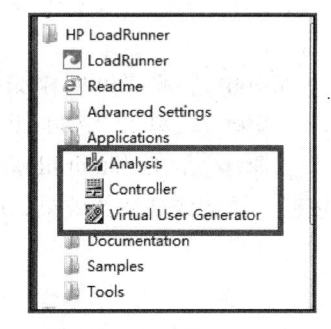

图 6-11　LoadRunner 的 3 大组件

（3）压力结果分析器（Analysis）：在 Controller 内运行负载测试场景后可以使用 Analysis，Analysis 图可以帮助确定系统性能并提供有关事务及 Vuser 的信息。通过合并多个负载测试场景的结果或将多幅图合并为一幅图，也可以比较多幅图。

6.3.4　单元测试工具 JUnit

JUnit 是一个 Java 语言的单元测试框架，由 Kent Beck 和 Erich Gamma 开发并逐渐成为源于 Kent Beck 的 sUnit 的 xUnit 家族中最为成功的一个。JUnit 有自己的 JUnit 扩展生态圈，多数 Java 开发环境都已经集成了 JUnit 作为单元测试的工具。

单元测试工具 JUnit

Java 所用的测试工具是 JUnit。JUnit 不需要在网上下载，在 Ecliplse 中有集成的 JUnit 的单元测试，具体步骤如下。

Step 01 打开 Java 构建路径窗口，选择待测工程项目。

Step 02 右击工程项目名称，如"JUnitTestDemo"。单击快捷菜单中"Properties"命令，打开该项目的属性对话框。

Step 03 单击左侧的"Java Build Path"选项，如图 6-12 所示。

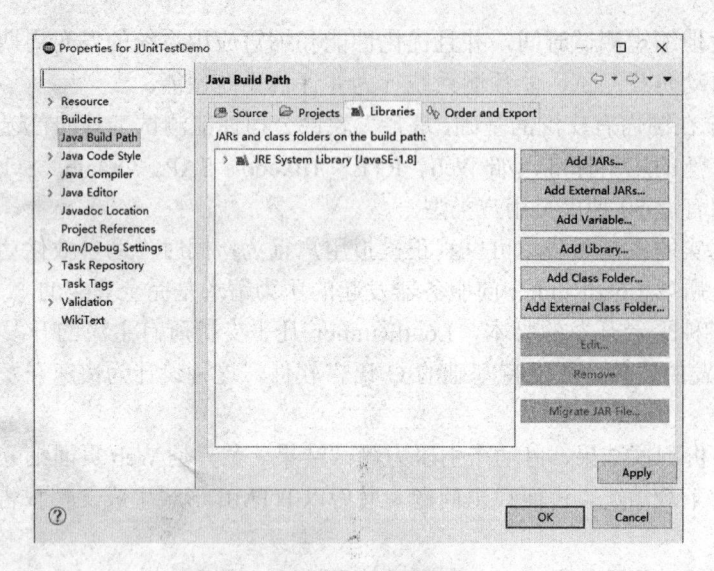

图 6-12 "Java Build Path"选项

Step 04 将 JUnit4 添加进项目库。

Step 05 单击"Add Library"按钮，打开"Add Library"对话框，如图 6-13 所示。

Step 06 在"Junit library version"下拉列表框中选择"JUnit4"选项，单击"Finish"按钮，添加成功后的效果如图 6-14 所示。

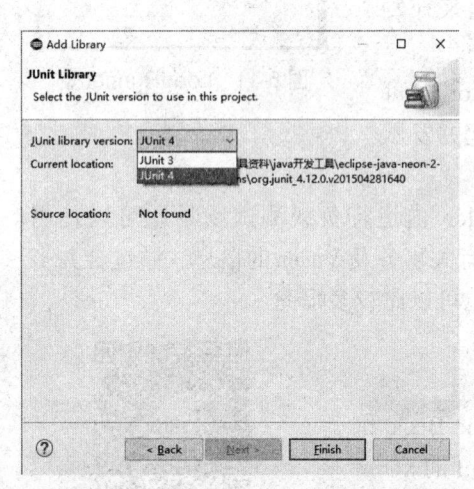

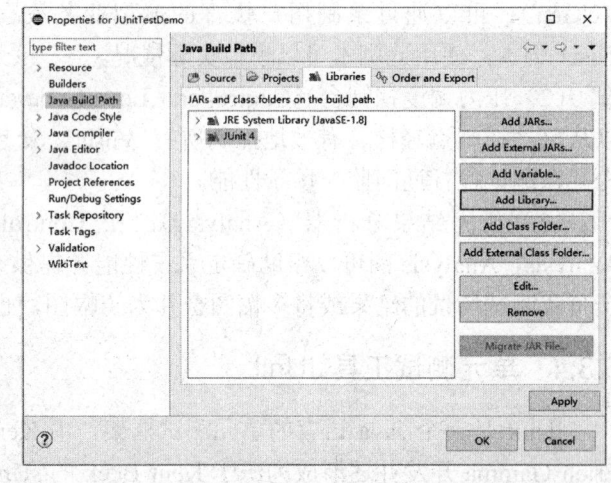

图 6-13 "Add Library"对话框　　　　图 6-14 添加成功后的效果

以上操作是使用 JUnit 要完成的基本设置，然后就可以使用 Junit 的相关功能测试。

例如，利用 JUnit 完成一个简单加减法运算的软测试。

Step 01 新建一个类 Calculate，右击工程项目名"JUnitTestDemo"。单击快捷菜单中的"New"→"Class"命令，打开"New Java Class"对话框。

Step 02 在"Name"文本框中输入"Calculate"，如图 6-15 所示。

Step 03 单击"Finish"按钮，完成 Calculate 类的创建。

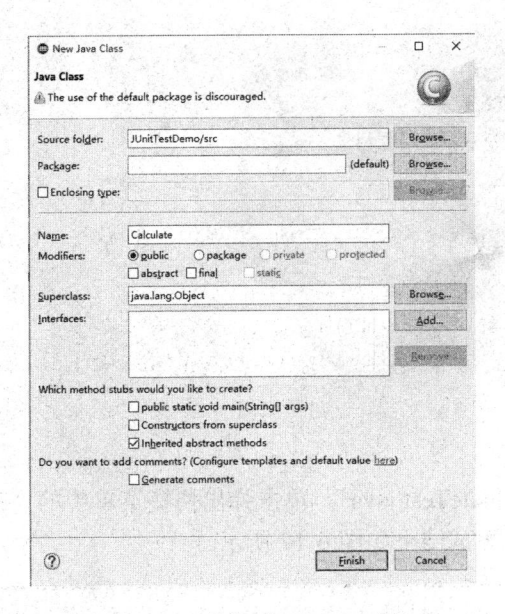

第 6 章　软件测试工具

图 6-15　输入"Calculate"

在 Calculate 类中定义两个方法分别实现两数相加和两数相减，代码如下所示：

```java
/*Calculate.java*/
public class Calculate {
  public int add(int a,int b){
    return a+b;
  }
  public int substract(int a,int b){
    return a-b;
  }
}
```

Step 04　新建一个 JUnit 测试用例 CalculateTest，右击类"Calculate.java"，单击"New"→"JUnit Test Case"命令，打开 JUnit Test Case 对话框。

Step 05　单击"Next"按钮，选择 Calculate 类中要测试"add"和"substract"两个方法的复选框，如图 6-16 所示。

Step 06　单击"Finish"按钮，完成测试用例 CalculateTest 的创建。

在 CalculateTest 中用整数 5 和整数 3 分别测试 Calculate 的加法和减法代码，查看结果是否与断言结果一致，代码见下页。

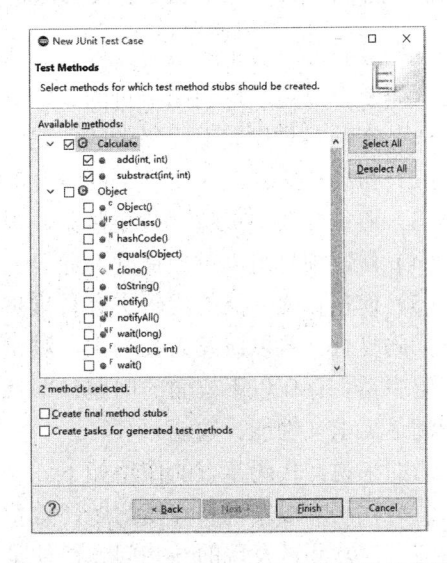

图 6-16　选择 Calculate 类中要测试的方法

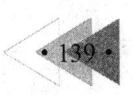

```java
/*CalculateTest.java*/
import static org.junit.Assert.*;
import org.junit.Test;
public class CalculateTest {
  @Test
  public void testAdd() {
    assertEquals(8,new Calculate().add(5, 3));
  }
  @Test
  public void testSubstract() {
    assertEquals(2,new Calculate().substract(5, 3));
  }
}
```

Step 07 右击"CalculateTest.java",单击弹出快捷菜单中的"Run As"→"JUnit Test"命令,执行 JUnit 测试。测试结果如图 6-17 所示。

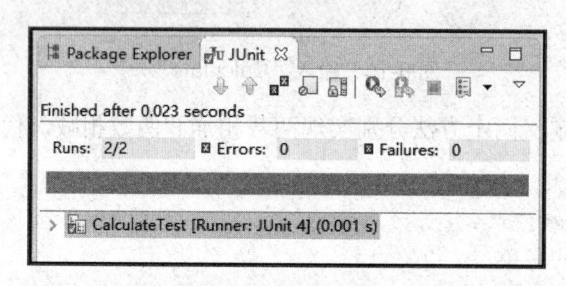

图 6-17 测试结果

图中表明在 0.001 秒内完成了对 Calculate 类指定方法的测试,错误和故障次数均为 0。注意只要是绿色表示一切正常,红色表示有错误或者故障发生。

6.3.5 白盒测试工具 Code Review

代码复查(Code Review)实际不是一种工具,而是一种提升软件质量的白盒测试方法。通过代码复查,可以达到如下目的。

(1)在项目早期发现代码中的缺陷。
(2)帮助初级开发人员学习高级开发人员的经验,达到知识共享。
(3)避免开发人员犯一些很常见、很普通的错误。
(4)保证项目组人员的良好沟通。
(5)使项目或产品的代码更容易维护。

代码复查一般以研发人员为主,测试人员为辅共同完成。一般而言,代码复查主要检查代码中是否存在以下方面的问题,即代码的一致性、编码风格、代码安全、代码冗余、是否满足需求(性能、功能)等。

总的来说,代码复查的作用如下。
(1)代码阶段发现和修复问题,效费比是最高的。
(2)白盒测试发现的一些问题往往是黑盒测试很难发现的。
(3)对开发人员形成隐形的威慑,不能随意地编写代码。

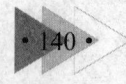

(4)间接提升版本的质量。

(5)提升测试人员的核心竞争力。

在复查代码前,要有自己的工作重点,并根据常见问题建立常规检查点。例如,影响主流程贯通的类和方法,以及多处调用且影响面大的公共方法。

例如,异常处理是否需要捕获异常?捕获异常后有没有处理?捕获未处理的有没有向上层抛出异常(简称上抛)?上抛后有没有被上层处理?异常处理示例代码如图 6-18 所示。

```
1   // 向上抛出异常
2   public class Demo {
3       public void testException(Object obj) {
4           if (null == obj) {
5               ServiceException serviceException = new ServiceException("666", "test");
6               throw serviceException; // 向上抛出捕获的异常
7           }
8       }
9   }
10
11  // 未捕获异常
12  public class Test {
13      public String testDemo(Object obj) {
14          new Demo().testException(obj); // 未捕获异常
15          return "test";
16      }
17
18      public static void main(String[] args) {
19          Test test = new Test();
20          String str = test.testDemo(null);
21          System.out.println(str);
22      }
```

图 6-18　异常处理示例代码

★ 本章小结 ★

1. 软件测试工具能帮助测试人员更好地找出软件缺陷的所在,分为自动化测试工具和测试管理工具。

2. 一个好的软件测试工具和测试管理工具结合使用将使软件测试效率大大提高。

3. 软件测试工具按照用途可大致分为测试管理工具、功能测试工具、性能测试工具、单元测试工具、白盒测试工具、测试用例设计工具等。

4. 按照测试工具的收费方式可以分为商业测试工具、开源测试工具及自主开发测试工具等。

5. 常用的自动化测试工具主要有测试管理工具 TestDirector、功能测试工具 QTP、性能测试工具 LoadRunner、单元测试工具 JUnit、白盒测试工具 Code Review,以及测试用例设计工具 CTE XL 等。

目 标 测 试

一、单项选择题

1. 以下关于 LoadRunner 支持的检查点描述错误的是（　　）。
   A. 文本检查　　　　　　　　　　B. web_find 函数可以进行文本检查
   C. 图片检查　　　　　　　　　　D. 设置检查点影响性能测试结果
2. 以下关于 LoadRunner 脚本录制的参数选择顺序错误的是（　　）。
   A. Random　　　　B. Sequential　　　　C. Unique　　　　D. None
3. 以下关于 LoadRunner 描述错误的是（　　）。
   A. VuGen 完成次数脚本的录制和开发
   B. VuGen 与 Load Generator 的互联
   C. Controller 完成设计和执行性能测试用例场景
   D. Analysis 完成测试结果的专门分析
4. 下列自动化测试工具中常用的测试管理工具是（　　）。
   A. TestDirector　　　　B. QTP　　　　C. LoadRunner　　　　D. JUnit
5. 下列自动化测试工具中常用的单元测试工具是（　　）。
   A. TestDirector　　　　B. QTP　　　　C. LoadRunner　　　　D. JUnit
6. 下列自动化测试工具中常用的性能测试工具是（　　）。
   A. TestDirector　　　　B. QTP　　　　C. LoadRunner　　　　D. JUnit

二、填空题

1. JUnit 是一个开放源代码的_____测试框架，用于编写和运行可重复的测试用例。
2. 软件测试工具按照用途可大致分成测试管理工具、_____、性能测试工具、_____、白盒测试工具、_____。
3. 按照软件测试工具的收费方式可以分为_____、_____及自主开发测试工具等。

三、简答题

1. 软件测试工具的作用是什么？
2. 常见的软件测试工具有哪些？
3. TD（TestDirector）的优势和不足是什么？

第 6 章目标测试参考答案

第 2 篇

移动应用软件测试实践

第 2 篇

移动应用软件测试方法

第7章 移动智能终端概述

学习目标

※ 了解移动终端的概念，掌握其主要特点。
※ 了解常见移动终端的种类。
※ 了解移动终端软件测试的分类，掌握测试的主要方法。

思维导图

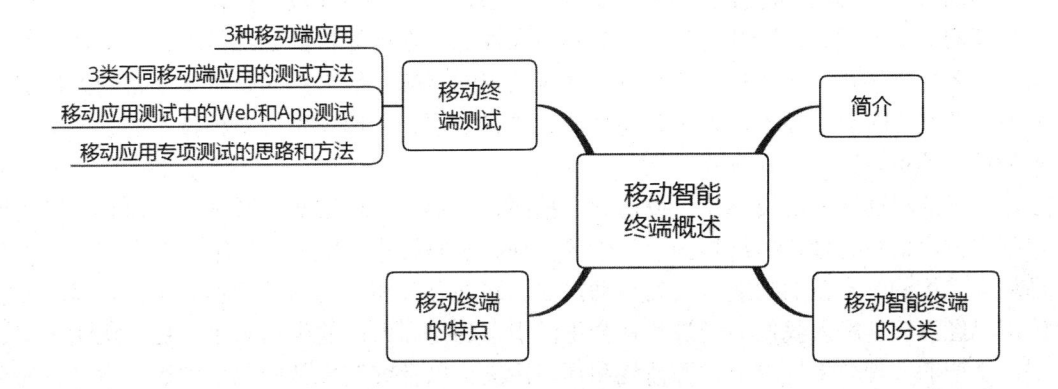

- 移动终端测试
  - 3种移动端应用
  - 3类不同移动端应用的测试方法
  - 移动应用测试中的Web和App测试
  - 移动应用专项测试的思路和方法
- 移动智能终端概述
  - 简介
  - 移动智能终端的分类
  - 移动终端的特点

7.1 简介

移动智能终端（简称移动终端）即移动通信终端，是指可以在移动中使用的计算机或通信设备。广义上讲包括手机、笔记本电脑、平板电脑、POS 机，甚至车载电脑，但是大部分情况下是指具有多种应用功能的智能手机及平板电脑。随着网络和技术朝着越来越宽带化的方向发展，网络及移动通信产业将走向真正的移动信息时代；另一方面，随着集成电路技术的飞速发展，移动终端已经拥有了强大的处理能力。即正在从简单的通话工具变为一个综合信息处理平台，这也给移动终端增加了更加宽广的发展空间。

移动智能终端概述

移动终端作为通信设备伴随移动通信发展已有几十年的历史，自 2007 年开始智能化引发了移动终端的基因突变，从根本上改变了终端作为移动网络末梢的传统定位。移动智能终端几乎在一瞬之间转变为互联网业务的关键入口和主要创新平台，以及新型媒体、电子商务和信息服务平台，并且成为互联网资源、移动网络资源与环境交互资源的重要枢纽，其操作系统和处理器芯片甚至成为当今整个 ICT 产业的战略制高点。移动智能终端引发的颠覆性变革揭开了移动互联网产业发展的序幕，开启了一个新的技术产业周期。随着移动智能终端的持续发展，其影响力甚至超越收音机、电视和传统互联网，而成为人类历史上第四项渗透广泛、普及迅速、影响巨大、深入至人类社会生活方方面面的终端产品。

现代的移动终端已经拥有极为强大的处理能力（CPU 主频已经超过 3 GHz）、内存、固化存储介质及像电脑一样的操作系统，是一个完整的超小型计算机系统，可以完成复杂的处理任务。移动智能终端拥有非常丰富的通信方式，既可以通过 3G、4G、5G 等通信技术进行无线通信，也可以通过无线局域网、蓝牙和红外通信。

移动智能终端的智能性主要体现在 4 个方面，一是具备开放的操作系统平台，支持应用程序的灵活开发、安装及运行；二是具备高性能个人计算机的处理能力，可支持桌面互联网主流应用的移动化迁移；三是具备高速数据网络接入能力；四是具备丰富的人机交互界面，即在 3D 显示技术、人工智能功能、语音识别、图像识别等多种技术的发展下，以人为核心的更智能的交互方式。

今天的移动智能终端不仅可以通话、拍照、听音乐、玩游戏、看视频，而且可以实现包括定位、信息处理、指纹扫描、身份证扫描、条码扫描、RFID 扫描、IC 卡扫描，以及酒精含量检测等丰富的功能，成为移动执法、移动办公和移动商务的重要工具。移动智能终端已经深深地融入我们的经济和社会生活中，为提高人民的生活水平、提高执法效率、提高生产的管理效率、减少资源消耗和环境污染，以及突发事件应急处理等增添了新的手段。国外已将这种智能终端用在快递、保险、移动执法等领域，最近几年移动智能终端也越来越广泛地应用在我国的移动执法和移动商务领域。

7.2 移动智能终端的分类

1. 智能手机（Smartphone）

智能手机是指"像个人电脑一样，具有独立的操作系统，可以由用户自行安装软件、

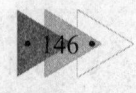

游戏等第三方服务商提供的程序。通过此类程序来不断对手机的功能进行扩充，并可以通过移动通信网络来实现无线网络接入的这样一类手机的总称"。手机已从功能性手机发展到以 Android、iOS 系统为代表的智能手机时代，是可以在较广范围内使用的便携式移动智能终端，目前已发展至 5G 时代。

2. 笔记本电脑

笔记本有两种含义，一是指用来记录文字的纸制本子；二是指笔记本电脑。笔记本电脑又被称为"便携式电脑"，其最大的特点就是机身小巧，相比 PC 携带方便。虽然笔记本电脑的机身十分轻便，但完全不用怀疑其应用性。在全球市场上它有多种品牌，排名前列的有联想、戴尔、华硕、惠普、苹果、宏基、索尼、东芝、三星等。

3. PDA 智能终端

PDA 智能终端又称为"掌上电脑"，可以帮助我们完成在移动中工作、学习、娱乐等。按使用来分类，其可分为工业级 PDA 和消费级 PDA，前者内置高性能进口激光扫描引擎、高速 CPU 处理器、WIN CE/Android 操作系统，具备超级防水、防摔及抗压能力，多用于鞋帽/服装、快递、零售连锁、仓储、移动医疗等多个行业的数据采集，支持 BT/4G/5G/Wi-Fi 等无线网络通信；消费级 PDA 包括的比较多，智能手机、平板电脑、手持的游戏机等都可以归类为消费级 PDA，它们主要用来记事、编辑文档、玩游戏、播放多媒体、运行移动网络应用等，还可以通过许多第三方软件阅读电子书、处理图像、外接 GPS 卡导航等。

4. 平板电脑

平板电脑是一种小型且方便携带的个人电脑，以触摸屏作为基本的输入及显示设备。用户可以通过触控方式执行作业，而不是传统的键盘或鼠标，也可以通过内置的手写识别、屏幕上的软键盘、语音识别或者一个真正的键盘（选配设备）操作。平板电脑大多采用 Intel、AMD 或 ARM 的芯片架构，外型多为非翻盖、无键盘，可放入衣兜或手袋，但它们已是功能完整的 PC。

5. 车载智能终端

车载智能终端具备 GPS 定位、车辆导航、采集和诊断故障信息等功能，在新一代汽车行业中得到了大量应用。由于能对车辆进行现代化管理，所以车载智能终端将在智能交通中发挥更大的作用。

6. 可穿戴设备

越来越多的科技公司开始大力开发智能眼镜、智能手表、智能手环、智能戒指等可穿戴设备产品，智能终端开始与时尚挂钩。人们的需求不再局限于可携带，更追求可穿戴，手表、戒指、眼镜都有可能成为智能终端。

7.3 移动终端的特点

移动智能终端（下文无特殊说明时，移动终端即指移动智能终端）具有如下特点。
（1）在硬件体系上具备中央处理器、存储器、输入部件和输出部件，往往是具备通信

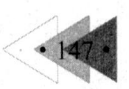

功能的微型计算机设备；另外，可以具有多种输入方式，如键盘、鼠标、触摸屏、送话器和摄像头等，也可以根据需要调整。并且往往具有多种输出方式，如受话器、显示屏等，也可以根据需要调整。

（2）在软件体系上必须具备操作系统，如 Windows Mobile、Symbian、Palm、Android、iOS 等。这些操作系统越来越开放，基于这些开放的操作系统平台开发的个性化应用软件层出不穷，如通信簿、日程表、记事本、计算器及各类游戏等，从而在极大程度上满足了个性化用户的需求。

（3）在通信能力上具有灵活的接入方式和高带宽通信性能，并且能根据所选择的业务和所处的环境自动调整所选的通信方式，从而方便用户使用。移动终端可以支持 3G、4G、5G 多种通信标准，从而适应多种制式通信网络。不仅支持语音业务，而且支持多种无线数据业务。

（4）在功能使用上更加注重人性化、个性化和多功能化，随着计算机技术的发展移动终端从"以设备为中心"的模式进入"以人为中心"的模式。其中集成了嵌入式计算、控制技术、人工智能技术及生物认证技术等，充分体现了以人为本的宗旨。由于软件技术的发展，所以移动终端可以根据个人需求调整设置，更加个性化；同时移动终端本身集成了众多软件和硬件，功能也越来越强大。

7.4 移动终端测试

7.4.1 3 种移动端应用

根据技术架构，移动端应用产品主要分为 Web App、Native App 和 Hybrid App 共 3 大类。

移动终端的应用和测试

（1）Web App。

Web App 指的是移动端的 Web 浏览器，它和 PC 端的 Web 浏览器区别不大。只不过所依附的操作系统不再是 Windows 和 Linux，而是 iOS 和 Android，显示界面有所变化。

Web App 采用的技术主要是传统的 HTML、JavaScript、CSS 等 Web 技术栈，现在 HTML5 也得到了广泛的应用；另外 Web App 所访问的页面内容均存储在服务器端，本质上就是 Web 网页，所以是跨平台的。

（2）Native App。

Native App 指的是移动端的原生应用，对于 Android 系统其文件格式是 apk，对于 iOS 系统其文件格式是 ipa。Native App 是一种基于手机操作系统（例如 iOS 和 Android），并使用原生程序编写运行的第三方应用软件。

通常来说，Native App 可以提供比较好的用户体验及性能，而且可以方便地操作手机的本地资源。

（3）Hybrid App。

Hybrid App 是介于 Web App 和 Native App 两者之间的一种 App 形式，它利用 Web App 和 Native App 的优势，并且通过一个原生实现的 NativeContainer 展示 HTML5 的页面。更通俗的讲法可以归结为在原生移动应用中嵌入了 WebView，然后通过该 WebView 来访

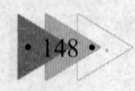

问网页。

Hybrid App 具有维护更新简单、用户体验优异及较好的跨平台特性，是目前主流的移动应用开发模式。

7.4.2 3 类不同移动端应用的测试方法

根据以上 3 类移动端应用的特性，其测试方法如下。

（1）Web App：显然其本质就是 Web 浏览器的测试，所有 GUI 自动化测试的方法和技术，如数据驱动、页面对象模型、业务流程封装等均适用于 Web App 的测试。如果 Web 页面是基于自适应网页设计（即符合 Responsive Web 设计规范），而且测试框架支持 Responsive Page，那么原则上之前开发的运行在 PC Web 端的 GUI 自动化测试用例不做任何修改就可以直接在移动端的浏览器中执行。当然前提是移动端浏览器必须支持 WebDriver，其中自适应网页设计（Responsive Web Design）是指同一个网页能够自动识别屏幕分辨率并做出相应调整的网页设计技术。

（2）Native App：虽然不同的平台会使用不同的自动化测试方案，如 iOS 一般采用 XCUITest Driver，而 Android 一般采用 UIAutomator 或者 Espresso 等，但是数据驱动、页面对象及业务流程封装的思想依旧适用，完全可以把这些方法应用到测试用例设计中。

（3）Hybrid App：情况复杂一些，对 NativeContainer 的测试可能需要用到 XCUITest 或者 UIAutomator 这样的原生测试框架；对 Container 中 HTML5 的测试基本和传统的网页测试没有区别，所以原本基于 GUI 的测试思想和方法都继续适用。唯一需要注意的是 Native Container 和 WebView 分别属于两个不同的上下文（Context），NativeContainer 默认的 Context 为 "Native App"；WebView 默认的 Context 为 "WebVIEW_+被测进程名称"，所以当操作 WebView 中的网页元素时需要先切换到 WebView 的 Context 下。

7.4.3 移动端应用测试中的 Web 和 App 测试

在移动端应用测试中，Web 和 App 的流程没有区别，都需要经历编写测试计划方案、用例设计、测试执行、缺陷管理、编写测试报告等相关阶段。从技术上来说，Web 和 App 测试的类型也基本相似，都需要进行功能测试、性能测试、安全性测试、GUI 测试等。区别主要在于测试的细节和方法，包括如下几个方面。

（1）性能测试方面：在 Web 测试中只需要测试响应时间这个要素，在 App 测试中还需要考虑流量和耗电量测试。

（2）兼容性测试方面：在 Web 端是兼容浏览器，在 App 端兼容的是手机设备。而且相对应的兼容性测试工具也不相同，Web 需要使用不同的浏览器进行兼容性测试（常见的是 IE10、Microsoft Edge、Chrome、Firefox）；手机端需要兼容不同品牌、不同分辨率、不同 Android 版本，甚至不同操作系统（常见的兼容方式是兼容市场占用率排位在前的手机即可）。有时候也可以使用兼容性测试工具，但 Web 多用 IETester 等，而 App 会使用 Testing 这样的商业工具。

（3）安装测试方面：Web 测试基本上没有客户端层面的安装测试，但是 App 测试有，因此具备相关的测试点。App 测试基于手机设备，还有一些手机设备的专项测试，如交叉事件测试、操作类型测试、网络测试（弱网测试及网络切换）。"交叉事件测试"测试在操作某个软件的时候处理来电话、来短信,以及电量不足提示等外部事件;"操作类型测试"包括横屏测试、手势测试等;"网络测试"包含弱网和网络切换测试,即需要测试弱网所造成的用户体验,重点要考虑回退和刷新是否会造成二次提交;升级测试测试升级取消是否会影响原有功能的使用,以及升级后用户数据是否被清除。

(4)系统架构层面测试方面:Web 测试只要更新了服务器端,客户端就会同步会更新。而且客户端可以保证每一个用户的客户端完全一致,但是 App 端不能够保证完全一致,除非用户更新客户端。如果 App 修改了服务器端,意味着客户端用户所使用的核心版本都需要执行一遍回归测试。

如此看来,移动端应用的测试除了使用的测试框架不同以外,测试设计本身和 GUI 测试有异曲同工之妙,移动端还应该有其他不同测试思路和方法。

7.4.4 移动端应用专项测试的思路和方法

对于移动端应用,顺利完成全部业务功能测试往往是不够的。当移动应用被大量用户安装和使用时就会暴露出很多之前完全没有预料到的问题,如流量使用过多、耗电量过大、在某些设备终端上出现崩溃或者闪退等现象、多个移动应用相互切换后操作异常、在某些设备终端上无法顺利安装或卸载、弱网络环境下无法正常使用、Android 环境下经常出现 ANR(Application Not Responding,应用未响应)等。为了避免或减少此类情况的发生,移动端应用除了进行常规的功能测试外,通常还会进行很多特有的专项测试。

1. 交叉事件专项测试

交叉事件专项测试也称为"中断测试",是指在 App 执行过程中有其他事件或者应用中断当前应用执行的测试。例如,App 在前台运行过程中突然有电话打进,或者收到短信、系统闹钟响等情况。所以在 App 测试时需要把这些常见的中断情况考虑在内,并进行相关的测试。此类测试目前基本还都是采用手动方式,并且都是在真机上进行,不会使用模拟器。采用手动测试的原因是,此类测试往往场景多,而且很多事件很难通过自动化方式来模拟。例如,呼入电话、接收短信等。这些因素都会造成自动化测试的成本过高而得不偿失,所以在实践中交叉事件测试往往使用真机进行手工的测试。之所以采用真机,是因为很多问题只会在真机上才能重现,采用模拟器测试没有意义。

交叉事件专项测试需要覆盖的主要场景如下。

(1)多个 App 同时在后台运行,并交替切换至前台是否影响正常功能。

(2)要求相同系统资源的多个 App 前后台交替切换是否影响正常功能,如两个 App 都需要播放音乐,那么两者在交替切换的过程中播放音乐功能是否正常。

(3)App 运行时接听电话。

(4)App 运行时接收信息。

(5)App 运行时提示系统升级。

(6)App 运行时发生系统闹钟事件。

(7)App 运行时进入低电量模式。

(8)App 运行时第三方安全软件弹出告警。

(9)App 运行时发生网络切换,如由 Wi-Fi 切换到移动 4G 网络或者从 4G 网络切换到

3G 网络等。

这些需要覆盖的场景也是今后测试的测试用例集，每一场景都是一个测试用例的集合。

2. 兼容性专项测试

兼容性专项测试顾名思义就是要确保 App 在各种终端设备、各种操作系统本、各种屏幕分辨率、各种网络环境下功能的正确性，常见的 App 兼容性专项测试往往需要覆盖如下测试场景。

（1）不同操作系统的兼容性，包括主流的 Android 和 iOS 版本。
（2）主流设备分辨率下的兼容性。
（3）主流移动终端机型的兼容性。
（4）同一操作系统中不同语言设置时的兼容性。
（5）不同网络连接下的兼容性，如 Wi-Fi、3G、4G、5G 环境。
（6）在单一设备上与主流热门 App 的兼容性，如微信、抖音、淘宝等。

兼容性专项测试通常都需要在各种真机上执行相同或者类似的测试用例，所以往往采用自动化测试的手段；同时，由于需要覆盖大量的真实设备，因此除了大公司会基于"Appium+Selenium Grid+OpenST"搭建自己的移动设备私有云平台外，其他公司一般都会使用第三方移动设备云测平台完成兼容性测试。第三方移动设备云测平台国外最知名的是 SauceLab，国内主流的是 Testin。

3. 流量专项测试

由于 App 经常需要在移动互联网环境下运行，而移动互联网通常按照实际使用流量计费，所以如果 App 耗费的流量过多，则会导致流量费用增加和功能加载缓慢。

流量专项测试通常包含以下几个方面。

（1）App 执行业务操作引发的流量。
（2）App 在后台运行消耗的流量。
（3）App 安装完成后首次启动耗费的流量。
（4）App 安装包本身的大小。
（5）App 内购买或者升级需要的流量。

流量专项测试往往借助于 Android 和 iOS 系统自带的工具进行流量统计，也可以利用 tcpdump、wireshark 和 fiddler 等网络分析工具。对于 Android 系统，网络流量信息通常存储在/proc/net/dev 目录下，也可以直接利用 ADB 工具获取实时的流量信息。Android 的轻量级性能监控小工具 Emmagee 类似于 Windows 系统性能监视器，能够实时显示 App 运行过程中 CPU、内存和流量等信息；对于 iOS 系统，可以使用 Xcode 自带的性能分析工具集中的 Network Activity 分析具体的流量使用情况。

流量专项测试的最终目的并不是得到 App 的流量数据，而是要想办法减少 App 产生的流量。虽然这不是测试工程师的工作，但了解一些常用的方法有助于测试的日常工作。例如，启用数据压缩，尤其是图片；使用优化的数据格式，如同样信息量的 JSON 格式的文件就要比 XML 文件小；遇到既需要加密又需要压缩的场景一定是压缩后加密；减少单次 GUI 操作触发的后台调用数量；每次回传数据尽可能只包括必要的数据；启用客户端的缓存机制等。

4. 耗电量专项测试

耗电量也是一个移动端应用能否成功的关键因素之一，目前能提供类似服务或者功能的 App 有很多。如果在功能类似的情况下 App 特别耗电，即设备发热比较严重，那么用户一定会改用其他 App，最典型的就是地图等导航类的应用对耗电量特别敏感。

耗电量专项测试通常从 3 个方面来考量，即 App 运行但没有执行业务操作时的耗电量、App 运行且密集执行业务操作时的耗电量，以及 App 后台运行的耗电量。

耗电量专项测试既有基于硬件的方法，也有基于软件的方法，一般多采用后者。Android 和 iOS 都有各自的方法，Android 通过 adb 命令"adb shell dumpsys battery"来获取 App 的耗电量信息，Google 推出的 history batterian 工具可以很好地分析耗电情况；iOS 通过 Apple 的官方工具 sysdiagnose 来收集耗电量信息，然后可以进一步通过 Instrument 工具链中的 Energy Diagnostics 进行耗电量分析。

5. 弱网络专项测试

与传统桌面应用不同，移动应用的网络环境比较多样，而且经常出现需要在不同网络之间切换的场景，即使是在同一网络环境下也会出现网络连接状态时好时坏的情况，如时高时低的延迟、经常丢包、频繁断线等。

移动端应用的测试需要保证在复杂网络环境下的质量，在测试阶段模拟这些网络环境，在 App 发布前尽可能多地发现并修复问题。推荐开源移动网络测试工具 Facebook Augmented Traffic Control（ATC），其优势在于能够在移动终端设备上通过 Web 界面随时切换不同的网络环境；同时多台移动终端设备可以连接到同一个 Wi-Fi，各自模拟不同的网络环境。并且相互之间不会有任何影响，即只要搭建一套 ATC 就能满足所有的网络模拟需求。

6. 边界专项测试

边界专项测试是指移动 App 在一些临界状态下的行为功能的验证测试，其基本思路是需要找出各种潜在的临界场景并对每一类临界场景做验证测试。

该测试的主要场景如下。

（1）系统内存占用大于 90%。
（2）系统存储占用大于 95%。
（3）飞行模式来回切换。
（4）App 不具有某些系统访问权限，如由于其隐私设置不能访问相册或者通讯录等。
（5）长时间使用 App 系统资源是否有异常，如内存泄漏、过多的链接数等。
（6）出现 ANR（Application Not Responding，应用无反应）。
（7）操作系统时间早于或者晚于标准时间。
（8）时区切换。

界定耗电量测试、流量测试及 App 性能测试的数据是否正常并没有明确的标准，一般基于一些历史统计数据，主要做法是和现有版本及同类 App 做比较。

结合一些实际情况举例如下。

（1）设备碎片化：由于设备极具多样性，所以 App 在不同的设备上可能表现不同。
（2）带宽限制：带宽不佳的网络对 App 所需的快速响应时间可能不够。

（3）网络的变化：不同网络间的切换可能会影响 App 的稳定性。

（4）内存管理：可用内存过低，或非授权的内存位置的使用可能会导致 App 失败。

（5）用户过多：连接数量过多可能会导致 App 崩溃。

（6）代码错误：没有经过测试的新功能可能会导致 App 失败。

（7）第三方服务：广告或弹出屏幕可能会导致 App 崩溃。

7．App 的安装与卸载专项测试

App 的安装与卸载专项测试考虑的是不同操作系统及其版本，以及不同手机厂商实现上的差异等。

（1）安装过程中：各个选项是否符合概要设计说明、安装向导的 UI 测试是否支持取消及取消后的操作流程（是否有残留）、意外情况处理（死机、重启、断电、断网），以及安装空间不足。

（2）安装完成后：系统是否正常运行、安装过程后的文件夹和文件是否在指定的目录中，是否生成了多余的文件夹或文件。

（3）升级：升级后功能是否和需求说明一致、测试与升级模块相关的模块的功能是否与需求一致；升级界面的 UI 测试（强制/非强制）；升级安装意外情况处理（死机、重启、断电）；版本验证；升级中用户数据、设置、状态的保留，注意新版本已去掉的状态或设置；是否可以隔开版本覆盖安装；是否可以覆盖安装更低版本；如果忽略本次版本升级，那么当有新的升级版本时是否还有提示升级；关键版本更新不升级无法使用等。

（4）卸载：系统直接卸载及卸载时 UI 测试、删除文件夹后卸载、卸载过程中是否支持取消及取消后的软件状态、卸载时意外的情况处理（死机、断网、断电、重启）、卸载后清理安装目录，以及在没有更新或者网络时需要给予用户正确的信息表达。

8．App 的启动与停止专项测试

（1）首次启动是否出现欢迎界面，可否进入 App 且停留时间是否合理。

（2）首次启动后拉取的信息是否正确。

（3）再次启动时间是否符合预期。

（4）再次启动 App 功能是否异常。

（5）再次启动后检查状态，包括初始化信息、初始状态、启动网络等。

（6）再次启动进程服务检查，包括进程名、进程数、服务名、服务数，以及第三方调用的软件开发工具包（SDK），如 GPS。

（7）带登录的应用再次启动的时候是否正常登录。

（8）出现崩溃是否可以再次启动。

（9）手动终止进程后服务是否可以在此启动。

（10）其他系统软件工具停止进程，清理软件数据后是否可以启动。

9. 中断专项测试

（1）锁屏中断：停留在程序操作界面进行锁屏，恢复后检查操作是否正常。

（2）前后台切换：停留在程序操作界面通过 Home 键进行程序的前后台切换。

（3）加载中断：页面接口请求、界面框架加载时，通过 Home 键、返回键快速切换操

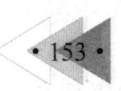

作进行中断。

（4）系统异常中断：如关机、断电、来电等。

10. 流畅度专项测试

包括列表滑动、返回进入、快速单击（这个人为不好评判，可以借助测试工具 GT，一般打分在 90 分以上是比较好的）。

11. 软件兼容性专项测试

包括通用软件、输入法、安全软件、通信类软件、竞品软件、同类软件是否出现冲突。

★ 本章小结 ★

1. 移动智能终端或者称"移动通信终端"，是指可以在移动中使用的终端设备。一般包括手机、笔记本电脑、平板电脑、POS 机，甚至车载电脑。

2. 移动智能终端是具备通信功能的微型计算机设备，具备操作系统，并且具有灵活的接入方式和高带宽通信性能，以及注重人性化、个性化和多功能化等特点。

3. 移动智能终端应用主要包括 Web App、Native App、Hybrid App 共 3 种类型。

4. Web App 的测试本质就是 Web 浏览器的测试，所有 GUI 自动化测试的方法和技术，如数据驱动、页面对象模型、业务流程封装等，都适用于该测试；Native App 的测试中数据驱动、页面对象，以及业务流程封装等思想可以应用到测试用例设计中；Hybrid App 测试需结合两种情况分别对待。

5. Web App 测试都需要经历测试计划方案制订、用例设计、测试执行、缺陷管理、测试报告编写等相关阶段，也都需要进行功能测试、性能测试、安全性测试、GUI 测试等测试类型，主要区别在于测试的细节和方法。

目 标 测 试

一、单项选择题

1. 以下选项中不属于移动智能终端的是（　　）。
   A. 智能手机　　　　　　　　　B. 汽车
   C. 笔记本电脑　　　　　　　　D. 平板电脑

2. 移动应用根据技术架构的不同，其产品主要分为 3 类，不包括（　　）。
   A. Web App　　　　　　　　　B. Native App
   C. Hybrid App　　　　　　　　D. Game App

3. 以下关于 Web App 说法错误的是（　　）。

A. Web App 指的是移动端的 Web 浏览器

B. Web App 和 PC 端的 Web 浏览器区别不大

C. Web App 只能运行在 Android 平台，不能运行在 iOS 平台

D. Web App 采用的技术主要包括 HTML、JavaScript、CSS 等

4. Hybrid App 指（　　）。

  A. 环保型 App   B. 混合型 App

  C. Web App   D. 都不对

5. 在移动应用软件测试的边界专项测试中，边界不包括（　　）。

  A. 系统内存占用大于 90% 的场景   B. 系统存储占用大于 95% 的场景

  C. 飞行模式来回切换的场景   D. 屏幕尺寸大于 5.1 英寸

二、简答题

1. 移动智能终端一般包括哪几类？
2. 移动智能终端都有哪些特点？
3. 移动应用的测试方法都有哪些？
4. 简述 Web 和 App 测试的异同点。
5. 交叉事件专项测试指什么？它有哪些特点？

第 7 章目标测试参考答案

第8章　移动应用软件测试技术

学习目标

※ 了解移动应用软件测试的特殊性。
※ 理解软件测试用例的设计方法和技巧。
※ 熟悉几种常用的Android自动化测试工具。

思维导图

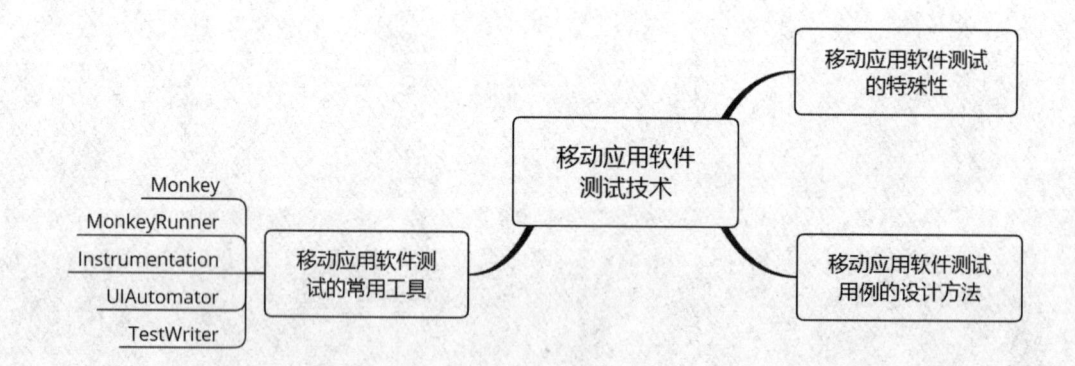

```
                                        ┌─ 移动应用软件测试
                                        │   的特殊性
                                        │
              ┌── Monkey ──┐            │
              ├── MonkeyRunner          │
              ├── Instrumentation ──┐   │
              ├── UIAutomator       移动应用软件测 ── 移动应用软件
              └── TestWriter ──┘    试的常用工具     测试技术
                                        │
                                        └─ 移动应用软件测试
                                           用例的设计方法
```

8.1 移动应用软件测试的特殊性

随着移动互联网的迅速发展和移动应用的需求不断增加，越来越多的软件公司和互联网公司开始重点关注移动应用业务，智能手机和平板电脑等移动终端已逐渐取代人们日常生活中的个人计算机。很多移动设备生产厂商为了能够吸引用户的眼球，获得市场的占用率都在不断地推出新功能和特点。在这些设备上运行的应用软件逐渐地出现在用户的许多日常活动（如工作和娱乐）中，并提供了丰富的交互式体验。然而剧增的业务也为移动互联网行业带来了极大的挑战，主要表现为：移动应用软件测试难以满足业务发展需求，现有移动应用软件测试水平有限和业务管理缺乏统一的解决方案等。由此可见，移动应用软件测试技术对促进移动互联网产业健康稳定发展具有十分重要的意义。

移动应用软件测试从最初的由软件编程人员兼职测试到开发部门创建独立专职测试部门，测试工作也从简单测试逐渐演变为包含多项内容的正规测试。测试方式则由单纯手工测试发展为手动和自动并用，并有向第三方专业测试公司发展的趋势。目前移动应用软件测试的内容主要包括编制测试计划、编写测试用例、准备测试数据、编写测试脚本、实施测试、测试评估等。如何以最少的人力和资源投入在最短的时间内完成测试，以发现软件的缺陷和保证软件的优良品质，则是移动应用软件开发公司探索和追求的目标。

影响移动应用软件测试的因素很多，如软件本身的复杂程度、开发人员（包括分析、设计、编程和测试的人员）的素质、测试方法和技术的运用等。在测试时不可能进行穷举测试，所以应以最小的财力和物力投入在最短时间内以最低成本尽快发现软件的缺陷。要提高测试效率、节约测试时间，就必须设计完美的测试用例。测试用例是测试工作的指导，是软件测试必须遵守的准则，更是软件测试质量稳定的根本保障。所以只要参照测试用例实施都能保障测试的质量，这样就可以把人为因素对软件质量的影响减小到最小。

移动应用软件测试用例在设计的时候会考虑大量模拟移动终端用户的操作习性方面，也会有客户反馈的一些问题记录条目。这些总结累积在测试用例中既为后续的手机项目测试提供经验依据，也为移动应用软件的开发人员在设计新的软件功能时提供指导。使其从更人性化的角度设计移动应用软件，从而保证促进移动应用软件向着一个更成熟且更适合市场需求的方向发展。

8.2 移动应用软件测试用例的设计方法

对一个测试工程师来说，设计测试用例是一项必须掌握的能力，但有效地设计测试用例却是一种十分复杂的技术。设计者不仅要掌握软件测试技术和流程，而且要对整个移动应用软件有透彻的了解，包括应用软件的设计、软件的结构、功能规格说明、客户的习惯与需求，以及现有的测试资源等。测试用例的设计流程如图8-1所示。

第 2 篇 移动应用软件测试实践

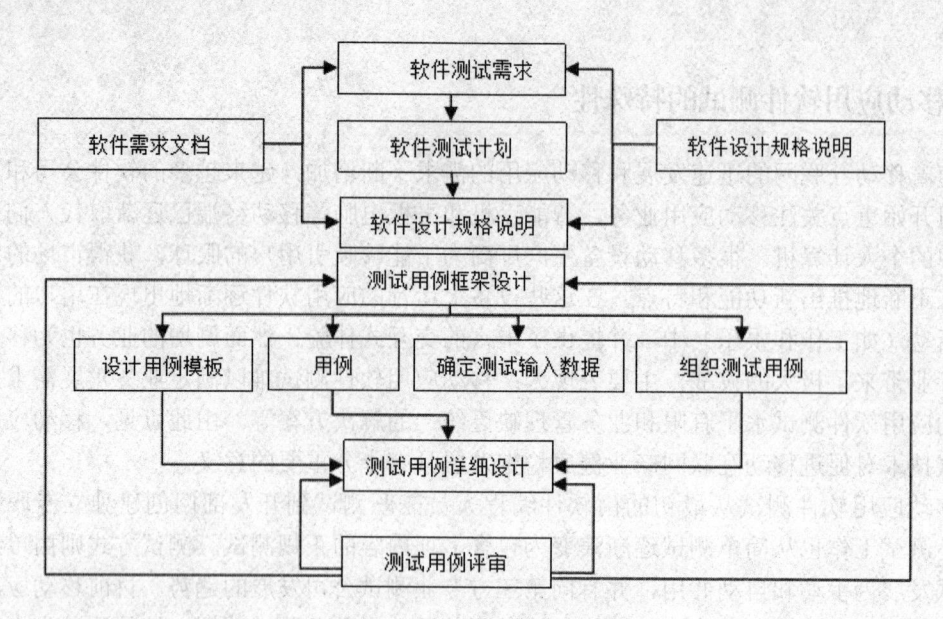

```
                        软件测试需求
                             ↓
  软件需求文档 →      软件测试计划      ← 软件设计规格说明
                             ↓
                      软件设计规格说明
                             ↓
                      测试用例框架设计
                ↓        ↓        ↓        ↓
          设计用例模板   用例   确定测试输入数据   组织测试用例
                ↓        ↓        ↓        ↓
                      测试用例详细设计
                             ↓
                        测试用例评审
```

图 8-1 测试用例的设计流程

从测试用例的设计流程中可以发现,其中最关键的一个环节就是"测试用例详细设计",每个测试项目都有多种设计方法,每种方法都有各自的特点。例如,针对主要测试功能的黑盒静态测试的测试用例设计方法有等价类划分、边界值法、因果图法、错误推断法、路径分析法等;针对主要测试代码的白盒动态测试的方法有逻辑覆盖法和基本路径测试法等。在根据测试需求和测试计划搭建测试用例的框架后要根据这个框架来选取合适的用例设计方法,如开发人员在开发应用软件时,很多缺陷都发生在输入和输出的边界上,因此针对移动终端用户在输出方面的边界操作上进行测试用例的设计会发现很多软件缺陷。这个时候可以用"边界值法"进行用例设计,即选取正好等于、刚刚大于或者刚刚小于边界值作为测试数据来设计就会达到测试的最佳效果。在选取正确的测试方法后,只要按图 8-2 所示的用例生成步骤即可生成完整的测试用例。

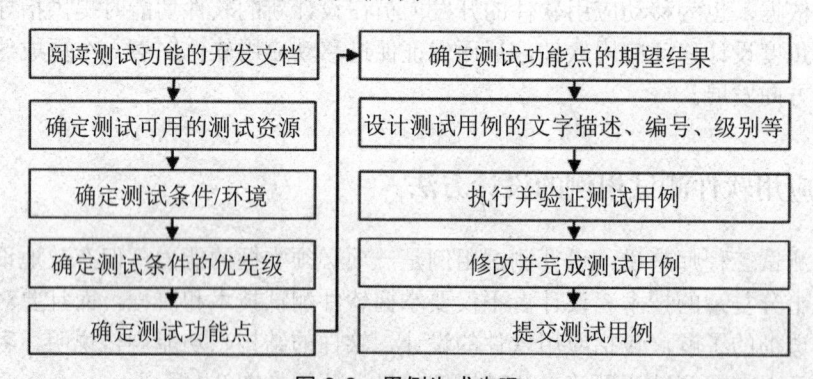

```
阅读测试功能的开发文档  →  确定测试功能点的期望结果
         ↓                          ↓
确定测试可用的测试资源     设计测试用例的文字描述、编号、级别等
         ↓                          ↓
   确定测试条件/环境            执行并验证测试用例
         ↓                          ↓
   确定测试条件的优先级          修改并完成测试用例
         ↓                          ↓
     确定测试功能点              提交测试用例
```

图 8-2 用例生成步骤

智能手机、PAD 等移动智能终端的出现改变了很多人的生活方式和对传统通信工具的需求,人们不再满足于手机的外观和基本功能的使用,而开始追求强大的操作系统带来更多、更强、更具个性化的社交化服务。与传统功能手机相比,智能手机以便携、智能等特

点使其在娱乐、商务、时讯及服务等应用功能上能更好地满足消费者对移动互联的体验，所以在设计测试智能手机这些功能的时候要充分考虑智能手机软件的操作特性及用户的操作习惯，从实际用户的操作思维出发思考和设计测试用例。

移动应用软件测试用例的设计技巧如下。

（1）测试用例条目的排列顺序。

测试人员在操作已经入库的测试用例的时候，测试条目的顺序有很大讲究。例如，在黑盒测试方法中安排边界值测试用例的时候，一般都是要让测试项达到边界值或者在时间及空间达到极限的情况下测试。如果安排开始测试，可能要花费大量的时间和精力达到这个边界值。实际上可以把边界值的测试用例放在靠后的位置，在测试其他项目的过程中累积这些边界值资源。这样既可以测试其他项，又可以为后面的边界值测试积攒时间和空间。从而有效地节约测试的人力成本和时间成本，大大提高测试效率。

（2）测试用例条目的等级分配。

设计测试用例的时候会根据操作的复杂程度、易用性、易操作性等来划分用例条目的等级，如 Q1 等级的用例可以是一些非常简单且常见的操作步骤；Q2 等级是稍微复杂的操作方法，虽然不常见，但也容易被用户用到；Q3 等级是一些比较复杂、需要前提条件较多或者是一些交互点较多的测试项，即用户基本上不大执行的操作。只要把用例按这些等级进行安排和分类就很容易根据一个手机软件的成熟度、测试时间、测试人员等来划分它的测试等级，如一个非常稳定成熟的软件只需要安排做 Q1 等级方面的测试即可。这样既节约了测试时间，也节约了测试人力。

（3）测试资源的有效利用。

测试资源指的是在测试过程中用到的一些人力资源、物料资源、网络资源、工具资源和文件资源等。在安排测试用例测试的过程中，有效地调用这些测试资源并且合理地分配和利用，为测试用例的操作过程服务，将会大大增加测试用例的可行性，测试用例执行效率也会大大提高。例如，在测试手机的"通讯录"模块和"通话"模块的时候都会用到大量电话簿中的信息资源。如果在设计这两个模块的测试用例的时候安排在一起交互进行测试，即避免在测试"通话"的时候用到"通讯录"的功能，在测试"通讯录"的时候用到"通话"的功能，可有效地节省人力和时间资源，减少测试成本。

（4）自动化测试用例和人工测试用例交互利用。

为了提高软件测试的有效性，软件工具开发人员也会提供一些自动化测试工具供测试人员使用。智能手机的操作系统可以利用一些工具进行压力测试，从而代替人工操作。例如，Monkey 测试工具可以连接手机后自动运行，操作手机的各项功能。测试相机的拍照功能可以用这个工具一直不停地拍照，以测试相机的抗压能力。人工测试相机的时候可以只根据测试用例测试其他一些用户的常用功能，两种测试用例的交互结果可以提升整体测试用例的全面性。更加快速且全面地发现软件存在的问题，进而提升软件的质量。

（5）测试用例的动态属性。

在移动应用软件测试过程中会经常发现一些软件的缺陷，这些缺陷要在测试过程中不断总结和归整。尤其是一些典型操作思路下出现的软件缺陷，有必要再次整理进新的测试用例中。所以完整的测试用例除了包含全面的测试项之外，还要对已发现问题进行总结并整理好用例条目，然后根据新发现的问题不断更新完善。即测试用例是动态的，不是静态

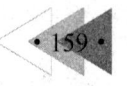

的，要及时更新，而不是一成不变。只有动态的测试用例才更符合千变万化的手机应用软件，才能更有效地发现软件存在的问题并且为软件的测试过程提供更加有效的保障。

8.3 移动应用软件测试的常用工具

Android 系统的自动化测试工具有很多，本节简单介绍 Monkey、MonkeyRunner、UIAutomator 和 TestWriter。

8.3.1 Monkey

Monkey 是 Android SDK 自带的测试工具，在测试过程中会向系统发送伪随机的用户事件流，如按键输入、触摸屏输入、手势输入等，作用是对应用软件进行压力测试。实际上该工具只能做一些压力测试，由于测试事件和数据都是随机的，不能自定义，所以有很大的局限性。

Monkey 的原意是猴子，其测试就像一只猴子乱敲键盘。通过 Monkey 模拟用户触摸屏幕、滑动 Trackball、按键等操作来对设备中的软件进行压力测试，以检测软件多久的时间会发生异常。

Monkey 在 Android 文件系统中的存放路径及文件名是/system/framework/monkey.jar，它由一个名为"monkey"的 Shell 脚本来启动执行，该脚本在 Android 文件系统中的存放路径是/system/bin/monkey。

可以在 PC 的命令窗口中执行 adb shell monkey {+命令参数}，也可以在 PC 的 adb shell 中进入 Android 系统后执行 monkey{+命令参数}命令执行 Monkey 测试,还可以在 Android 机或者终端模拟器上直接执行 monkey 命令（可在 Android 机上安装 Android 终端模拟器）。

Monkey 运行在设备或模拟器中，可以脱离 PC 运行（普遍做法是将 Monkey 作为一个类似待测应用发送随机按键消息的测试工具，验证待测应用在这些随机性输入时是否会闪退或者崩溃）。Monkey 的架构如图 8-3 所示。

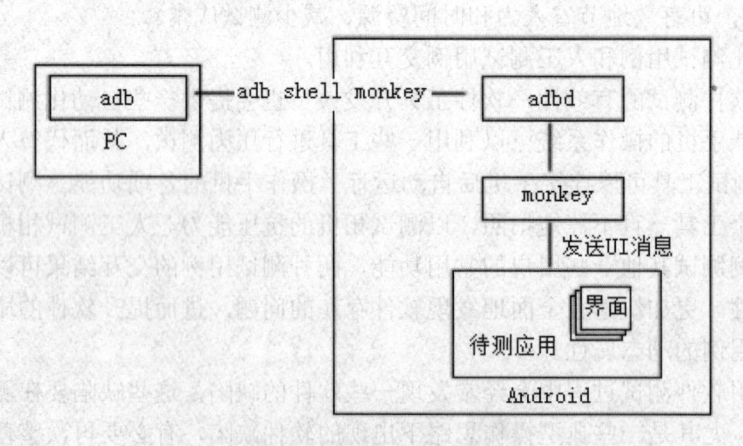

图 8-3 Monkey 的架构

8.3.2 MonkeyRunner

MonkeyRunner 是 Android SDK 提供的一个测试工具，严格意义上来说是一个 API 工具包。它比 Monkey 强大，可以编写测试脚本来自定义数据、事件；不足是脚本用 Python 编写，对测试人员来说要求较高，有比较大的学习成本。

MonkeyRunner 提供了一个 API，用其编写的软件可以在 Android 代码之外控制 Android 设备和终端模拟器。通过 MonkeyRunner 可以编写一个 Python 程序来安装 Android 应用软件或测试包，运行该软件并向其发送模拟点击。然后截取其用户界面图片，并将截图存储在工作站中。

MonkeyRunner 工具主要用于测试功能/框架水平上的应用软件和设备，或用于运行单元测试套件。

Monkey 与 MonkeyRunner 的区别主要是，前者直接运行在设备或终端模拟器的 adb shell 中，生成用户或系统的伪随机事件流；后者在工作站上通过 API 定义的特定命令和事件控制设备或终端模拟器。

MonkeyRunner 主要包括如下 3 个模块。

（1）MonkeyRunner：提供用于连接 MonkeyRunner 和设备或终端模拟器的方法，以及用于创建用户界面显示的方法。

（2）MonkeyDevice：代表一个设备或模拟器，为安装和卸载包、开启 Activity、发送按键和触摸事件、运行测试包等提供了方法。

（3）MonkeyImage：为截图、将位图转换成多种格式、对比两个 MonkeyImage 对象、将图片保存到文件等提供了方法。

运行 MonkeyRunner 之前先引用导入 API，代码如下：

```
from com.android.monkeyrunner import <module>
```

运行 MonkeyRunner 方式 1：在 CMD 命令窗口中直接运行 monkeyrunner，命令如下：

```
monkeyrunner -plugin <plugin_jar> <program_filename> <program_options>
```

运行 MonkeyRunner 方式 2：使用 Python 编写测试代码文件在 CMD 命令窗口中执行 monkeyrunner Findyou.py 运行。

不论使用哪种方式，都需要调用 SDK 目录的 tools 子目录下的 monkeyrunner 命令。

> **注意**：在运行 monkeyrunner 之前必须首先运行相应的终端模拟器或连接真机，否则 monkeyrunner 无法连接到设备。

8.3.3 Instrumentation

Instrumentation 是 Google 早期提供的 Android 自动化测试工具，虽然当时 JUnit 也可以对 Android 进行测试，但是 Instrumentation 允许对应用软件做更为复杂的测试，甚至是框架层面的。通过 Instrumentation 可以模拟按键按下、抬起、屏幕单击、滚动等事件，它通过将主程序和测试软件运行在同一个进程来实现这些功能。可以把 Instrumentation 看成一个类似 Activity 或者 Service 并且不带界面的组件，在软件运行期间监控主程序；不足是对测试人员编写代码的能力要求较高，需要对 Android 相关知识有一定了解，还需要配置 AndroidManifest.xml 文件并且不能跨多个 App。

Android 提供了对 Instrumentation 测试的基本支持，测试框架的继承树已经集成在 Android SDK 中，如图 8-4 所示。

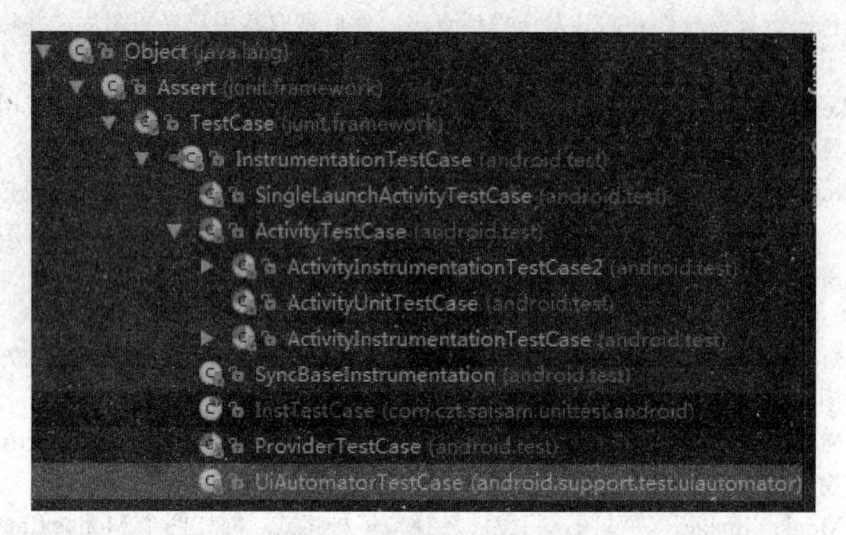

图 8-4 测试框架的继承树

可以看到主要有 ActivityUnitTestCase 和 ActivityInstrumentationTestCase。两者作用类似，只不过前者需要一个界面，而后者可理解为一种没有图形界面并具有启动能力且用于监控其他类（用 Target Package 声明）的工具类。

8.3.4 UIAutomator

UIAutomator 是 Android 提供的自动化测试框架，用来帮助开发人员更有效地完成 App 的 Debug 工作。它基本上支持所有的 Android 事件操作，对比 Instrumentation，不需要测试人员了解代码实现细节（可以用 UIAutomatorviewer 抓取 App 页面上的控件属性而不看源码）。该工具基于 Java，测试代码结构简单、编写容易，一次编译所有设备或终端模拟器都能运行测试，能跨 App（如很多 App 有选择相册和打开相机拍照操作）测试；不足是只支持 SDK 16（Android 4.1）及以上版本，不支持 Hybyrd App 和 WebApp。

UIAutomator 提供了以下两种工具来支持 UI 自动化测试。

（1）uiautomatorviewer：用来分析 UI 控件的图形界面工具，位于 SDK 目录下的 tools 文件夹中。

（2）uiautomator：一个 Java 库，提供执行自动化测试的各种 API。

8.3.5 TestWriter

TestWriter 是上海博为峰公司结合多年为企业做测试服务的经验所研发的一款具有自

主知识产权的自动化测试工具，可跨 Web、Android、iOS 三种平台为企业用户提供低成本、高效率的自动化测试工具，并且引领软件测试自动化运用由技术层面向业务层面转变。用户可在 TestWriter 中通过统一图形化界面轻松创建测试计划，并驱动执行引擎完成自动化测试任务，从而有效降低测试人员能力要求及脚本维护工作量，让自动化测试更简单，更专注于业务。可以说 TestWriter 是一款零编码，测功能、测回归、测兼容性的自动化测试神器，具有以下 4 个特点。

（1）完全零编码：TestWriter 引入对象库，支持对页面元素的智能分析，并且自动生成操作对象库或通过简单的单击生成操作对象库。

（2）图形化界面：通过图形化界面对测试对象、测试步骤、用例等层层封装映射，清晰理清业务关系，而业务变动、界面调整时仅需修改相应的业务库内容。

（3）简单易操作：支持分布式测试，通过拟定计划、自动匹配测试环境并分配执行机器。无需测试人员干预，轻松实现自动定期回归。而且跨 Web、Android、iOS 三种平台，所以测试无压力。

（4）结果更直观：实时查看执行情况、自动记录测试结果，并对错误步骤进行问题分析及错误时用户界面截图。

★ 本章小结 ★

1. 目前移动应用软件测试内容主要包括编制测试计划、编写测试用例、准备测试数据、编写测试脚本、实施测试、测试评估等。

2. 移动应用软件测试用例在设计的时候就要考虑大量模拟移动终端用户的操作习性方面，也会有客户反馈的一些问题记录条目，这些总结累积在测试用例中为后续的测试提供经验依据。

3. 移动应用软件测试用例设计应该在基于测试需求和测试计划搭建测试用例的框架后根据这个框架来选取合适的方法。

4. 移动应用软件测试用例设计的技巧分别从测试用例条目的排列顺序、测试用例条目的等级分配、测试资源的有效利用问题、自动化测试用例和人工测试用例交互利用、测试用例的动态属性等着手。

5. Android 的自动化测试工具有很多，其中比较常用的有 Monkey、MonkeyRunner、Instrumentation、UIAutomator 和 TestWriter。

目 标 测 试

一、单项选择题

1. 以下关于 Instrumentation 描述错误的是（　　）。

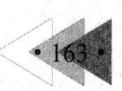

A. Instrumentation 是 Android Studio 自带的测试框架

B. 不可以使用 Instrumentation 进行 Android 应用的单元测试

C. 可以使用 Instrumentation 进行 Android 应用的自动化测试

D. Instrumentation 是针对 Android 系统的 JUnit 扩展

2. 下列关于 UIAutomator 说法错误的是（　　）。

A. 采用的开发平台是 Android Studio

B. 采用 C 语言编写脚本

C. 用来做 UI 测试

D. 最大特点是可以跨进程操作

3. 下列不是 TestWriter 特点的是（　　）。

A. 零编码　　　　　　　　　　　　B. 跨平台易操作

C. 测试执行需要值守　　　　　　　D. 高覆盖率

二、填空题

1. 移动应用软件测试的内容主要包括_____、_____、_____、编写测试脚本、_____、测试评估等。

2. 比较常用的 Android 的自动化测试工具包括 Monkey、_____、_____、UIAutomator 等。

3. Monkey 程序由_____自带，使用_____语言写成。

4. MonkeyRunner 是_____提供的一个测试工具

5. UIAutomator 是 Android 提供的_____。

6. TestWriter 是一款_____、_____、_____、测试兼容性的自动化测试神器。

三、简答题

1. 移动应用软件测试用例设计的技巧是什么？

2. 在用 Monkey 工具进行压力测试时，如何设置运行时间为 10 min？

3. 设置 Monkey 的默认级别使用什么参数？

第 8 章目标测试参考答案

第9章　移动应用软件常用功能测试实践

学习目标

※ 了解移动应用软件的特点，掌握其主要功能。
※ 掌握移动应用软件中各常用功能的测试方法。

思维导图

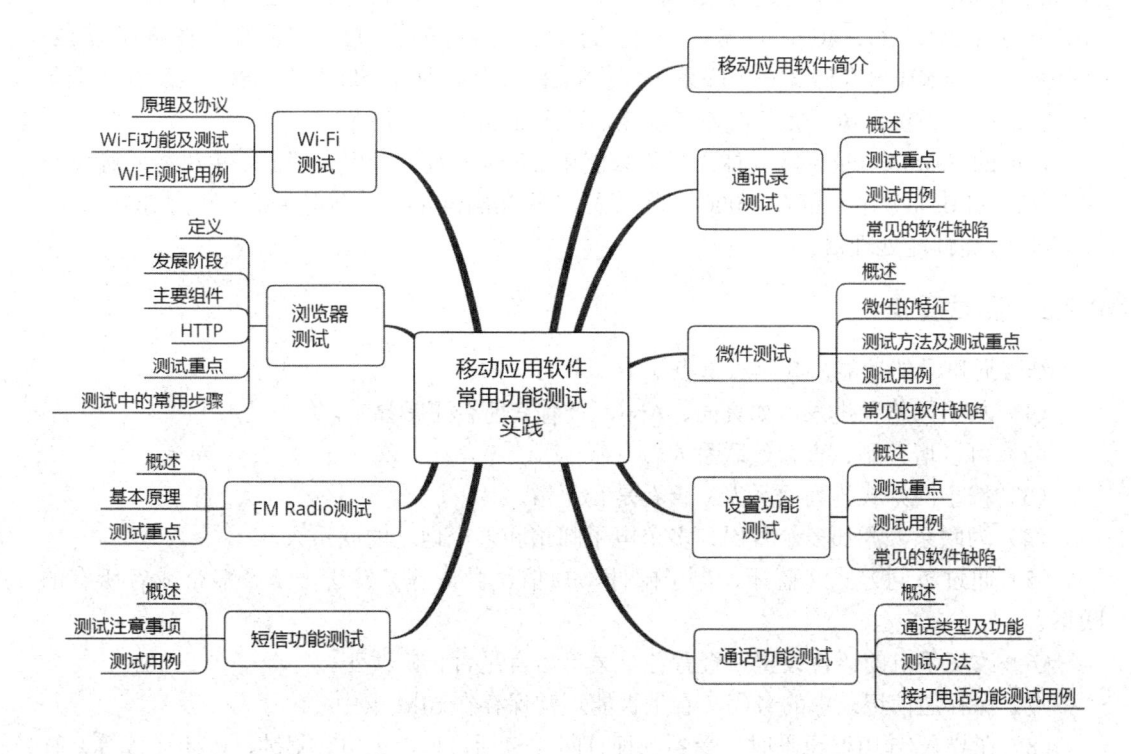

- 移动应用软件常用功能测试实践
  - 移动应用软件简介
  - 通讯录测试
    - 概述
    - 测试重点
    - 测试用例
    - 常见的软件缺陷
  - 微件测试
    - 概述
    - 微件的特征
    - 测试方法及测试重点
    - 测试用例
    - 常见的软件缺陷
  - 设置功能测试
    - 概述
    - 测试重点
    - 测试用例
    - 常见的软件缺陷
  - 通话功能测试
    - 概述
    - 通话类型及功能
    - 测试方法
    - 接打电话功能测试用例
  - 短信功能测试
    - 概述
    - 测试注意事项
    - 测试用例
  - FM Radio测试
    - 概述
    - 基本原理
    - 测试重点
  - 浏览器测试
    - 定义
    - 发展阶段
    - 主要组件
    - HTTP
    - 测试重点
    - 测试中的常用步骤
  - Wi-Fi测试
    - 原理及协议
    - Wi-Fi功能及测试
    - Wi-Fi测试用例

9.1 移动应用软件简介

广义的移动应用软件包含个人应用及企业级应用,狭义的移动应用软件指企业级商务应用。移动应用以移动网络为承载,用户能够在任何有网络的地方通过手机、PDA 等轻便的手持设备终端使用应用系统和利用网络信息资源,实现移动办公。

移动应用软件的特点是随时随地可用,和传统应用的本质差别是终端和网络的不同。智能手机设备终端可以像个人电脑一样具有独立的操作系统和独立的运行空间,可以由用户自行安装软件、游戏、导航等第三方服务商提供的软件,并可以通过移动通信网络来连接互联网。

9.2 通讯录测试

9.2.1 概述

手机通讯录(PhoneBook,简称通讯录)主要用于记录详细的通信资料,在手机中相当于一条线贯穿其使用过程。它与电话、信息等重要功能都有密切的联系,可以帮助用户存储、管理、搜索联系人。

通讯录中的电话号码主要存储在手机内存和 SIM(Subscriber Identity Module,客户识别模块)卡中,其存储量与手机的型号、SIM 卡的大小都有关系。

SIM 卡也称为"智能卡"或"用户身份识别卡",GSM(Global System for Mobile Communications,全球移动通信系统,简称"全球通")数字电话机必须装上此卡。目前 SIM 卡可分 2G、3G、4G、5G 卡,一般超过 512 KB 称为"STK 卡"。32 KB 可存储 125 个联系人,64 KB 可存储 250 个联系人,128 KB 可存储 500 个联系人。5G 超级 SIM 卡是超大容量的,不仅保留了完整的通信功能,甚至还加入了存储芯片。

以前的 Feature Phone(功能手机)只能用 2G 卡,没有专用处理器。手机号码存储在闪存(Nand flash)中,可存 1 000 个联系人。而 Smart Phone(智能手机)可用 3G、4G、5G 卡,有高性能处理器。

9.2.2 测试重点

结合通讯录的功能,其测试重点如下。

(1)从不同路径进入,如桌面、App,查看其能否正常显示。
(2)可以增、删、查、改联系人。
(3)按不同方式排列联系人,查看是否正常。
(4)为联系人添加多个号码、多个电子邮箱和多个地址的联系人。
(5)通过不同方式(蓝牙、电子邮件、短信、微信等)发送一个、多个或者所有的联系人。
(6)改变手机的语言设置,查看各个菜单语言是否正确改变。
(7)保存通信记录中的号码,看是否能正常保存在 SIM 卡中。
(8)在导入/导出通讯录时,受到各种打断(包括短信、来电、闹钟、蓝牙连接等)时查看是否正常。

（9）把 SIM 卡、存储卡存满，再导入联系人到 SIM 卡或存储卡查看是否正常。

注：一个联系人有 3 个号码，当把该联系人导入到 SIM 卡中后 SIM 卡中应该显示 3 个联系人，即一个号码对应一个联系人。

9.2.3 测试用例

【案例 1】添加电话记录。

添加电话记录测试用例如表 9-1 所示。

表 9-1 添加电话记录测试用例

用例 ID	TC-1	用例名称	添加电话记录
用例描述	（1）测试添加通讯录姓名的正确性 （2）测试添加通讯录电话号码的正确性		
用例条件	（1）手机+SIM 卡 （2）开机待机状态 （3）充电器 （4）网络信号正常		
测试目的	测试 SIM 卡中添加记录的状态和操作所有添加记录后的状态		
详细的测试用例			

用例编号：ID	测试项目	测试步骤	期望结果	备注
PhoneBook_1	输入姓名	（1）打开通讯录，单击"添加联系人" （2）使用任意输入法添加汉字、数字，达到姓名允许的最大字节 （3）输入电话号码"0512-123456"	添加成功	
PhoneBook_2	输入姓名	（1）打开通讯录，单击"添加联系人" （2）使用任意输入法添加汉字、数字，超出姓名允许的最大字节 （3）输入电话号码"0512-123456"	添加失败	
PhoneBook_3	输入电话	（1）打开通讯录，单击"添加联系人" （2）输入姓名"Test" （3）输入电话号码至最大值	添加成功	
PhoneBook_4	输入电话	（1）打开通讯录，单击"添加联系人" （2）输入姓名"Test" （3）不输入电话号码	添加失败	
PhoneBook_5	输入电话	（1）打开通讯录，单击"添加联系人" （2）输入姓名"Test" （3）输入电话号码为汉字、字母	有警告提示信息，添加失败	
PhoneBook_6	输入电话	（1）打开通讯录，单击"添加联系人" （2）输入姓名"Test"。 （3）输入电话号码为特色字符，如"#"	有警告提示信息，添加失败	
...	...	...	...	...

【案例 2】查找电话记录。

查找电话记录测试用例如表 9-2 所示。

表 9-2 查找电话记录测试用例

用例 ID	TC-2	用例名称	查找电话记录
用例描述	（1）测试查找通讯录信息的有效性 （2）检查找到的号码是否正确 （3）检查找到的号码的存储位置是否正确		
用例条件	（1）手机+SIM 卡 （2）开机待机状态 （3）充电器 （4）网络信号正常		
测试目的	测试 SIM 卡中查找记录的状态和操作所有查找记录后的状态		
详细的测试用例			

用例编号：ID	测试项目	测试步骤	期望结果	备注
PhoneBook_1	按全名查找某人的通信信息	（1）打开通讯录 （2）在搜索框中输入一个已存在的完整的姓名进行查找	查找成功	
PhoneBook_2	按拼音首字母查询	（1）打开通讯录 （2）中文拼音首字母查询	查找成功	
PhoneBook_3	查询已存的号码	（1）打开通讯录 （2）输入某个已存号码进行查找	查找成功	
PhoneBook_4	查询未存的号码	（1）打开通讯录 （2）输入未存号码进行查找	查找失败	
PhoneBook_5	分组查询	（1）打开通讯录 （2）对已存家人组号码进行查询	查找成功	
PhoneBook_6	分组查询	（1）打开通讯录 （2）对未分类组进行号码查询	查找失败	
…	…	…	…	…

【案例 3】修改电话记录信息。

修改电话记录信息测试用例如表 9-3 所示。

表9-3 修改电话记录信息测试用例

用例ID	TC-3	用例名称	修改记录
用例描述	测试记录修改的正确性		
用例条件	（1）手机+SIM卡 （2）开机待机状态 （3）充电器 （4）网络信号正常		
测试目的	测试记录修改状态和操作所有修改记录后的状态		
详细的测试用例			

用例编号：ID	测试项目	测试步骤	期望结果	备注
PhoneBook_1	修改单条记录	（1）打开通讯录 （2）修改某一条记录的信息，包括姓名和电话号码	修改成功	
PhoneBook_2	修改连续多条记录	（1）打开通讯录 （2）修改多条记录的信息，包括姓名和电话号码，修改后的姓名在原记录中不存在	修改成功	
PhoneBook_3	修改连续多条记录	（1）打开通讯录 （2）修改多条记录的信息，包括姓名和电话号码，修改后的姓名在原记录中已存在	修改失败	
…	…	…	…	…

【案例4】删除电话记录信息。

删除电话记录信息测试用例如表9-4所示。

表9-4 删除电话记录信息测试用例

用例ID	TC-4	用例名称	删除记录
用例描述	测试删除记录后的正确性		
用例条件	（1）手机+SIM卡 （2）开机待机状态 （3）充电器 （4）网络信号正常		
测试目的	测试记录删除状态和操作所有删除记录后的状态		
详细的测试用例			

（续表）

用例编号：ID	测试项目	测试步骤	期望结果	备注
PhoneBook_1	删除单条记录	（1）打开通讯录 （2）删除列表中的某条记录	删除成功	
PhoneBook_2	删除单条记录	（1）打开通讯录 （2）手机中记录为空时，删除列表中的某条记录	有提示信息，删除失败	
PhoneBook_3	删除单条记录	（1）打开通讯录 （2）手机中记录为一条时，删除后提示记录为空	有提示信息，删除成功	
PhoneBook_4	删除多条记录	（1）打开通讯录 （2）删除 SIM 卡中的多条记录	删除成功	
PhoneBook_5	修改多条记录	（1）打开通讯录 （2）删除通讯录中的所有记录	删除成功	
…	…	…	…	…

9.2.4 常见的软件缺陷

在测试通讯录模块过程中常见的软件缺陷如下。
（1）将 Micro SD 卡存满，导入到 Micro SD 卡时报错。
（2）将通话记录中的一个陌生号码增加到 SIM 卡中某联系人中，出现错误。
（3）当在导入或者导出的时候闹钟响，导入或者导出自动停止。
（4）联系人中的铃声播放不正常，其中有相同名字的铃声。

9.3 微件测试

9.3.1 概述

微件（Web Widget，简称 Widget）是实现一个特定功能的视图部件（小插件），可以嵌入到其他应用软件或手机人机交互的界面中。例如，桌面、接收定时更新等。它可以利用手机特性向用户提供实用、快捷、方便、有趣、高效、高速的独到服务，帮助用户体验各种应用软件，以及网络和移动信息服务。微件在主屏幕上显示自定义的界面布局，在后台周期性地更新数据，并根据这些更新的数据修改主屏幕的显示内容。

微件可以有效地利用手机的屏幕，快捷、方便地浏览信息，为用户带来良好的交互体验。它是 Android 1.5 引入的新特性，发展到 Android 10.0 已经有很大的进步和改变。例如，在 Android 3.1 引入的更改微件尺寸功能，以及 Android 4.0 增加的自动设置边界功能。Widget 在主屏幕上可以出现多个相同的副本，也可以根据用户的设置产生尺寸、布局、刷新速率和更新逻辑完全不同的副本，将微件设计成多个界面风格的版本有助于适应不同用户的喜好。目前微件在 Android 智能手机和平板电脑中具有非常广泛的应用，包括通过微件实现的微博客、RSS（Really Simple Syndication，简易信息聚合）订阅器、股市信息、天气预报、日历、时钟、信息提醒、电量显示、邮件、便签、音乐播放、相册和新闻等。在 Android 4.0 以上的系统中自带了多个微件，包括时钟、书签、音乐播放器、相框和搜索栏等。在微件列表中可以查看所有微件，通过长时间单击微件，可以将其添加到主屏幕上。

9.3.2 微件的特征

微件的特征如下。
（1）文件较小，方便嵌入终端快速运行。
（2）依附于某个软件或平台而存在，一般不是单纯的软件。
（3）和网络应用紧密相关，一般是某个网站或服务的部分或全部功能在终端设备的延伸。
（4）能够主动从互联网获取信息。
（5）有多种呈现形式，如幻灯秀、视频、地图、新闻、小游戏等。
（6）将狭窄单调的浏览器窗口变为广阔绚丽的桌面空间。
常见的微件如下。
（1）Facebook、YouTube Widget：为特定的大型 SNS（Social Networking Services，社交网络服务）网站开发的专用微件，一方面为这些社区的用户提供服务；另一方面可以快速获得自己的用户。
（2）RSS 订阅 Widget：RSS 订阅是站点用来和其他站点之间共享内容的一种简易方式。RSS 会收集并组织定制的新闻，按照客户希望的格式、地点、时间和方式直接传送到客户的计算机中。
（3）股市信息 Widget：为股民提供股票的实时股价。
（4）天气预报 Widget：显示客户定制地区的天气预报。
（5）时钟 Widget：在桌面上显示当前时间。
虽然微件和 App 都与平台有关系，但其特性完全不同。App 主要偏重于操作，而微件更加注重于展现；另外，微件是平台的附属，与完成的功能平台功能有极大的关联性。它的推出是帮助平台弥补功能或推广，如豆瓣的书评和微博的签名插件；App 独立性很强，它利用平台的资源实现自己的功能或推广，是菜单界面所有应用软件的另一种表现方式。例如，"愤怒的小鸟"利用 iOS 和 Android 平台的资源和触摸特性。

9.3.3 测试方法及测试重点

1. UI 测试

测试人员在测试自己负责的模块时最先想到的应该就是 UI（User Interface，用户界面）测试，手机的 UI 是直接影响用户使用舒适度的首要因素。只有 UI 让用户满意，用户才可能更深层次地了解手机的功能，所以 UI 测试很重要。

2. 规范性测试

规范性测试是系统测试的一部分，它根据测试用例来执行测试的过程，包括功能测试、交互测试和压力测试等基本测试。

3. 自由测试

自由测试一般是在系统测试后期执行，而不是根据测试用例测试。有经验的测试人员在后期会更深入地去发现软件中的缺陷，目的是为了弥补系统测试用例的不足，覆盖测试用例没有覆盖之处。

结合微件的特点，在其测试过程中的要点如下。

（1）用不同的方式进入微件（长按或者是菜单键 ADD）。

（2）微件是否可以正常添加和删除、有无报错、主屏幕上最多可以添加多少个微件。

（3）微件信息是否显示正确并及时更新（如时钟微件在桌面上显示当前的时间、天气微件可以显示定制地区的天气预报，还有桌面搜索微件和会话微件等）。

（4）微件是否能被拖动（从第 1 个到最后一个桌面）。

（5）从微件是否可以进入对应的 App。

（6）在桌面上添加插入后重新开关机，微件是否在桌面上显示。

（7）添加微件时插入电话、信息、电子邮件、蓝牙配对请求、充电、个人免提装置、音乐等。

（8）将微件添加至满后查看是否可以继续添加。

（9）查看微件是否可以预览。

（10）添加微件时，按菜单键查看是否会出现异常情况，并正常返回。

（11）是否可以对微件进行缩放，或者设置其属性。

9.3.4 测试用例

结合上面所述的微件测试重点，以天气微件为例列举部分功能测试用例。

【案例】天气微件测试用例。

天气微件测试用例如表 9-5 所示。

表 9-5　天气微件测试用例

用例 ID	TC-1	用例名称	天气微件测试
用例描述	（1）测试各种状态下天气微件的有效性 （2）测试天气微件在桌面的显示设置		
用例条件	（1）手机+SIM 卡 （2）开机待机状态 （3）充电器 （4）网络信号正常		
测试目的	测试天气微件的显示		
详细的测试用例			

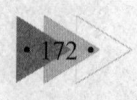

（续表）

用例编号：ID	测试项目	测试步骤	期望结果	备注
WidgetTest_1	Home Screen 添加天气 Widget	（1）打开手机，进入手机主界面 （2）单击"天气"进入 （3）进入主界面后单击右上角的符号，添加城市"上海"，显示该地区天气 （4）返回手机主界面，长按手机空白处打开桌面设置菜单，单击添加天气微件	主界面添加成功	
WidgetTest_2	Home Screen 添加天气 Widget	（1）在主界面中的添加天气微件 （2）手机关机重启	天气微件仍在主界面	
WidgetTest_3	Home Screen 删除天气 Widget	（1）删除主界面中的天气 （2）关闭手机，再重启	主界面没有天气微件	
WidgetTest_4	天气 Widget 的天气更新正常	（1）在主界面中打开天气微件中查看当天的天气预报 （2）次日检测天气微件的信息是否更新	天气预报及时更新	
...	...	...	...	...

9.3.5 常见的软件缺陷

在微件测试过程中常见的软件缺陷如下。
（1）添加微件至桌面，手机报错。
（2）在微件列表界面按菜单键起到返回作用。
（3）添加 Tools 微件，其状态和设置不一致。
（4）添加到桌面的微件功能不可用，如不可进入或者缩放不成功。
在微件列表界面中执行打断测试，微件列表消失。这不是缺陷，与参考机一致。

9.4 设置功能测试

9.4.1 概述

手机的设置（Settings）功能主要包括各项属性的基本调整和功能的开关，是用户根据个人喜好对手机进行定制的最方便的入口。也是用户在日常生活中使用频率最高的模块之一，因此其稳定性与修改定制对于开发人员来说尤为重要。

在目前的移动设备中，Settings 界面除了主题定制的颜色图标等差别外还存在两种形式，即单页形式和分页形式。前者为主要形式，而在平板电脑等大屏设备中则更多采用后者，两种形式分别如图 9-1 和图 9-2 所示。

图 9-1 单页形式   图 9-2 分页形式

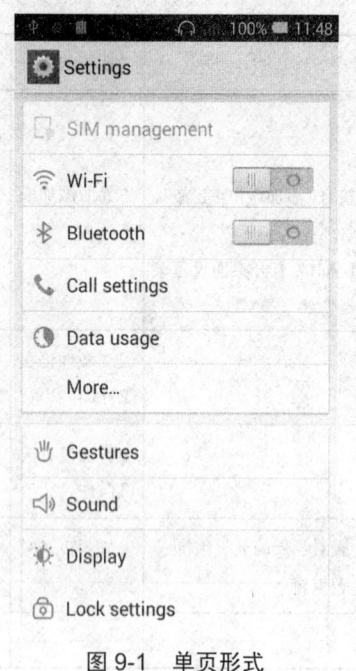

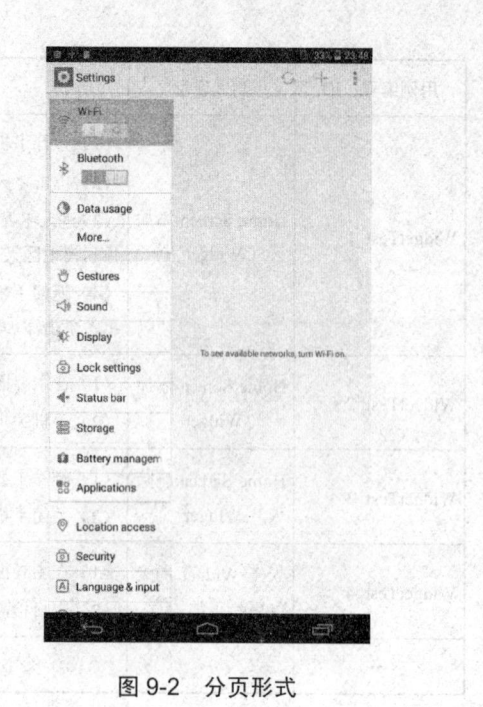

在原生的 Android 4.0 以后的系统中将设置主要分为如下 4 个部分。

(1) WIRELESS & NETWORKS：SIM 卡管理、流量使用情况、飞行模式、VPN、网络共享等。

(2) DEVICE：情景模式、显示、存储、电池、应用程序等。

(3) PERSONAL：账户与同步、位置服务、安全、语言和输入法、备份和重置等。

(4) SYSTEM：日期和时间、定时开关、辅助功能、开发人员选项、关于手机等。

各个设置模块的作用如下。

(1) 蓝牙和 Wi-Fi 开关：用于设置蓝牙和 Wi-Fi 的开或关，蓝牙和 Wi-Fi 开关时通知栏、状态栏及微件会进行同步。

(2) Data usage：数据流量的使用情况，其中包含运营商流量和 Wi-Fi 的数据流量的使用情况。

(3) SMS counter：SMS 计数器，提示发送的短信数量。可以按照每月和每周设置，包含警告等级和上限。上限必须大于警告等级，当达到警告等级和上限时都会有一个提醒。

(4) Call settings：通话设置，主要是电话拨号、呼叫等待、呼叫转移等设置。

(5) Display：显示设置，主要包含背光灯、壁纸、自动旋转屏幕、字体大小、主题等设置，在设置壁纸时要注意动态壁纸和从图库中选择图片。

(6) Storage：存储，主要包含手机记忆库、内部海量存储和 Micro SD 卡存储设置。用户安装的 App 一般都会占用手机内存，而手机内存一般不能太满。内部海量存储可以存储音乐和图片等，和 Micro SD 卡的功能相同。

(7) Battery：电池管理，查看电池的相关信息，还有一个延迟待机模式（Extended Standby Mode）用于优化电池寿命。

(8) App：应用程序，主要包含 Download（已下载）、Internal（内部存储）、Running

（正在运行）、All（全部）设置。

（9）Location service：位置服务，用于 GPS 卫星定位搜索设置。

（10）Security：安全，有关屏幕锁、SIM 卡 PIN 号码锁、安全证书等一些重要设置，易出现缺陷。

（11）Language & input：语言和输入法设置。

（12）Backup & reset：备份和重置，其中主要是恢复出厂设置。

（13）Date & time：日期和时间，其中包含自动更新时间和时区、时间的格式和日期的格式设置。

（14）Accessibility：辅助功能，其中的 TalkBack 是语音提示，专门为盲人或者视力障碍者提供语音提示，告诉用户选择的内容。

（15）Developer options：开发人员选项，包括 USB 调试、显示 CPU 使用情况、窗口动画缩放和后台限制等设置。

（16）About phone：关于软件更新、状态信息（电话号码及信号等），以及版本信息、型号等设置。

（17）Mobile network：移动网络，可以启用数据流量和接入点名称。网络模式包含 3G、4G、5G 及相关协议支持，网络运营商包含自动和手动搜索。

9.4.2　测试重点

手机设置功能包含众多的属性和功能设置，其中重点测试声音、屏幕锁、SIM PIN 号码等。

声音设置中主要包含音量的调节、手机铃声、信息提示音、拨号键盘音效（Dial pad touch tones）、触摸提示音（Touch sounds）、锁屏提示音（Screen lock sound），以及触摸时振动（Vibrate on touch）这些声音设置的开启和关闭。

测试声音时要注意手机铃声和信息提示音中每种声音或者名称有没有重复的，以及默认铃声和设置铃声是否有重复的；另外注意在静音或者振动模式下来电铃声是否正常。在选择铃声和信息提示音时可以通过音乐库选择自定义音乐，在选择音乐时注意是 Micro SD 卡还是手机内的音乐。

屏幕锁主要包含 None、Slide、Pattern、PIN（Personal Identification Number，个人识别码）、Password，其中，None 是没有屏幕锁；Slide 是滑动屏幕锁，一般默认为滑动；Pattern 是图案锁屏，是为了防止他人未经许可使用自己的手机，在屏幕上用手指任意顺序至少连接 4 个点；PIN 设置只能输入数字，无法输入字符串和特殊字符，输入数字的范围是 4～16 位，多或者少了都会出现提示信息；Password 设置可以输入任何字符，范围也是 4～16 位。Pattern、PIN、Password 的锁屏界面都有紧急拨号出现，拨打紧急拨号要查看是否正常，如输入 5 次错误屏幕锁后会提示 30 s 后才能重试。在设置屏幕锁过程中要注意旋转屏幕后取消和继续按键是否正常，有时会没有这两个按键。设置完成后再次进入设置后注意会不会出现闪屏。屏幕锁中还有拥有者信息、自动锁屏等设置，屏幕锁模块会经常出现缺陷，要十分注意。

PIN 码是 SIM 卡的个人识别密码，运营商设置的原始密码一般是 1234 或 0000。如果开启 PIN，那么每次开机后都要输入 PIN 码，PIN 码主要用来保护自己的 SIM 卡不被他人使用。关于PIN码说明如下。

（1）PIN码只能输入数字，范围是1~8位，PIN码未开启时无法更改。

（2）PIN码只能输入3次，超过3次手机便会自动锁死SIM卡并提示输入PUK（PIN Unlocking Key，PIN解锁钥匙）码。PUK码由8位数字组成，用户无法更改，并且只有10次输入机会，出现10次错误时，SIM将被永久锁死。

（3）PIN2是在进入某种特殊功能（如固定拨号和设置通话计费等）时所要输入的个人识别码。PIN2即使被锁也不会影响SIM的正常使用，但是其该功能无法使用，PIN2码被锁后可以用PUK2解锁。

9.4.3 测试用例

本节列出声音设置、无线和网络设置的部分测试用例。

【案例1】声音设置测试用例。

声音设置测试用例如表9-6所示。

表9-6 声音设置测试用例

用例ID	TC-1	用例名称	声音设置
用例描述	测试声音设置的正确性		
用例条件	（1）手机+SIM卡 （2）开机待机状态 （3）充电器 （4）网络信号正常		
测试目的	验证声音设置状态		
详细的测试用例			

用例编号：ID	测试项目	测试步骤	期望结果	备注
SoundSetting_1	铃声	设置铃声大小、选择铃声，拨打该手机	铃声正确、铃声大小正确	
SoundSetting_2	闹钟铃声	设置闹钟声音大小、选择铃声	准时闹钟，铃声播放正确	
SoundSetting_3	通话声音	开启飞行模式拨打紧急电话	拨打成功	
SoundSetting_4	静音模式	开启静音模式，拨打该手机	显示来电，没有铃声	
SoundSetting_5	静音时振动	开启静音时振动模式，拨打该手机	显示来电，手机振动	
...	...	...	...	...

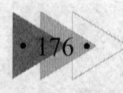

【案例 2】无线和网络设置测试用例。

无线和网络设置测试用例如表 9-7 所示。

表 9-7 无线和网络设置测试用例

用例 ID	TC-2	用例名称	无线和网络设置
用例描述	测试无线和网络设置的正确性		
用例条件	（1）手机+SIM 卡 （2）开机待机状态 （3）充电器 （4）网络信号正常		
测试目的	验证无线和网络的开启/关闭状态，以及连接状态		
详细的测试用例			
用例编号：ID	测试项目	测试步骤	期望结果	备注
WirelessSetting_1	飞行模式	关闭飞行模式功能	连接成功	
WirelessSetting_2	飞行模式	开启飞行模式功能	连接失败	
WirelessSetting_3	飞行模式	开启飞行模式拨打紧急电话	拨打成功	
WirelessSetting_4	WLAN 设置	（1）开启 WLAN （2）显示可用 WLAN 列表 （3）选择一个已知的 WLAN 连接	连接成功	
WirelessSetting_5	蓝牙共享设置	（1）开启蓝牙共享 （2）用另一部手机连接该蓝牙信息 （3）传输图片	连接并传输成功	
Setting_6	便携式 WLAN 热点	（1）开启 WLAN 热点 （2）用另一部手机连接该热点，浏览网页	连接成功，可以浏览网页	
...	...	...	...	...

9.4.4 常见的软件缺陷

在设置功能测试过程中常见的软件缺陷如下。

（1）Settings 易出现进入一个功能后该功能无法正常运行，如屏幕锁声音在解锁时没有声音。

（2）旋转屏幕之后手机报错。

（3）Settings 中的功能和下拉菜单中的功能不同步，如数据流量的开启。

（4）Settings 中的许多功能需要选择，在选择过程中有时无法选中或无法取消选择。

9.5 通话功能测试

9.5.1 概述

通信经历了一个从模拟通信到数字通信的发展过程,亚历山大·格拉汉姆·贝尔是公认的电话发明人,以其名字命名的贝尔实验室享誉世界。

通话功能的测试

图 9-3 所示为贝尔发明的第 1 架部带有听筒和话筒的电话。其原理是金属片因声音而振动,与其连接的电磁开关线圈中感应了电流。1876 年爱迪生发明了炭精式送话器,比贝尔永磁式受话器更灵敏。现代的电话机,基本上是爱迪生送话器和贝尔受话器的结合物,如图 9-4 所示。

图 9-3 贝尔发明的第 1 部电话　　　图 9-4 现代的电话机

以上电话机均基于模拟信号传输,并且是有线通信。模拟信号一般是指在时间和幅值上连续并经过传感器采集到的连续数据,如温度、压力、声音、光线等,如图 9-5(a)所示;数字信号在时间上是离散的,其幅值经过量化。一般为"0""1"组成的二进制数字序列,如图 9-5(b)所示。

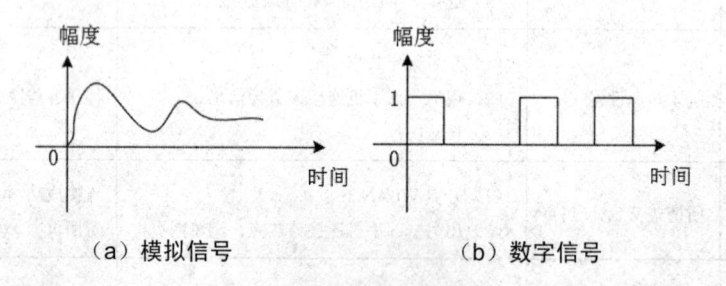

(a)模拟信号　　　(b)数字信号

图 9-5 模拟信号和数字信号

按照传输媒介划分,信号传输可以分为有线传输和无线传输。虽然有线传输的通信质量能够得到良好的保障,但是因为容易受限于地域和环境,所以并不能很好地为移动终端服务。随着无线技术的发展,无线通信得到了认可,也获得了很好的发展。此外,模拟信号还存在很多不足,而数字信号的优势更加一目了然。

数字通信相对于模拟通信最大的一个优势在于噪声处理,信道噪声或者干扰造成的差错原则上可以通过差错编码加以控制。数字通信的另一大优势是便于保密,即可以对基带信号进行人为的扰乱以实现加密。数字通信还有一个优势,即实现成本比较低。

9.5.2 通话类型及功能

目前手机的通话类型如下。

（1）Phone call：普通手机电话。

（2）Internet call：网络电话，可通过 SIP（Session Initiation Protocol，会话初始协议）、Skype、QQ 或者微信完成。

（3）Fax call：传真电话，需要传真机。

（4）Voicemail：语音信箱，需要开启语音信箱服务的 SIM 卡。

（5）Data call：数据电话，需要测试环境（AT Command Port）。

根据不同的通话类型，手机的主要通话功能如下。

（1）Call dialing：拨打电话，对方尚未接听，主叫方等待被叫方接听的时候的状态即为 dialing 状态。

（2）Call active：激活通话，双方正在正常通话。

（3）Call Hold：保持通话，即将当前通话挂起，双方无论主叫还是被叫方都听不到对方的声音。

（4）Call Mute：静音，静音后对方听不到静音发起方的声音，但是静音发起方能听到对方的声音。

（5）DTMF（Dual-Tone Multi-Frequency，双音多频）：主要用于拨打运营商或者客服号码，通话中单击拨号键盘，对方可听见按键声。

（4）Call Speaker：通话中开启通话声音由手机扬声器发出。

（5）Call Record：通话录音。

（6）P（Pause）和 W（Waiting）：用于拨打分机号，两者区别在于会不会再次询问。

（7）CLIP（Calling Line Identification Presentation）：呼叫线路标识，显示补充业务，开启此项服务后允许呼叫方手机号码显示在被呼叫方的手机上，与来电显示不同。

（8）CLIR（Calling Line Identification Restriction）：呼叫线路标示限制补充业务。

部分手机通话功能如图 9-6 所示。

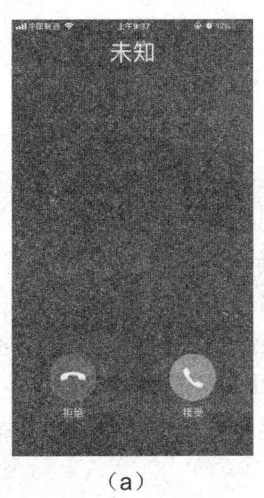

(a) (b) (c)

图 9-6 部分手机通话功能

9.5.3 测试方法

通话功能的主要测试方法如下。
（1）查看 UI 界面显示。
（2）手机通话质量。
（3）手机基础功能实现是否正常。
（4）通话时手机信号和运营商名称是否显示正常。
（5）Call setting 各项功能是否正常实现。

【案例 1】接听可以考虑的方面。
（1）在接听电话时可以在不同时间点接听，如刚刚响铃时接听、响铃一段时间后接听和铃响即将结束时接听，这样可能会发现更多的缺陷。
（2）来电时可以在手机不同状态下接听，如浏览菜单、查看短信等。
（3）注意来电的时间间隔，如间隔时间很短和间隔一段时间。
（4）注意来电情况，如通信录中联系人来电和非通讯录中联系人来电、座机来电、移动电话来电等。
（5）在不同情景，如静音、会议、标准等模式下来电。

【案例 2】在拨打电话时可以考虑的方面。
（1）直接输入数字呼叫。
（2）从通讯录中选择联系人呼叫。
（3）从通话记录中选择联系人呼叫。
（4）从短信中提取号码呼叫。

【案例 3】短信编辑+来电（干扰下的测试）。

进入短信编辑的方式很多，如直接进入短信菜单、回复短信时进入，以及从通讯录联系人中选择相应菜单进入。

测试思路为主要测试短信编辑模块对来电的影响，在测试时可以直接选择回复短信的方式进入短信编辑模块，来电者则为通讯录中的联系人。

【案例 4】通话界面显示异常的问题（特殊环境的影响）。

很多特殊问题不是测试用例可以覆盖发现的，如在一个项目后期，软件功能基本稳定，场测也做了几次且问题不大。但是突然有一天一个工程师抱怨自己的手机会自动拨出电话，而手机界面没有任何反应，对方可以接通——这是一个很严重的问题。通过分析，这个工程师最近才刚刚换了这款手机，并且已经出现过两次同样问题。每次都是拨给家人，并且是在下班的路上。后来发现这个问题只要经过他路上的某一个位置就会发生，而这条路并没有在场测的路线中。最终把这条路也定为场测路线，解决后再未发生这样的问题。

由此可见，还是需要不断发现特殊环境中的缺陷并解决，才能更好地完善通话的需求。

9.5.4 接打电话功能测试用例

【**案例 1**】接打电话功能测试用例。

接打电话功能测试用例如表 9-8 所示。

表 9-8 接打电话功能测试用例

用例 ID	TC-1	用例名称	电话接打功能测试	
用例描述	(1) 测试各种发起呼叫方式的有效性 (2) 测试不同环境下的来电 (3) 测试不同交互操作下的来电			
用例条件	(1) 手机+SIM 卡 (2) 开机待机状态 (3) 充电器 (4) 网络信号正常			
测试目的	测试手机基本功能,以及各种状态下被打断后是否正常状态			
详细的测试用例				
用例编号:ID	测试项目	测试步骤	期望结果	备注
Call_1	拨打电话时的选择方式测试	(1) 直接输入呼叫号码 (2) 从通讯录中选择联系人呼叫 (3) 从通话记录中选择联系人呼叫 (4) 从短信中提取号码呼叫	呼叫成功	
Call_2	不同时间环境下的来电	(1) 在不同时间点接听,如刚刚响铃时、响铃一段时间后、响铃即将结束时 (2) 在手机不同状态下来电,如浏览菜单、查看短信等,不同状态下来电 (3) 来电的时间间隔,如间隔时间很短和间隔一段时间	接听成功	
Call_3	短信编辑+来电	在进入短信编辑时查看来电	接听成功	
Call_4	录像+来电	录像→通讯录联系人来电→接听来电→结束通话→查看、播放录像→录像播放时来电→接听、通话→结束通话	接听成功	
Call_5	查看短信+来电——多任务测试	在输入过程中按返回键、电源键、挂机键或翻合翻盖,是否有告警提示或异常	接听成功	
…	…	…	…	…

除了以上基本功能测试及各种状态下打断测试外，还有特殊方式的测试。

【案例 2】紧急呼叫测试用例。

紧急呼叫测试用例如表 9-9 所示。

表 9-9　紧急呼叫测试用例

用例 ID	TC-2	用例名称	紧急呼叫测试
用例描述	测试能否建立紧急呼叫，以及听筒内的声音质量		
用例条件	（1）手机+SIM 卡 （2）开机待机状态 （3）充电器 （4）网络信号正常		
测试目的	测试能否建立紧急呼叫，以及听筒内声音质量		
详细的测试用例			
用例编号：ID	测试项目	测试步骤	期望结果	备注
Call_1	检查能否建立紧急呼叫，以及听筒内声音质量	在"请插卡"界面拨打紧急呼叫号码，如 112 进行紧急呼叫	呼叫成功	
Call_2	检查能否建立紧急呼叫，以及听筒内声音质量	在"输入 PIN 码"界面拨打紧急呼叫号码，如 112 进行紧急呼叫	呼叫成功	
Call_3	检查能否建立紧急呼叫，以及听筒内声音质量	在"输入 PUK 码"界面拨打紧急呼叫号码，如 112 进行紧急呼叫	呼叫成功	
Call_4	检查能否建立紧急呼叫，以及听筒内声音质量	在待机状态下拨打紧急呼叫号码，如 112 进行紧急呼叫	呼叫成功	
Call_5	检查能否建立紧急呼叫，以及听筒内声音质量	在"键盘锁"状态下拨打紧急呼叫号码，如 112 进行紧急呼叫	呼叫成功	
…	…	…	…	…

9.6　短信功能测试

9.6.1　概述

短信是手机最基本的服务之一，允许用户发送多个字节的文本信息，目前几乎所有手机都支持此功能。

用户可以通过彩信功能向手机或者电子邮箱发送带有图片和声音内容的短信，容量可达 15 000 字左右。彩信需要高速网络，并且收发双方的手机支持，现代手机几乎全部支持此功能。

对于短信服务功能，下面从发送者、接收者、短信文本内容、主题、附件、提示音、SIM 卡信息，以及从各种应用进入短信等对短信的不同要求进行描述。

1. 发送者

（1）从不同路径进入短信并查看界面。
（2）发件箱、收件箱、已发送、草稿箱、已读/未读信息、短信/彩信。
（3）时间显示、发送者/接收者显示，联系人图标。
（4）切换横竖屏。
（5）短信界面的缩放等。

2. 接收者

（1）正常输入（已保存/未保存）联系人的号码、电子邮件地址等。
（2）直接添加已保存的联系人，然后修改查看界面显示。
（3）添加多个联系人（极限值）。
（4）输入异常号码，查看是否出现发送异常。

3. 短信文本内容

（1）中文字符、英文字符、特殊符号、数字等的输入是否正常。
（2）网址、电子邮件地址、联系人号码，表情符号。
（3）字符长度的标准如下。

　　第 1 页为中文文字/符号 70 个，英文字符/符号为 160 个。
　　第 2 页为中文文字/符号 64 个，英文字符/符号为 146 个。
　　第 3 页为中文文字/符号 67 个，英文字符/符号为 153 个。
　　第 4 页为中文文字/符号 67 个，英文字符/符号为 153 个。
　　第 5 页为中文文字/符号 67 个，英文字符/符号为 153 个。

（4）短信息输入文本极限值（字符为空、最大值等）。
（5）短信和彩信的转换。

4. 主题

（1）中文字符、英文字符、数字、特殊符号、表情符号。
（2）为空或输入最大值。

5. 附件

（1）各种格式（图片、音频、视频等）。
（2）添加之前编辑，查看是否能够正常添加。
（3）大小、是否正常压缩、极限值（一般彩信附件大小是 300 KB）。
（4）幻灯片的预览和编辑（附件图标、幻灯片插入、删除，幻灯片播放的进度控制，以及播放过程中的各种打断）。

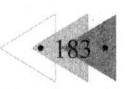

（5）添加各种附件的顺序，尽量多做几种组合操作。
（6）幻灯片中文字的显示。
（7）在添加附件过程中执行一些异常操作（旋转屏幕、锁屏等）。

6. 提示音

包括静音、振动、手机自带提示音、编辑提示音等。

7. SIM 卡信息

包括查看、编辑、复制、转存、删除等。

8. 从各种应用进入信息

（1）联系人、call log。
（2）图库。
（3）下载。
（4）各种文件或应用通过信息分享。

9.6.2 测试注意事项

1. 基本功能测试

（1）短信的基本功能：短信的编辑、删除、保存、收发、显示，以及各种按钮等功能的正常实现。

（2）测试要求和执行：一般根据测试案例或软件本身的流程就可以完成短信的基本功能测试。

2. 交叉事件测试

（1）交叉测试：又称为"事件或冲突测试"，是指一个功能正在执行过程中另外一个事件或操作对该过程进行干扰的测试。例如，通话过程中接收到短信或闹钟响起，应该以执行干扰的冲突事件不会导致手机死机或花屏等异常问题的出现为通过的标准。

（2）测试要求和执行：干扰要恰到好处且准确，否则很难发掘出深层次的软件缺陷。

3. 压力测试

（1）压力测试：又称为"边界值容错测试"或"极限负载测试"，即在测试过程中已经达到某一软件功能的最大容量、边界值或最大承载极限，仍然对其执行相关操作。例如，连续接收和发送短信。超过收件箱和 SIM 卡所能存储的最大容量限制仍然接收或发送，检测软件在超常态条件下的表现，以评估用户能否接受。在短时间内发送并接收大量的短信，发送和接收的数量都在 50 条以上。注意采用不同形式的发送与接收，如群发查看接收和发送的成功率、在发送短信期间频繁执行翻合盖操作、收件箱容量达到极限后仍然发送和接收新短信，以及在短信容量满的情况下执行全部删除操作并在删除过程中执行干扰活动。

（2）测试要求和执行：可以考虑执行自动化测试。

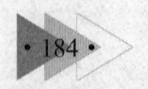

4. 容量性能测试

（1）容量测试：又称为"满记忆体测试"，指包括手机的用户可用内存和 SIM/PIM（Personal Identity Module，个人识别模块）卡的所有空间被完全使用的测试。此时再对可编辑的模块进行和存储空间有关的任何操作测试，如果在极限容量状态下处理不好，则可能导致死机或严重花屏等问题的出现。

（2）测试要求和执行：可以考虑进行自动充满记忆体测试，要对不同品牌和不同容量大小的 SIM/PIM 卡进行测试。

5. 兼容性能测试

兼容性测试指不同品牌手机、不同网络、不同品牌和不同容量大小的 SIM/PIM 卡之间的互相兼容测试。例如，中国电信的手机用户接收从中国移动或中国联通手机用户发来的短信时接收、显示和回复功能是否正常等。

9.6.3 测试用例

【案例 1】短信基本功能测试用例。

测试人员：张三。

测试时间：2019 年 3 月 8 日。

测试条件：两部测试手机+SIM 卡，手机电量充足且网络正常。

短信基本功能测试用例如表 9-10 所示。

表 9-10 短信基本功能测试用例

ID	功能描述	操作步骤	预期结果
sms_001	进入书写短信	分别使用菜单或快捷方式进入书写短信	正确进入
sms_002	空信息	进入书写短信息界面，输入 0 个字符，选择号码或输入号码发送	成功发送
sms_003	正常发信息	进入书写短信息界面，输入 70 个中文文字或 160 个英文字母后发送	成功发送
sms_004	删除信息	进入短信界面，选择要删除的短信	成功删除

【案例 2】短信交叉事件测试用例。

测试人员：张三。

测试时间：2019 年 3 月 8 日。

测试条件：两部测试手机+SIM 卡，手机电量充足且网络正常。

短信交叉事件测试用例如表 9-11 所示。

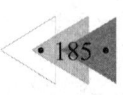

表 9-11 短信交叉事件测试用例

ID	功能描述	操作步骤	预期结果
sms_001	输入文本过程中来电	在输入文本过程中有来电呼入 执行接听、拒听操作后继续输入文本	原编辑的短信应保留,能够进入书写短信界面并继续编辑
sms_002	输入文本过程中来短信	在输入文本过程中有新短信进入 继续编辑短信后退出,再阅读	不影响继续输入
sms_003	输入文本过程中有低电量警告	在输入文本过程中有低电量警告	不影响继续输入
sms_004	输入文本过程中自动关机	在输入文本过程中自动关机时间已到	正常关机
sms_005	输入文本过程中插拔充电器	进入书写短信界面,不断插拔充电器(USB或电源)	不影响继续输入

【**案例 3**】短信压力、容量性能测试用例。

测试人员:张三。

测试时间:2019 年 3 月 8 日。

测试条件:两部测试手机+SIM 卡,手机电量充足且网络正常。

短信压力、容量性能测试用例如表 9-12 所示。

表 9-12 短信压力、容量性能测试用例

ID	功能描述	操作步骤	预期结果
sms_001	在 SIM 卡已满的情况下存储短信至发件箱	确认存储方式为"sim card",且 SIM 卡中信息已满。在写信息的窗口编辑 3 条短信,长度为最大、正常、空(通过常用短语选择或直接输入),选择"存储""收件人"可任意输入	弹出信息已满的提示,返回写信息的窗口,窗口显示正确
sms_002	在短信满的情况下,接收短信或 EMS	短信存储已满,包括手机及 SIM 卡,向测试机发送一条短信	无法接收短信,界面有短信满的提示
sms_003	SIM 卡满,手机未满	SIM 卡容量已满,继续接收信息	正确接收信息并保存至手机存储器中
sms_004	在容量满时继续接收信息	在手机信息溢出情况下继续向其发送短信	手机应不予接收
sms_005	在容量满时继续接收信息	在短信溢出情况下继续向其发送短信,删除一条短信	可立即接收暂存在短信中心的一条短信

【案例 4】短信兼容性能测试

测试人员：张三。

测试时间：2019 年 3 月 8 日。

测试条件：两部测试手机、一张中国移动 SIM 卡、一张中国电信 SIM 卡且正常联网。短信兼容性测试用例如表 9-13 所示。

表 9-13 短信兼容性测试用例

ID	功能描述	操作步骤	预期结果
sms_001	不同运营商之间的短信收发	中国移动手机向中国电信手机发短信，中国电信手机收短信	能正常发送和接收
sms_002	不同运营商之间的短信收发	中国电信手机向中国移动手机发短信，中国移动手机收短信	能正常发送和接收
...	...	...	...

9.7 FM Radio 测试

9.7.1 概述

FM（Frequency Modulation Radio，调频广播或调频收音机）的调频范围一般是 76～108 MHz，中国是 87.5～108 MHz。

AM（Amplitude Modulation，调幅）和 FM 是无线电学中的两种不同调制方式，一般中波广播（Medium Wave，MW）采用调幅方式。FM 收音机就是通过采用 FM 调频载波方式传输无线电信号的收音机。由于采用的波长较短，因此传输的信号比采用 AM 波长传播信号的收音机要好得多。但是因为是短波，因此传输距离比较短。

调频和调幅相比抗干扰能力强、波频带宽且功率利用率高。

9.7.2 基本原理

音频信号的改变往往是周期性的，一个最容易理解音频调制技术的范例是小提琴和揉弦。揉弦通过手指和手腕在琴弦上的快速颤动使琴弦的长度发生快速变化，从而最终影响小提琴声音的柔和度。与 FM 无线电波相同，FM 合成理论同样也有发音体（载体）和调制体两个元素。发音体或称"载波体"，是实际发出声音的频率振荡器；调制体或称"调制器"，负责调整变化载波所产生的声音。载波频率、调制体频率及调制数值大小是影响 FM 合成理论的重要因素。

最基本的 FM 仪器包括两个正弦曲线振荡器，分别是稳定不变的载波频率 FC（Carrier Frequency）振荡器和调制频率 FM 振荡器。载波频率被加在调制振荡器的输出上，当调制器工作时来自调制振荡器的信号，即带有 FM 频率的正弦波驱使载波振荡器的频率向上或向下变动。例如，一个 250 Hz 正弦波的调制波调制一个 1 000 Hz 正弦波的载波，那么意味着载波所产生的 1 000 Hz 的频率每秒要接受 250 次影响产生的调制。调制体和载波体都是有频率、振幅、波形的周期性或准周期性振荡器，在频率调制技术中调制体的振幅同样对频率调制起关键作用，调制体振幅影响载波频率调制后变化的幅度。假如调制信号的振幅是 0，则不会出现任何调制。因此就像在振幅调制中调制体的频率对载波体的振幅有影响一样，在频率调制中载波的频率变化同样受调制体振幅大小变化的影响。

在频率调制过程中我们可以发现：一是调制体的频率影响载波体频率的速度变化；二是调制体的振幅影响载波频率的幅度变化；三是调制体的波形（或音色）影响载波频率的波形变化；四是载波体的振幅在频率调制过程中保持不变。

FM 的基本特点为：一是支持在 87.5～108 MHz 之间频率的频道搜索；二是支持时事、体育、新闻、科技、文学、音乐、戏剧等内容的搜索；三是支持扫描并保存电台，方便下次直接打开使用；四是使用时插入耳机，否则无法开启软件。

9.7.3 测试重点

大多数人对 FM 调频收音机的印象应该是早期的收音机，从早期手机发展到智能手机后，智能手机基本上支持 FM 功能（但一些新型手机去掉了硬件级收音机，如华为 Mate20/30/40 等型号，改用"网络收音机"）。智能机的 FM 收音机界面如图 9-7 所示。

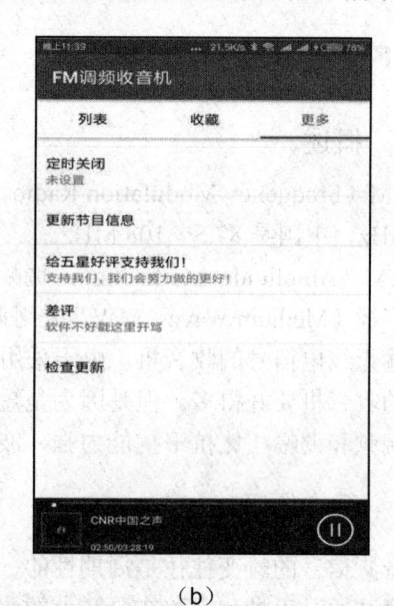

(a)　　　　　　　　　　　(b)

图 9-7　智能机的 FM 收音机界面

测试 FM 功能的重点如下。

（1）功能：一是区分收音机模块，即 FM、AM/FM 及 FM+RDS（Radio Data System，无线数据广播系统）；二是预设波段边界是否满足要求；三是新频率调谐模式是否满足要求；四是手动扫频搜台、自动扫频搜台及自动预置记忆功能，以及立体声音量调节是否满足要求。

（2）性能：在特殊环境中测试接收灵敏度（一般手机的耳机就是天线，在耳机处于不同的物理状态下收听的效果不同）、接收可能导致的干扰（邻近频段干扰及与通话时串音干扰），以及待机模式下是否省电。

（3）易用性：线控耳机使用模式下的操作，如线控耳机自动检测、线控耳机切换、音量调节、频道选择、蜂音控制等。

（4）不插耳机进入 FM：单击播放按钮，查看是否有提示。

（5）进入 FM 检查界面：播放 FM 查看是否有杂音。

（6）同时连接 BTH（Blue Tooth Headphone，蓝牙耳机）和 HF（Hands Free，免提装置）：FM 在后台播放，进入音乐 App 程序播放一段音乐，测试音乐的声音是否从 BHF 中传出。再进入 FM，查看 FM 是否立即播放。

（7）当 FM 搜索/播放/开启免提播放的时候进行旋转屏幕、来电、闹铃、接收信息等打断。

（8）当 FM 播放的时候把声音调到最低或最高，开启外音测试声音状态。

（9）当 FM 开启外音播放的时候，按相机热键测试耳机中是否有声音。

（10）更改系统语言，测试 FM 界面及每个子菜单的显示。

（11）在飞行模式下测试 FM 使用情况或者 FM 搜索、播放、开启外音的时候开启飞行模式。

（12）调节 FM 的声音到 80%，查看是否显示提示警告窗口。

（13）添加、删除、修改喜爱的节目。

（14）当 FM 在收听音乐的时候测试 TrackID 的功能。

【拓展阅读】

RDS 和 TrackID™

1. RDS 简介

RDS（Radio Data System，无线数据广播系统）：英国 BBC 广播公司开发的一种特殊的无线电广播系统，它是在调频广播发射信号中利用副载波把电台名称、节目类型、节目内容及其他信息以数字形式发送出去。通过具有 RDS 功能的调谐器就可以识别这些数字信号，变成字符显示在显示屏上。

RDS 功能目前不能测试，没有电台支持该功能。

AF（Audio Frequency，自动频率调整）：当信号好的时候是不工作的，当信号低于某个水平的时候，AF 功能会自动搜索当前电台的其他发射频率。当找到另外一个信号比原来的信号稳定的时候，就会自动跳转过去。

TA（Traffic Announcement，公路信息节目）：RDS 可以将电台名称、节目类型、节目内容发射到收音机上来显示。如果你喜欢收听音乐节目，打开 TA 功能。当你正在收听节目时收不到信号，它会自动搜寻你爱听的同类型节目的电台，并且是信号最好的一个。RDS 收音系统还独有交流信息功能，若有紧急事件，电台就会发送特殊信号，令收音机强行播放；另外，还有时间基准发射及自动调准收音机时间等功能。

2. TrackID™简介

TrackID™是一种曲目识别服务，可提供在周围听到曲目的名称及艺术家等信息。录制一小段歌曲样本即可在数秒钟内获得有关信息，还可以利用该服务识别手机收音机或周围收音机中播放的曲目。

（1）注意事项。

使用 TrackID™服务之前，需首先安装互联网（WAP），这些设定在购买手机时可能已完成。

使用 TrackID™服务所需的费用是运营商收取的手机数据传输流量的服务费。

TrackID™功能常见于 Sony Ericsson 和 SONY 手机中，由于索尼收购了爱立信所占有的 50%股权，因此现在 TrackID 已经归属于索尼公司，并在 Google Play 中提供 SONY Xperia 手机用户下载。

（2）TrackID 使用指南。

1）识别使用者周围播放的未知歌曲。

以索尼爱立信 Walkman W595c 随身听音乐手机为例，进入手机主菜单。选择"娱乐"，或者也可以直接通过控制面板上的快捷键，进入 TrackID 快捷方式菜单。进入 TrackID 功能后，按"开始"按钮标识音乐，屏幕显示"正在进行音乐采样，请稍候"。伴随显示歌曲采样的进度条，经过约 7 秒左右的采样 TrackID 将自动连接索尼爱立信全球曲库服务器并显示"正在等待响应"的提示信息。

搜索未知歌曲的持续时间视网络状况而定，一般情况下数秒内即可完成。然后进入识别结果页面，显示歌曲的详细信息，包括歌曲名称、歌手名称及所属专辑名称。在识别结果页面的下方 TrackID 还提供了"保存结果""艺术家信息""搜索类似音乐"及"通过短信发送音乐信息"等个性化功能，"保存结果"保存当前搜索结果，便于下次直接查询，"艺术家信息"歌曲演唱者的详细信息；"搜索类似音乐"获得与当前歌曲风格类似的 10 首推荐音乐；"通过短信发送音乐信息"将当前搜索结果以短信方式发送给任何人，分享歌曲的乐趣。

2）识别调频收音机播放的未知歌曲。

在收音机界面，当未知歌曲播放时进入"选项"界面选择 TrackID，识别曲目的过程与上述描述完全一致。

9.8 浏览器测试

9.8.1 定义

网页浏览器（Web Browser，简称浏览器），是一种用于检索并展示万维网信息资源的应用程序。这些信息资源可为网页、图片、影音或其他内容，它们有统一资源标志符标志，其中的超链接可使用户方便地浏览相关信息。

手机浏览器是一种用户在手机终端上通过无线通信网络浏览互联网内容的移动互联

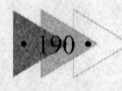

网工具,可以通过移动通信网络连接互联网,浏览互联网内容用户通过地址栏向万维网服务器发送各种请求,并对从服务器发来的超文本信息和各种多媒体数据格式进行解析、播放或显示。其中最主要的应用为网页浏览,并且也可以聚集大量的应用,如导航、社区、多媒体影音、天气、股市等,为用户提供全方位的移动互联网服务。

9.8.2 发展阶段

1. WAP 浏览器

WAP(Wireless Application Protocol,无线应用协议)浏览器是一个通过把 WAP 网站 WML(Wireless Markup Language,无线标记语言)格式的网页转化成普通浏览器可以解析超文本标记语言的格式,从而用普通浏览器也可以浏览 WAP 网站。

2. Transcoding 浏览器

Transcoding 技术顾名思义是转码技术,由于 WAP 协议的特性使得传统的 WAP 浏览器无法访问丰富的互联网资源,所以为了实现这个目的而出现了基于转码的方案。

3. Web 浏览器

在手机终端上提供更好的用户体验、更强的功能扩展一直是各浏览器厂商追求的目标。在第 2 代手机浏览器的概念上并没有明确的定义,不过各方共同认可的一点是完全依赖手机终端的能力提供与 PC 基本一致的上网体验的浏览器,才能称为第 2 代的浏览器,国内常见的手机浏览器如 QQ 手机浏览器、360 手机浏览器、百度浏览器、搜狗浏览器等。

9.8.3 主要组件

浏览器的主要组件如下。

(1)用户界面:包括地址栏、后退/前进按钮、书签目录等,即用户看到的除了用来显示所请求页面的主窗口之外的其他部分。

(2)浏览器引擎:用来查询及操作渲染引擎的接口。

(3)渲染引擎:用来显示请求的内容,如果请求内容为 html,则负责解析并显示解析后的结果。

(4)网络:用来完成网络调用,如 http/https 请求。它具有与平台类型无关的接口,可以在不同平台上工作。

(5)UI 后端:用来绘制类似组合选择框及对话框等基本组件,具有不特定于某个平台的通用接口,底层使用操作系统的用户接口。

(6)JavaScript 解释器:用来解释执行 JS 代码。

(7)数据存储:属于持久层,浏览器需要在硬盘中保存类似 Cookie 的各种数据,HTML5 定义了 Web Database 技术,这是一种轻量级完整的客户端存储技术。

9.8.4 HTTP

HTTP(Hyper Text Transfer Protocol,超文本传输协议)是用于从万维网服务器传输超文本到本地浏览器的传送协议。

HTTP 工作于客户端、服务端架构之上，如图 9-8 所示。

浏览器作为 HTTP 客户端，通过 URL（Uniform Resource Locator，统一资源定位符）向 HTTP 服务端，即 Web 服务器发送所有请求。Web 服务器接收到请求后，向客户端发送响应信息。

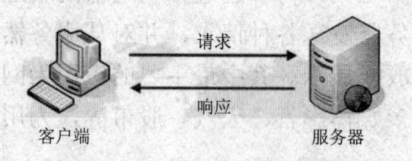

图 9-8　服务器响应客户端的请求

HTTP 包括如下 4 个步骤。

（1）连接：Web 浏览器与 Web 服务器建立连接，打开一个 Socket（套接字）的虚拟文件，此文件的建立标志着连接建立成功。

（2）请求：Web 浏览器通过 Socket 向 Web 服务器提交请求，一般用 GET 或 POST 命令。

（3）应答：Web 浏览器提交请求后通过 HTTP 传送给 Web 服务器，Web 服务器接到请求后将处理结果通过 HTTP 传回给 Web 浏览器，从而在 Web 浏览器上显示所请求的页面。

（4）关闭连接：当应答结束后，Web 浏览器与服务器必须断开，以保证其他 Web 浏览器能够与 Web 服务器建立连接。

9.8.5　测试重点[1]

浏览器的测试可以从界面显示、浏览速度、浏览效果、稳定性、下载与管理、流量消耗等几个方面进行。

首先搭建测试环境，如图 9-9 所示。

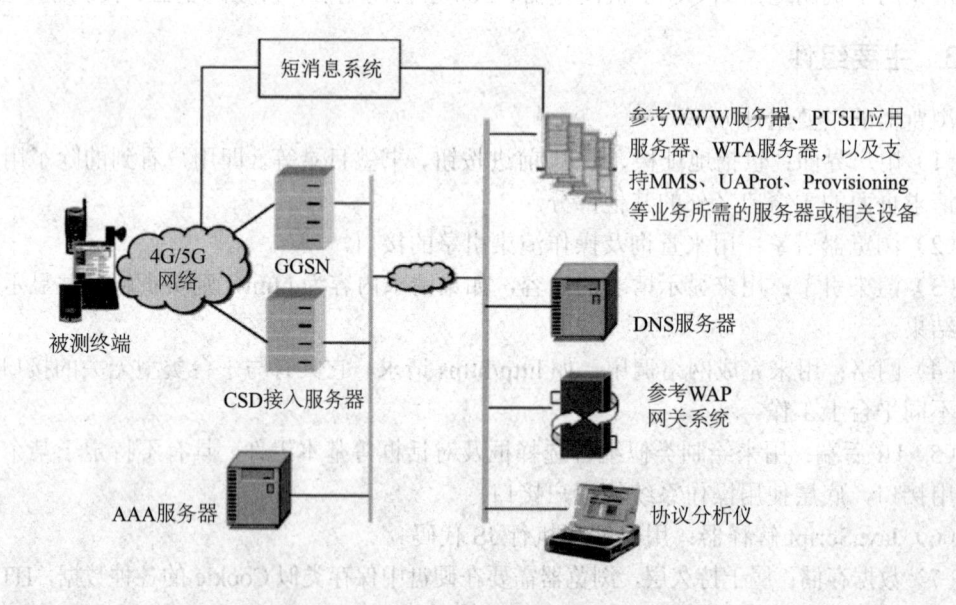

图 9-9　搭建测试环境

---

[1]. 本节前面介绍的内容主要基于 2G/3G 时代的技术，它们对于理解网络通信结构及做法很有帮助。但在 4G/5G 通信网络普及后，上述功能已被集成至通信运营商设备或移动终端设备（手机或平板电脑）之中，并且支持早期的移动终端的基本功能。从测试角度，也可以从本节"案例 1"阅读。

其次是对被测设备的要求,即具备网页浏览功能的移动终端,该终端应支持无线应用协议(WAP)、全球移动通信系统(GSM)、通用无线分组业务(GPRS)、增强型数据速率GSM演进技术(EDGE)、时分同步码分多址(TD-SCDMA: Time Division-Synchronous Code Division Multiple Access)等通信协议;再次是对辅助设备的要求,包括局域网环境、时分同步码分多址(TD-SCDMA)网络环境、验证授权记账(AAA: Authentication、Authorization、Accounting)服务器、域名解析(DNS)服务器、短信系统、参考无线应用协议(WAP)网关、其他设备(如参考万维网服务器、无线电话应用(WTA)服务器,以及支持彩信(MMS)、用户代理(UAProf)、用户配置(Provisioning)等业务所需的服务器或相关设备)。参考无线应用协议(WAP)网关应支持各种需测试的业务,包括无线安全传输层协议(WTLS)、安全套接字协议(SSL)、彩信(MMS)、推送服务(PUSH)、用户配置(Provisioning)、用户代理(UAProf)、无线电话应用(WTA)等。并参考万维网服务器中应设置相应的参考网页,包括可扩展超文本标记语言(XHTML)、层叠样式表(WCSS)、无线标记语言(WML)、超文本标记语言(HTML)。推送(PUSH)应用服务器中应设置相应的推送消息,并且设置验证授权记账(AAA)服务器测试环境。

【案例1】浏览器的界面显示测试用例。

浏览器的界面显示测试用例如表9-14所示。

表9-14 浏览器的界面显示测试用例

测试编号:LL01	项目类型:必选
测试项目:界面显示方案测试	
测试目的:验证使用界面方案的终端浏览器是否符合要求	
测试条件:一部测试手机+SIM卡、有浏览器软件且网络正常	
测试步骤 (1)打开浏览器,观察主界面 (2)通过地址栏或者搜索栏打开一个页面,观察网页显示界面 (3)打开浏览器"书签"选项 (4)打开浏览器"历史记录"选项	
预期结果 (1)浏览器主界面应包括地址栏、搜索栏、历史纪录、书签 (2)网页显示界面应展现页面内容及返回浏览器主界面的图标或按钮 (3)书签能正确显示收藏的记录 (4)网页浏览及搜索记录应保存在"历史记录"中	
判定原则:浏览器能够正确显示界面方案内容,则成功;否则失败	

浏览器界面显示测试用例设置如图 9-10 所示。

（a）　　　　　　　　　　　　（b）

图 9-10　浏览器界面显示测试用例设置

【案例 2】HTTP 的测试用例。

HTTP 的测试用例如表 9-15 所示。

表 9-15　HTTP 的测试用例

测试编号：LL02	项目类型：必选
测试项目：HTTP 承载	
测试目的：测试终端是否支持 HTTP	
测试条件：终端和浏览器工作正常	
测试步骤：打开浏览器，连接测试网页	
预期结果：测试网页可正常显示	
判定原则：浏览器能够正确显示界面方案内容，则成功；否则失败	

【案例 3】网址输入与识别测试用例。

网址输入与识别的测试用例如表 9-16 所示。

第 9 章 移动应用软件常用功能测试实践

表 9-16 网址输入与识别的测试用例

测试编号：LL03	项目类型：必选
测试项目：网址输入与识别	
测试目的：验证浏览器是否提供网址输入功能，并能够输入要求的网址格式	
测试条件：终端和浏览器工作正常	
测试步骤 （1）打开浏览器，输入 HTTP 格式网址：http://www.baidu.com （2）打开浏览器，输入 HTTPS 格式网址：https://b2c.icbc.com.cn/ （3）打开浏览器，输入 RTSP 格式网址（可使用）	
预期结果：浏览器能够正确输入以上网址格式，并确保用户执行浏览等后续操作	
判定原则：输入正确的网址后浏览器能够正确显示网页页面，则成功；否则失败	

【案例 4】书签管理的测试用例。

书签管理的测试用例如表 9-17 所示。

表 9-17 书签管理的测试用例

测试编号：LL04	项目类型：必选
测试项目：浏览器书签管理	
测试目的：验证浏览器是否具备书签和目录的管理维护功能	
测试条件：终端和浏览器工作正常	
测试步骤 （1）在浏览器书签目录下执行"添加书签"操作 （2）在浏览器书签目录下执行"修改书签"操作 （3）在浏览器书签目录下执行"移动书签"操作 （4）在浏览器书签目录下执行"删除书签"操作	
预期结果：浏览器可对书签执行添加、修改、移动和删除操作	
判定原则：浏览器可对书签执行添加、修改、移动和删除操作，则成功；否则失败	

9.8.6 测试中的常用步骤

浏览器测试中的常用步骤如下。

（1）进入浏览器检查界面显示，旋转手机检查显示是否正常。
（2）检查基本功能是否能正常工作，如保存书签、设置主页、分享网页、显示图片等。
（3）保存离线阅读，在离线阅读界面打开书签，浏览一个新的站点在新标签中打开。
（4）切换语言，检查语言显示。
（5）从短消息、电子邮件、网页浏览器中打开网站链接，检查是否能够正常进入。
（6）增加新标签，上下滑动、打开任一书签和删除新的标签时是否出现假死机现象。
（7）改变字体大小，是否会出现内容重叠。
（8）在使用网络通话时，检查能否浏览网页及通话质量。
（9）下载文件保存路径设置之后下载的文件是否保存在指定存储路径中。
（10）使用查询功能查找时页面显示是否正常。
（11）清除密码之后检查密码是否被清除，用户名是否存在。
（12）清除 Cookie 之后密码和用户名是不是均被清除（Cookie 指某些网站辨别用户身份、进行会话控制跟踪而存储在用户本地终端的标识性数据）。
（13）用数据流量、无线网络上网时显示是否正常，关闭数据流量、无线网络之后浏览器的表现。
（14）正常浏览时，各种打断测试是否出现失常。

9.9 Wi-Fi 测试

9.9.1 原理及协议

WLAN（Wireless Local Area Networks，无线局域网络）是时下智能手机最流行的、最重要的功能之一，手机离不开网络，特别是在移动互联网时代。可以说，WLAN 也是智能手机的一个标志性的功能，所以 Wi-Fi（Wireless Fidelity，无线局域网）测试非常重要。

Wi-Fi 是使用 IEEE 的 802.11 协议的 WLAN 技术，通过无线电波来联网，又称"802.11b 标准"。它的最大优势就是传输速率较高，并且有效传输距离长。

Wi-Fi 的第 1 个版本发表于 1997 年，其中定义了介质访问接入控制层（MAC 层）和物理层，物理层定义了工作在 2.4 GHz 的 ISM 频段上的两种无线调频方式和一种红外传输的方式，总数据传输速率设计为 2 Mbit/s。两种设备之间的通信可以自由直接（Ad Hoc 模式）的方式进行，也可以在基站（Base Station，BS）或者访问点（Access Point，AP）的协调下进行。

802.11 有很多协议，每种协议对应的频率和速率，以及应用的范围不同。IEEE 802.11 的 3 个标准网络协议如表 9-18 所示。

表 9-18   IEEE 802.11 的 3 个标准网络协议

协议	802.11a	802.11b	802.11g
频率	4.9～5.85 GHz	2.4 GHz	2.4 GHz
速率	1～54 Mbit/s	1～11 Mbit/s	1～54 Mbit/s
净速率	30 Mbit/s	4 Mbit/s	30 Mbit/s
颁布时间	1999 年	1999 年	2003 年
覆盖范围	20～50 米	30～300 米	30～300 米

（1）802.11a 的相关特点：高速 WLAN 协议使用 5 GHz 频段，最高速率为 54 Mbit/s，实际使用速率约为 22～26 Mbit/s。与 802.11b 不兼容是其最大的不足，也许会因此而被 802.11g 淘汰。

（2）802.11b 的相关特点：目前最流行的 WLAN 协议，使用 2.4 GHz 赫兹频段。最高速率为 11 Mbit/s，实际使用速率根据距离和信号强度可变（150 米内 1～2 Mbit/s，50 米内可达到 11 Mbit/s）。802.11b 的较低速率使得无线数据网的使用成本能够被大众接受；另外通过统一的认证机构认证所有厂商的产品，802.11b 设备之间的兼容性得到了保证，从而促进了竞争和用户接受程度。

（3）802.11g 的相关特点：802.11b 在同一频段上的扩展，支持 54 Mbit/s 的最高速率。并且兼容 802.11b，该标准已经成为下一步无线数据网的标准。[1]

无线网络在掌上设备中的应用越来越广泛，随着大数据、人工智能、物联网及 5G 的快速发展，除了简单的家庭 Wi-Fi 网络，目前关于 Wi-Fi 的应用还涉及物联网（IoT）、5G 嵌入式 Wi-Fi 模块应用车联网及动车 Wi-Fi 等。

9.9.2　Wi-Fi 功能及测试

1. Android 平台下的 Wi-Fi 模块的基本功能

（1）开关 Wi-Fi（在新型手机中为"WLAN"）：除了在 Wi-Fi 设置界面可以开关 Wi-Fi，还有其他入口可以开关，要查看这些开关状态是否一致。还有就是飞行模式对 Wi-Fi 开关的影响，由于 Wi-Fi 开和关都有一个时间过程，而飞行模式的开关瞬间完成，所以有时会出现冲突。

（2）开关"新可用网络"提醒：新可用网络（在新型手机中为"可用 WALN 列表"）的定义是自 Wi-Fi 模块开启后，从未发现过的且加密的网络。只有满足了新可用网络的定义，才会有提醒。

（3）连接断开网络：连接断开各种不同加密类型的网络。

---

1. 2009 年发布的 802.11n 和 2012 年发布的 802.11ac 在使用频率方面有了更多的选择，传输速率也大幅提升，相关内容请读者查阅网上两种新协议标准的介绍。

（4）手动添加网络：需要路由器关闭 SSID（Service Set Identifier，服务设置标志号）广播，可手动输入 SSID、网络加密类型、密码。

（5）搜索网络：单击搜索按钮可以搜索网络，也可以等待 Wi-Fi 模块自动搜索网络。

2. Android 平台下的 Wi-Fi 模块的测试重点

（1）Wi-Fi（WALN）是否可以打开、关闭。

（2）是否可以扫描 AP（Access Point，接入点）并成功连接。

（3）添加无线网络。

（4）静态 IP 地址/代理服务器的设置。

（5）Wi-Fi 的高级设置、休眠策略设置。

（6）飞行模式对 Wi-Fi 的影响。

（7）同时打开 Wi-Fi 和移动数据流量的状态显示。

（8）在路由器端要求能够设置各种不同的加密类型。

9.9.3　Wi-Fi 测试用例

1. 功能测试

测试 Wi-Fi 模块设置（如添加 AP、静态 IP 及动态 IP 的设置等）的相应功能是否正常。

2. 特性专项测试

（1）测试 Wi-Fi 打开或搜索速度：验证 Wi-Fi 的打开或搜索速度是否符合要求。

（2）Wi-Fi 信号强度：测试 Wi-Fi 在不同位置，如距离 AP 无障碍处 5～10 米、有障碍区（如隔一堵墙）等的信号强度，以及 Wi-Fi 信号随距离的变化或穿透障碍物的能力，测试工具如 Wi-Fi 分析仪（或 Wi-Fi 测速 App）。

（3）Wi-Fi 传输速率：分别在不同位置测试 Wi-Fi 传输速度率，测试工具为 Wi-Fi 分析仪。

（4）Wi-Fi 的竞争性数据传输：采用设备与手机在数据传输时进行对比，验证在多台设备同时传输数据时设备的速率相对明显下降。

（5）Wi-Fi 休眠：验证 Wi-Fi 在系统浅休眠或深休眠时是否工作。

（6）Wi-Fi 稳定性：测试 Wi-Fi 在长时间数据传输过程中是否出现异常。

（7）AP 切换：测试设备在无信号区到有信号区的连接速度、重新连接时是否出现异常等。

（8）Wi-Fi 与 AP 之间的漫游：测试 Wi-Fi 在不同位置下的两个同名同密码下的接入点是否可以切换，即当从 AP1 的位置向 AP2 移动过程中 AP1 的信号越来越弱，AP2 的信号会越来越强时设备会根据漫游机制进行快速切换。如果不漫游，Wi-Fi 会断开与一个 AP 的连接后自动连接另一个 AP，这样导致在数据传输过程中会经常断线或大量"丢失数据包"等，此场景主要应用于企业或医院等。

（9）Wi-Fi 抗干扰性：测试与 Wi-Fi 相关的硬件模块，如 Wi-Fi 与蓝牙共用一根天线是否给其带来干扰。如果出现异常，可能出现 Wi-Fi 打不开、数据传输速率很低等。

（10）Wi-Fi 交互性：测试与硬件模块之间同时使用时是否出现问题，如 Wi-Fi 下载时进行蓝牙传输或打电话等。

（11）Wi-Fi 功耗：测试 Wi-Fi 在不同场景下，如下载、上传、漫游、待机等情况下的功耗是否在定义范围之内。如果功耗较高，可能导致设备耗电非常快。

（12）Wi-Fi 漏电：验证设备在关机后 Wi-Fi 是否休眠，设备在开启 Wi-Fi 并使用后通过开机时的电量及电压与设备关机一段时间（如 8 小时）后再开机的电量进行对比。如果异常，设备再次开机时电量会明显下降。

（13）Wi-Fi 模块的差异性：验证不同移动终端的一致性是否存在差异，可以采用多台设备进行信号强度、数据传输等对比测试。如果某台设备的部位及其组装等有问题，可能出现信号或传输速率相对其他设备有明显下降的现象。

（14）兼容性：验证 Wi-Fi 是否兼容不同厂商的 AP，如与华山、思科、锐捷等。

（15）协议或频段的支持性：验证 Wi-Fi 在不同协议（如 b/g/n/ac）、不同频段（2.4 GHz、5 GHz）下是否可以正常工作。

3. Wi-Fi 稳定性测试用例

【案例】Wi-Fi 稳定性测试用例。

Wi-Fi 稳定性测试用例如表 9-19 所示。

表 9-19　Wi-Fi 稳定性测试用例

测试编号：WF01	项目类型：必选
测试项目：稳定性方案测试	
测试目的：验证 Wi-Fi 的稳定性功能	
测试条件：一部测试手机+SIM 卡、有浏览器软件且网络正常	
测试步骤 （1）打开主菜单界面->设置->无限局域网->WLAN （2）反复开启 Wi-Fi 开关，关闭 Wi-Fi 功能 100 次 （3）连接到 Wi-Fi 进行长时间的网页浏览 （4）连接到 Wi-Fi 进行长时间的视频播放 （5）连接到 Wi-Fi 进行文件下载	
预期结果 （1）正常打开 WLAN 功能 （2）反复开关后，WLAN 功能依然正常 （3）WLAN 功能依然正常 （4）WLAN 功能依然正常 （5）WLAN 功能依然正常	
判定原则：WLAN 功能能够正常开关，在使用时不因时间的限制而改变，则成功；否则失败	

★ 本章小结 ★

1. 移动应用的特点是随时随地可用，和传统应用的本质差别是终端和网络的不同。

2. 手机通讯录主要用于记录详细的通信资料，在手机中贯穿整个手机的使用过程，与电话、信息等重要功能都有密切的联系。通讯录的测试重点包括进入路径、增删改查多个号码、导入导出等功能。

3. 微件是实现一个特定功能的视图部件（小插件），可以有效地利用手机的屏幕快捷、方便地浏览信息，其测试重点包括 UI、MMI（Multi Media Interface，多媒体接口）规范性及自由测试等。

4. 手机的设置功能主要包括手机各项属性的基本调整和功能的开关，是用户根据个人喜好对手机进行定制的最方便的入口，也是用户在日常生活中使用频率最高的模块之一。手机设置的测试重点包括音量的调节、手机铃声、信息提示音、拨号键盘音效、触摸提示音、锁屏提示音，以及触摸时振动等功能。

5. 手机通话功能及消息功能是基本功能，普通电话、网络电话、语音信箱、数据电话、短信功能、交叉事件、性能等是这两个功能的测试重点。

6. FM 为调频广播，支持在 87.5～108 MHz 之间频率的频道搜索，功能、性能、易用性是测试的重点。

7. 网页浏览器是一种用于检索并展示万维网信息资源的应用程序，主要组件包括用户界面、引擎、网络、UI 后端等，其测试重点包括界面显示浏览速度、浏览效果、稳定性、下载与管理、流量消耗等方面。

目 标 测 试

一、选择题

1. 移动应用的特点不包括（　　）。
 A. 安装于智能终端，随时随地可用　　B. 以移动网络为承载
 C. 移动应用即 Mobile Application　　D. 以上都不对

2. 以下关于微件说法错误的是（　　）。
 A. 手机中的微件是实现一个特定功能的视图部件
 B. 通过微件可以有效地利用手机的屏幕，快捷、方便地浏览信息
 C. 微件是安卓手机中才有的概念，其他手机中没有
 D. 微件尺寸很小，方便嵌入终端快速运行

3. 微件的测试重点包括（　　）。

A. 用户界面测试（UI Test） B. MMI 规范性测试
C. 自由测试（FreeTest） D. 白盒测试
4. 调频和调幅的区别不包括（　　）。
A. 调频比调幅抗干扰能力强 B. 调频波比调幅波频带宽
C. 手机中不能使用调频收听收音机 D. 调频功率的利用率大于调幅
5. 在发送短信的过程中不包括（　　）。
A. 发送者 B. 音乐播放
C. 接收者 D. 短信文本内容

二、简答题
1. 对手机应用中的通讯录需要关注哪些重点？
2. 什么是微件，它有哪些特征？
3. 在测试设置功能时有哪些重点？
4. 通话功能中的通话类型都有哪些？
5. 在测试消息功能时有哪些注意事项？

第 9 章目标测试参考答案

附　录

附录A　软件测试英语专业词汇

A

Acceptance Testing：验收测试
Acceptability Testing：可接受性测试
Accessibility Test：软体适用性测试
Actual Fix Time：实际修改时间
Actual Outcome：实际结果
Ad Hoc Testing：随机测试
Algorithm：算法
Algorithm Analysis：算法分析
Alpha Testing：阿尔法测试
Analysis：分析
Anomaly：异常
Application Software：应用软件
Architecture：构架
Artifact：工件，人工制品
ASQ（Automated Software Quality）：自动化软件质量
Assertion Checking：断言检查
Assigned To：被分配给
Association：关联
Attachment：附件
Audit：审计
Audit Trail：审计跟踪
Author：作者
AUT（Application Under Test）：所测试的应用程序
Automated Testing：自动化测试

B

Backus-Naur Form：BNF 范式

Baseline：基线
Basic Block：基本块
Basis Test Set：基本测试集
Behaviour：行为
Bench Test：基准测试
Benchmark：标杆/指标/基准
Best Practice：最佳实践
Beta Testing：β 测试
Black Box Testing：黑盒测试
Blocking Bug：阻碍性错误
Bottom-Up Testing：自底向上测试
Boundary Values：边界值
Boundary Value Analysis：边界值分析
Boundary Value Coverage：边界值覆盖
Boundary Value Testing：边界值测试
Branch Condition：分支条件
Branch Condition Combination Coverage：分支条件组合覆盖
Branch Condition Combination Testing：分支条件组合测试
Branch Condition Coverage：分支条件覆盖
Branch Condition Testing：分支条件测试
Branch Coverage：分支覆盖
Branch Outcome：分支结果
Branch Point：分支点
Branch Testing：分支测试
Breadth Testing：广度测试
Brute Force Testing：强力测试
Buddy Test：合伙测试
Buffer：缓冲
Bug：缺陷
Bug Bash：缺陷大扫除
Bug Fix：缺陷修正
Bug Report：缺陷报告
Bug Tracking System：缺陷跟踪系统
Build：工作版本（内部小版本）
BVTS（Build Verification Tests）：构建版本验证测试
Build-In：内置

C

CMM（Capability Maturity Model）：能力成熟度模型

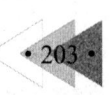

附录

Capability Maturity Model Integration（CMMI）：能力成熟度模型集成
Capture/Playback Tool：捕获/回放工具
Capture/Replay Tool：捕获/重放工具
Cause-Effect Graph：因果图
Certification：证明
Change Control：变化控制，变更控制
Change Management：变化管理，变更管理
Change Request：变化请求，变更请求
Character Set：字符集
Check In：检入
Check Out：检出
Close Date：关闭日期
Closed In Version：被关闭的版本
Close Out：收尾
Closing Date：关闭日期
Code Audit：代码审计
Code Coverage：代码覆盖
Code Inspection：代码检视
Code Page：代码页
Code Rule：编码规范
Code Style：编码风格
Code Walkthrough：代码走读
Code-Based Testing：基于代码的测试
Coding Standards：编程规范
Common Sense：常识
Compatibility Testing：兼容性测试
Completeness：完整性
Complete Path Testing：完全路径测试
Complexity：复杂性
Component：组件
Component Testing：组件测试
Computation Data Use：计算数据使用
Computer System Security：计算机系统安全性
Concurrency User：并发用户
Condition：条件
Condition Coverage：条件覆盖
Condition Outcome：条件结果
Configuration Control：配置控制
Configuration Item：配置项

Configuration Management：配置管理
Configuration Testing：配置测试
Conformance Criterion：一致性标准
Conformance Testing：一致性测试
Consistency：一致性
Consistency Checker：一致性检查器
Control Flow：控制流
Control Flow Graph：控制流程图
Conversion Testing：转换测试
Core Team：核心小组
Corrective Maintenance：故障检修
Correctness：正确性
Cover Status：覆盖状态
Coverage：覆盖率
Coverage Item：覆盖项
Crash：崩溃
Creation Date：创建日期
Creation Time：创建时间
Criticality：关键性
Criticality Analysis：关键性分析
CRM（Change Request Management）：变化需求管理
Customer-Focused Mindset：客户为中心的理念体系
Cyclomatic Complexity：圈复杂度

D

Data Corruption：数据污染
Data Definition：数据定义
Data Definition C-Use Pair：数据定义 C-Use 使用对
Data Definition P-Use Coverage：数据定义 P-Use 覆盖
Data Definition P-Use Pair：数据定义 P-Use 使用对
Data Definition-Use Coverage：数据定义使用覆盖
Data Definition-Use Pair：数据定义使用对
Data Definition-Use Testing：数据定义使用测试
Data Dictionary：数据字典
Data Flow Analysis：数据流分析
Data Flow Coverage：数据流覆盖
Data Flow Diagram：数据流图
Data Flow Testing：数据流测试
Data Integrity：数据完整性

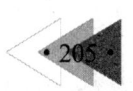

Data Use：数据使用
Data Validation：数据确认
Dead Code：死代码
Debug：调试
Debugging：调试
Decision：判定
Decision Condition：判定条件
Decision Coverage：判定覆盖
Decision Outcome：判定结果
Decision Table：判定表
Defect：缺陷
Defect Density：缺陷密度
Defect Id：缺陷编号
Defect Tracking：缺陷跟踪
Deployment：部署
Depth Testing：深度测试
Description：描述
Design For Sustainability：可延续性的设计
Design Of Experiments：实验设计
Design-Based Testing：基于设计的测试
Designer：设计人员
Desk Checking：桌面检查
Detected By：被（谁）发现
Detected In Version：被发现的版本
Detected On Date：被发现的日期
Determine Potential Risks：确定潜在风险
Determine Usage Model：确定应用模型
Diagnostic：诊断
DIF（Decimation In Frequency）：按频率抽取
Dirty Testing：肮脏测试
Disaster Recovery：灾难恢复
DIT（Decimation In Time）：按时间抽取
Documentation Testing：文档测试
Domain：域
Domain Testing：域测试
DTP（Detail Test Plan）：详细确认测试计划
Duration：执行的期限
Dynamic Analysis：动态分析
Dynamic Testing：动态测试

E

Embedded Software：嵌入式软件
Emulator：仿真
Encryption Source Code Base：加密算法源代码库
End-To-End Testing：端到端测试
Enhanced Request：增强请求
Entity Relationship Diagram：实体关系图
Entry Criteria：准入条件
Entry Point：入口点
Envisioning Phase：构想阶段
Equivalence Class：等价类
Equivalence Partition Coverage：等价划分覆盖
Equivalence Partitioning：等价划分
Equivalence Partition Testing：等价划分测试
Error：错误
Error Guessing：错误猜测
Error Seeding：错误播种/错误插值
Estimated Design Time：估计设计时间
Estimated Generate Time：估计生成时间
Estimated Fix Time：估计修复的时间
Event-Driven：事件驱动
Exception Handler：异常处理器
Exception：异常，例外
Exec Date：执行日期
Exec Time：执行时间
Executable Statement：可执行语句
Execution Status：执行状态
Exhaustive Testing：穷尽测试
Exit Point：出口点
Expected：期望的，预期的
Expected Outcome：期望结果
Exploratory Testing：探索性测试
Failure：失效，失败

F

Fault：故障
Feasible Path：可达路径
Feature Testing：特性测试

Field Testing：现场测试
FMEA（Failure Modes And Effects Analysis）：失效模型效果分析
FMECA（Failure Modes And Effects Criticality Analysis）：失效模型效果关键性分析
Framework：框架
FTA（Fault Tree Analysis）：故障树分析
Functional Decomposition：功能分解
Functional Specification：功能规格说明书
Functional Testing：功能测试
FVT（Functional Verification Testing）：功能验证测试

G

G11n（Globalization）：全球化
Gap Analysis：差距分析
Garbage Characters：乱码字符
Glass Box Testing：玻璃盒测试，白箱测试或白盒测试
Glossary：术语表
GUI（Graphical User Interface）：图形用户界面

H

Hard-Coding：硬编码
Host：主机
Hotfix：热补丁

I

I18n（Internationalization）：国际化
Identify Exploratory Tests：识别探索性测试
IEEE（Institute of Electrical and Electronic Engineers）：电子与电器工程师学会
Incident：事故
Incremental Testing：渐增测试
Infeasible Path：不可达路径
Input Domain：输入域
Inspection：检视
Installability Testing：可安装性测试
Installing Testing：安装测试
Instrumentation：插装
Instrumenter：插装器
Integration：集成
Integration Testing：集成测试
Interface：接口

Interface Analysis：接口分析
Interface Testing：接口测试
Invalid Inputs：无效输入
Isolation Testing：孤立测试
Issue：问题
Iteration：迭代
Iterative Development：迭代开发

J

Job：作业
Job Control Language：作业控制语言

K

Key Concepts：关键概念
Key Process Area：关键过程区域
Keyword Driven Testing：关键字驱动测试
Kick-Off Meeting：启动会议

L

L10n（Localization）：本地化
Lag Time：延迟时间
LCSAJ（Linear Code Sequence And Jump）：线性代码顺序和跳转
LCSAJ Coverage：LCSAJ 覆盖
LCSAJ Testing：LCSAJ 测试
Lead Time：前置时间
Load Testing：装载测试
Localizability Testing：本地化能力测试
Localization：本地化
Localization Testing：本地化测试
Logic Analysis：逻辑分析
Logic-Coverage Testing：逻辑覆盖测试

M

Maintainability：可维护性
Maintainability Testing：可维护性测试
Maintenance：维护
Master Project Schedule：总体项目方案
Measurement：度量
Memory Leak：内存泄漏

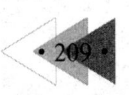

Migration Testing：迁移测试
Milestone：里程碑
Mock Up：模型，原型
Modified：被修正
Modified Condition/Decision Coverage：修改条件/判定覆盖
Modified Condition/Decision Testing：修改条件/判定测试
Modular Decomposition：参考模块分解
Module Testing：模块测试
Monkey Testing：跳跃式测试
Mouse Leave：鼠标焦点离开对象
Mouse Over：鼠标焦点在对象之上
MTBF（Mean Time Between Failures）：平均失效间隔
MTP（Main Test Plan）：主确认计划
MTTF（Mean Time To Failure）：平均无故障时间
Multiple Condition Coverage：多条件覆盖
Mutation Analysis：变体分析

N

N/A（Not Applicable）：不适用的
Name：名称
Negative Testing：逆向测试、反向测试、负面测试
NLV（Nation Language Version）：本国语言版本
Nominal Load：额定负载
Non-Functional Requirements Testing：非功能需求测试
N-Switch Coverage：N 切换覆盖
N-Transitions：N 转换

O

Off By One：缓冲溢出错误
Off-The-Shelf Software：套装软件
Open Date：开放日期
OS（Operating System）：操作系统
Operational Testing：可操作性测试
OS Build Number：操作系统生成的编号
OS Service Pack：操作系统的服务软件包
Output Domain：输出域

P

Pair Programming：成对编程
Paper Audit：书面审计

Partition Testing：分类测试
Path：路径
Path Coverage：路径覆盖
Path Sensitizing：路径敏感性
Path Testing：路径测试
Peer Review：同行评审
Performance：性能
Performance Indicator：性能（绩效）指标
Performance Testing：性能测试
Pilot：试验性的，引导
Pilot Testing：引导测试
Planned Closing Version：计划关闭的版本
Planned Exec Date：计划执行的日期
Planned Exec Time：计划执行的时间
Planned Host Name：计划执行的主机名称
Portability：可移植性
Portability Testing：可移植性测试
Positive Testing：正向测试
Postcondition：后置条件
Precondition：前提条件、预置条件
Predicate Data Use：谓词数据使用
Predicate：谓词
Priority：优先权
Product：产品
Program Instrument：程序插装
Progressive Testing：递进测试
Project：项目
Prototype：原型
Pseudo Code：伪代码
Pseudo-Localization Testing：伪本地化测试
Pseudo-Random：伪随机

Q

QA（Quality Assurance）：质量保证
QC（Quality Control）：质量控制

R

Race Condition：竞争状态
Rational Unified Process：理性统一过程（工艺）

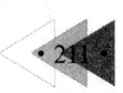

Recovery Testing：恢复测试
Refactoring：重构
Regression Analysis And Testing：回归分析和测试
Regression Testing：回归测试
Release：发布
Release Note：版本说明
Reliability：可靠性
Reliability Assessment：可靠性评价
Reproducible：可重现
Reqid：需求编号
Requirements Management Tool：需求管理工具
Requirements-Based Testing：基于需求的测试
Responsible Tester：负责测试的人员
Review：评审
Reviewed：被评审，被检查
Risk Assessment：风险评估
Risk：风险
Robustness：强健性
ROI（Return Of Investment）：投资回报率
RCA（Root Cause Analysis）：根本原因分析
Run Name：执行名称
Run VC Status：执行 VC 的状态
Run VC User：执行 VC 的用户
Run VC Version：执行 VC 的版本

S

Safety：（生命）安全性
Safety Critical：严格的安全性
Sanity Testing：健全测试、理智测试
Schema Repository：模式库
Screen Shot：抓屏、截图
SDP（Software Development Plan）：软件开发计划
Security：（信息）安全性
Security Testing：安全性测试
Sensitizing：路径敏感性
Serviceability Testing：可服务性测试
Severity：严重程度
Shipment：发布
Simple Subpath：简单子路径

Simulation：模拟
Simulator：模拟器
SLA（Service Level Agreement）：服务级别协议
Smoke Testing：冒烟测试
Software Development Process：软件开发过程
Software Diversity：软件多样性
Software Element：软件元素
Software Engineering Environment：软件工程环境
Software Engineering：软件工程
Software Life Cycle：软件生命周期
Source Code：源代码
Source Statement：源语句
Source Test：测试资料
Specification：规格说明书
Specified Input：指定的输入
Spiral Model：螺旋模型
SQAP（Software Quality Assurance Plan）：软件质量保证计划
SQL（Structured Query Language）：结构化查询语言
Staged Delivery：分布交付方法
State：状态，状况
State Diagram：状态图
State Transition Testing：状态转换测试
State Transition：状态转换
Statement：语句
Statement Coverage：语句覆盖
Statement Testing：语句测试
Static Analysis：静态分析
Static Analyzer：静态分析器
Static Testing：静态测试
Statistical Testing：统计测试
Status：状态
Steps：步骤
Step Name：步骤名称
Stepwise Refinement：逐步优化
Storage Testing：存储测试
Stress Testing：压力测试
Structural Coverage：结构化覆盖
Structural Test Case Design：结构化测试用例设计
Structural Testing：结构化测试

Structured Basis Testing：结构化的基础测试
Structured Design：结构化设计
Structured Programming：结构化编程
Stub：桩
Sub-Area：子域
Summary：总结
SVT（System Verification Testing）：系统验证测试
SVVP（Software Verification and Validation Plan）：软件验证和确认计划
Symbolic Evaluation：符号评价
Symbolic Execution：符号执行
Symbolic Trace：符号轨迹
Synchronization：同步
Syntax Testing：语法分析
System Analysis：系统分析
System Design：系统设计
System Integration：系统集成
System Testing：系统测试

T

TC（Test Case）：测试用例
TCS（Test Case Specification）：测试用例规格说明
TDS（Test Design Specification）：测试设计规格说明书
Technical Requirements Testing：技术需求测试
Template：模板
Test：测试
Test Automation：测试自动化
Test Case：测试用例
Test Case Design Technique：测试用例设计技术
Test Case Suite：测试用例套
Test Comparator：测试比较器
Test Completion Criterion：测试完成标准
Test Coverage：测试覆盖
Test Design：测试设计
Test Driver：测试驱动
Test Environment：测试环境
Test Execution Technique：测试执行技术
Test Execution：测试执行
Test Generator：测试生成器
Test Harness：测试用具

Test Infrastructure：测试基础建设
Test Log：测试日志
Test Measurement Technique：测试度量技术
Test Metrics：测试度量
Test Name：测试名称
Test Procedure：测试规程
Test Records：测试记录
Test Report：测试报告
Test Scenario：测试场景
Test Script：测试脚本
Test Set：测试集
Test Specification：测试规格
Test Strategy：测试策略
Test Suite：测试套
Test Target：测试目标
Test Version：测试版本
Test Ware：测试工具
Testability：可测试性
Tester：测试人员
Testing Bed：测试台
Testing Coverage：测试覆盖
Testing Environment：测试环境
Testing Item：测试项
Testing Plan：测试计划
Testing Procedure：测试过程
Path Testing：路径测试
Thread Testing：线程测试
Time Sharing：时间共享
Time：时间
Time-Boxed：固定时间
TIR（Test Incident Report）：测试事故报告
Tooltip：控件提示或说明
Top-Down Testing：自顶向下测试
TPS（Test Process Specification）：测试步骤规格说明
Traceability：可跟踪性
Traceability Analysis：跟踪性分析
Traceability Matrix：跟踪矩阵
Trade-Off：平衡
Transaction Volume：交易量

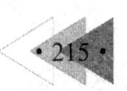

Transaction：事务、处理
Transform Analysis：事务分析
Trojan Horse：特洛伊木马
Truth Table：真值表
TST（Test Summary Report）：测试总结报告
Tune System：调试系统
TVT（Translation Verification Testing）：翻译验证测试
TW（Test Ware）：测试件
Type：类型

U

Unit Testing：单元测试
Usability Testing：可用性测试
Usage Scenario：使用场景
User Acceptance Test：用户验收测试
User Database：用户数据库
UI（User Interface）：用户界面
User Profile：用户信息
User Scenario：用户场景

V

V&V（Verification & Validation）：验证&确认
Validation：确认
Verification：验证
Version：版本
Virtual User：虚拟用户
Volume Testing：容量测试
VTP（Verification Test Plan）：验证测试计划
VTR（Verification Test Report）：验证测试报告

W

Walkthrough：走读
Waterfall Model：瀑布模型
Web Testing：网站测试
White Box Testing：白盒测试
WBS（Work Breakdown Structure）：任务分解结构

Z

ZBB（Zero Bug Bounce）：零缺陷反弹

附录B ADB常用命令

ADB（Android Debug Bridge，安卓调试接口）常用命令如下。
（1）adb connect+ip：远程连接 Android 设备
（2）adb devices：获取设备列表和设备状态
（3）adb install apk 路径：安装应用（-r：覆盖安装）
（4）adb uninstall apk 包名：卸载应用（-k：卸载时保存数据和缓存目录）
（5）adb pull 远程路径 本地路径：将 Android 设备上的文件或者文件夹复制到本地
（6）adb push 本地路径 远程路径：将本地的文件或者文件夹复制到 Android 设备上
（7）adb start-server：启动 adb 服务进程
（8）adb kill-server：关闭 adb 服务进程
（9）adb reboot：重启设备
（10）adb shell：进入模拟器的 shell 模式
（11）adb logcat：查看 log 信息
（12）adb logcat > d:\log.txt：将 log 导出到 d 盘
（13）adb shell logcat-b radio：查看无线通信日志
（14）adb version：查看 adb 命令版本号
（15）adb help：查看 adb 帮助命令
（16）adb shell pm list packages：查看设备中所有应用的包名
（17）adb shell pm list packages-s：列出系统应用的所有包名
（18）adb shell pm list packages-3：列出除了系统应用外的第三方应用包名
（19）adb shell pm list packages|grep qq：查看指定应用的包名
（20）adb shell pm clear 包名：清除指定应用的缓存
（21）adb shell dumpsys meminfo：查看手机内存使用情况
（22）adb shell dumpsys cpuinfo：查看 CPU 信息
（23）adb shell dumpsys battery：查看电量信息

附录C　软件测试计划样本

软件测试计划

文档编号:		文档名称:	
编　　写:		审　　核:	
批　　准:		批准日期:	

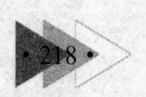

目 录

- C.1 简介 220
  - C.1.1 目的 220
  - C.1.2 背景 220
  - C.1.3 范围 220
  - C.1.4 项目标识 220
- C.2 测试需求 221
- C.3 测试策略 221
  - C.3.1 测试类型 221
    - C.3.1.1 数据和数据库完整性测试 221
    - C.3.1.2 功能测试 221
    - C.3.1.3 业务周期测试 222
    - C.3.1.4 用户界面测试 222
    - C.3.1.5 性能评价 223
    - C.3.1.6 负载测试 223
    - C.3.1.7 强度测试 224
    - C.3.1.8 容量测试 224
    - C.3.1.9 安全性和访问控制测试 225
    - C.3.1.10 故障转移和恢复测试 226
    - C.3.1.11 配置测试 227
    - C.3.1.12 安装测试 227
  - C.3.2 测试工具 228
- C.4 资源 228
  - C.4.1 人力资源 228
  - C.4.2 系统资源 229
- C.5 项目里程碑 230
- C.6 可交付工件 230
  - C.6.1 测试日志 230
  - C.6.2 缺陷报告 230
- C.7 项目任务 230

C.1 简介

C.1.1 目的

本计划有助于实现以下目标。
（1）确定现有项目的信息和应测试的软件构件。
（2）明确测试需求（高层次）。
（3）可采用的测试策略及其说明。
（4）确定所需的资源，并对测试的工作量进行估计。
（5）列出测试项目的可交付元素。

C.1.2 背景

测试对象（组件、应用程序、系统等）及其目标的简要说明，包括测试对象的主要功能、特性、构架，以及项目的简史。

C.1.3 范围

测试的各个阶段，如单元测试、集成测试或系统测试，并说明本计划所针对的测试类型（如功能测试或性能测试），简要地列出测试对象中将接受测试或将不接受测试的那些特性和功能。

如果在编写此文档的过程中做出的某些假设可能会影响测试设计、开发或实施，则应列出所有这些假设。

列出可能会影响测试设计、开发或实施的所有风险、意外事件和约束。

C.1.4 项目标识

表 C-1 所示为制订测试计划所用的文档，并标明了文档的可用性。

表 C-1 制订测试计划所用的文档

文档（版本/日期）	已创建或可用	已被接受或已经过复审	作者或来源	备注
需求规约	□是 □否	□是 □否		
功能性规约	□是 □否	□是 □否		
用例报告	□是 □否	□是 □否		
项目计划	□是 □否	□是 □否		
设计规约	□是 □否	□是 □否		
原型	□是 □否	□是 □否		
用户手册	□是 □否	□是 □否		
业务模型或业务流程	□是 □否	□是 □否		
数据模型或数据流	□是 □否	□是 □否		
业务功能和业务规则	□是 □否	□是 □否		
项目或业务风险评估	□是 □否	□是 □否		

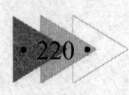

C.2 测试需求

列出那些已被确定为测试对象的项目，包括用例、功能性需求和非功能性需求等。（注：在此处输入一个主要测试需求的高层次列表。）

C.3 测试策略

推荐用于测试对象的方法，说明如何对测试对象进行测试。

对于每种测试都应提供测试说明，并解释其实施和执行的原因。

如果不实施和执行某种测试，则应该加以说明并陈述理由。例如，将不实施和执行该测试，该测试不合适。

制订测试策略时考虑的主要事项有将要使用的方法及判断测试何时完成的标准等。

列出在进行每项测试时需考虑的事项；除此之外，测试还应在安全的环境中使用已知且受控的数据库来执行。

C.3.1 测试类型

用列表方式，如 IPO（输入、处理、输出）表的形式逐项定量和定性地叙述对软件所提出的功能要求说明输入什么量、经怎样的处理、得到什么输出，以及软件应支持的终端数和并行操作的用户数。

C.3.1.1 数据和数据库完整性测试

数据库和数据库进程应作为项目名称中的子系统来测试。

在测试这些子系统时，不应将测试对象的用户界面用作数据的接口。对于数据库管理系统，还需要进行深入的研究，以确定可以支持表 C-2 所示的测试目标、方法、完成标准和需考虑的特殊事项。

表 C-2 测试的目标、方法、完成标准和需考虑的特殊事项

测试目标	确保数据库访问方法和进程正常运行，数据不会遭到损坏
方法	（1）调用各个数据库访问方法和进程，并在其中填充有效和无效的数据或对数据的请求 （2）检查数据库，确保数据已按预期的方式填充，并且所有数据库事件都按正常方式出现。或者检查所返回的数据，确保为正当的理由检索到了正确的数据
完成标准	所有的数据库访问方法和进程都按照设计的方式运行，数据没有遭到损坏
需考虑的特殊事项	（1）测试可能需要数据库管理系统开发环境或驱动程序，以在数据库中直接输入或修改数据 （2）进程应该以手动方式调用 （3）应使用小型或最小的数据库（其中的数据有限）来使所有无法接受的事件具有更大的可见性

C.3.1.2 功能测试

测试对象的功能测试应该侧重于可以被直接追踪到用例或业务功能和业务规则的所

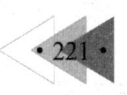

有测试需求，这些测试的目标在于核实能否正确地接受、处理和检索数据，以及业务规则是否正确实施。这种类型的测试基于黑盒方法，即通过图形用户界面与应用软件交互并分析输出结果来验证应用软件及其内部进程。表 C-3 所示为每个应用软件推荐的测试方法概要。

表 C-3　每个应用软件推荐的测试方法概要

测试目标	确保测试对象的功能正常，其中包括导航、数据输入、处理和检索等
方法	利用有效和无效的数据来执行各个用例、用例流或功能，以核实以下内容 （1）在使用有效数据时得到预期的结果 （2）在使用无效数据时显示相应的错误消息或警告消息 （3）各业务规则都得到了正确的应用
完成标准	（1）所计划的测试已全部执行 （2）所发现的缺陷已全部解决
需考虑的特殊事项	确定或说明那些将对功能测试的实施和执行造成影响的事项或因素（内部或外部的）

C.3.1.3　业务周期测试

业务周期测试应模拟在一段时间内对项目名称执行的测试，首先确定一段时间（如一年），然后执行将在该时段内发生的事务和活动。这种测试包括所有的每日、每周和每月的周期，以及所有与日期相关的事件（如备忘录），如表 C-4 所示。

表 C-4　所有与日期相关的事件

测试目标	确保测试对象及后台进程都按照所要求的业务模型和时间表正确运行
方法	通过执行以下测试模拟若干业务周期 （1）对修改或增强的测试对象进行的功能测试，以增加每项功能的执行次数，从而在指定的时段内模拟若干个不同的用户 （2）使用有效和无效的日期或时段来执行所有与时间或日期相关的功能 （3）在适当的时候执行或启动所有周期性出现的功能 （4）在测试中将使用有效的和无效的数据，以核实在使用有效数据时得到预期的结果、在使用无效数据时显示相应的错误消息或警告消息、各业务规则都得到了正确的应用
完成标准	（1）所计划的测试已全部执行 （2）所发现的缺陷已全部解决
需考虑的特殊事项	（1）系统日期和事件可能需要特殊的支持活动 （2）需要通过业务模型来确定相应的测试需求和测试过程

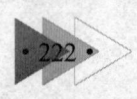

C.3.1.4　用户界面测试

通过用户界面测试来核实用户与软件的交互，测试的目标在于确保用户界面向用户提供了适当的访问和浏览测试对象功能的操作；除此之外，还要确保功能内部的对象符合预期要求，并遵循公司或行业的标准，如表 C-5 所示。

表 C-5　用户界面测试

测试目标	核实以下内容 （1）通过浏览测试对象可正确反映业务的功能和需求，包括窗口与窗口之间、字段与字段之间的浏览，以及各种访问方法（Tab 键、鼠标移动和快捷键）的使用 （2）窗口的对象和特征，如菜单、大小、位置、状态和中心都符合标准
方法	为每个窗口创建或修改测试，以核实各个应用程序窗口和对象都可正确地进行浏览，并处于正常的对象状态
完成标准	证实各个窗口都与基准版本保持一致，或符合可接受标准
需考虑的特殊事项	并不是所有定制或第三方对象的特征都可访问

C.3.1.5　性能评价

性能评价是一种性能测试，对响应时间、事务处理速率和其他与时间相关的需求进行评测和评估，目标是核实性能需求是否都已满足。实施和执行性能评价是将测试对象的性能行为作为条件（如工作量或硬件配置）的一种函数来进行评价和微调，如表 C-6 所示。

表 C-6　性能评价

测试目标	核实所指定的事务或业务功能在以下情况下的性能行为 （1）正常的预期工作量 （2）预期的最繁重工作量
方法	（1）使用为功能或业务周期测试制订的测试过程 （2）通过修改数据文件来增加事务数量，或通过修改脚本来增加每项事务的迭代次数 （3）脚本应该在一台计算机中运行（最好是以单个用户、单个事务为基准），并在多台客户机（虚拟或实际的客户机，请参见下面的"需考虑的特殊事项"）中重复
完成标准	（1）单个事务或单个用户：在每个事务所预期或要求的时间范围内成功地完成测试脚本，没有发生任何故障 （2）多个事务或多个用户：在可接受的时间范围内成功地完成测试脚本，没有发生任何故障
需考虑的特殊事项	综合性能测试还包括在服务器上添加后台工作量，可采用如下方法来执行此操作 （1）直接将事务强行分配到服务器，通常以结构化查询语言（SQL）调用的形式来实现 （2）通过创建虚拟用户负载来模拟多台（通常为数百台）客户机，此负载可通过远程终端仿真（Remote Terminal Emulation）工具来实现。此技术还可用于在网络中加载流量 （3）使用多台实际客户机（每台客户机都运行测试脚本）在系统中添加负载 （4）性能评价应该在专用计算机中或在专用机时内执行，以实现完全的控制和精确的评测 （5）性能测试所用的数据库应该是与实际大小相同或等比例缩放的数据库

注：表中事务均指"逻辑业务事务"，这种事务被定义为将由系统的某个主角通过使用测试对象来执行的特定用例，如添加或修改某个合同。

C.3.1.6　负载测试

负载测试是一种性能测试，使测试对象承担不同的工作量，以评测和评估测试对象在不同工作量条件下的性能行为，以及持续正常运行的能力。负载测试的目标是确定并确保

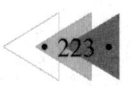

系统在超出最大预期工作量的情况下仍能正常运行；此外，还要评估性能特征，如响应时间、事务处理速率和其他与时间相关的方面，如表 C-7 所示。

表 C-7　负载测试

测试目标	核实所指定的事务或商业理由在不同工作量条件下的性能行为时间
方法	(1) 使用为功能或业务周期测试制订的测试 (2) 通过修改数据文件来增加事务数量，或通过修改测试来增加每项事务发生的次数
完成标准	多个事务或多个用户在可接受的时间范围内成功地完成测试，没有发生任何故障
需考虑的特殊事项	(1) 应该在专用计算机中或在专用机时内执行，以实现完全的控制和精确的评测 (2) 负载测试所用的数据库应该是与实际大小相同或等比例缩放的数据库

C.3.1.7　强度测试

强度测试是一种性能测试，目的是找出因资源不足或资源争用而导致的错误。如果内存或磁盘空间不足，测试对象就可能会表现出一些在正常条件下并不明显的缺陷，其他缺陷则可能由于争用共享资源（如数据库锁或网络带宽）而造成。强度测试还可用于确定测试对象能够处理的最大工作量，如表 C-8 所示。

表 C-8　强度测试

测试目标	核实测试对象能够在以下强度条件下正常运行，不会出现任何错误 (1) 服务器中几乎没有或根本没有可用的内存 (2) 连接或模拟了最大实际（或实际可承受）数量的客户机 (3) 多个用户对相同的数据/账户执行相同的事务 (4) 最繁重的事务量或最差的事务组合（请参见 C.3.1.5 节） 注：强度测试的目标还可表述为确定和记录那些使系统无法继续正常运行的情况或条件
方法	(1) 使用为性能评价或负载测试制订的测试 (2) 要对有限的资源进行测试，则应该在一台计算机中运行测试，而且应该减少或限制服务器中的 RAM（Random Access Memory，随机存储器）和 DASD（Direct Access Storage Devices，直接访问存储设备） (3) 对于其他强度测试，应该使用多台客户机来运行相同或互补的测试，以产生最繁重的事务量或最差的事务组合
完成标准	所计划的测试已全部执行，并且在达到或超出指定的系统限制时没有出现任何软件故障，或者导致系统出现故障的条件并不在指定的条件范围之内
需考虑的特殊事项	(1) 如果要增加网络工作强度，可能会需要使用网络工具来为网络加载消息或信息包 (2) 应该暂时减少用于系统的内存，以限制数据库可用空间的增长 (3) 使多台客户机对相同记录或数据账户同时进行的访问达到同步

C.3.1.8　容量测试

容量测试使测试对象处理大量的数据，以确定是否达到将使软件发生故障的极限，还将确定测试对象在给定时间内是否能够持续处理的最大负载或工作量。如果测试对象正在为生成一份报表而处理一组数据库记录，那么容量测试就会使用一个大型的测试数据库检验该软件是否正常运行并生成了正确的报表，如表 C-9 所示。

表 C-9 容量测试

测试目标	核实测试对象在以下大容量条件下能否正常运行 （1）连接（或模拟）最大（实际或实际可承受）数量的客户机，所有客户机在长时间内执行相同且情况（性能）最差的业务功能 （2）已达到最大的数据库大小（实际或按比例缩放），而且同时执行了多个查询或报表事务
方法	（1）使用为性能评价或负载测试制订的测试 （2）使用多台客户机来运行相同或互补的测试，以便在长时间内产生最繁重的事务量或最差的事务组合 （3）创建最大的数据库大小（实际或按比例缩放或输入代表性数据的数据库），并使用多台客户机在长时间内同时运行查询和报表事务
完成标准	所计划的测试已全部执行，而且在达到或超出指定的系统限制时没有出现任何软件缺陷
需考虑的特殊事项	对于上述的大容量条件，哪个时段是可以接受的时间

C.3.1.9 安全性和访问控制测试

安全性和访问控制测试侧重于安全性的如下两个关键方面。
（1）应用软件级别的安全性：包括对数据或业务功能的访问。
（2）系统级别的安全性：包括对系统的登录或远程访问。

应用软件级别的安全性可确保在预期的安全性情况下，主角只能访问特定的功能或用例，或者只能访问有限的数据。例如，可能会允许所有人输入数据并创建新账户，但只有经理才能删除这些数据或账户。如果具有数据级别的安全性，测试可确保用户类型 1 能够看到所有客户信息（包括财务数据），而用户类型 2 只能看到同一客户的统计数据。

系统级别的安全性可确保只有具备系统访问权限的用户才能访问应用软件，而且只能通过相应的网关来访问。

表 C-10 安全性和访问控制测试

测试目标	（1）应用级别的安全性：核实主角只能访问其所属用户类型已被授权使用的那些功能或数据 （2）系统级别的安全性：核实只有具备系统和应用程序访问权限的主角才能访问系统和应用程序
方法	应用程序级别的安全性确定并列出各用户类型及其被授权使用的功能或数据 （1）为各用户类型创建测试，并通过创建各用户类型所特有的事务来核实其权限 （2）修改用户类型并为相同的用户重新运行测试，对于每种用户类型，确保正确地提供或拒绝这些附加的功能或数据
完成标准	各种已知的主角类型都可访问相应的功能或数据，而且所有事务都按照预期的方式运行，并在先前的功能测试中运行了所有的事务
需考虑的特殊事项	必须与相应的网络或系统管理员一起对系统访问权进行检查和讨论，由于此测试可能是网络管理或系统管理的职能，所以可能不需要执行此测试

C.3.1.10 故障转移和恢复测试

故障转移和恢复测试可确保测试对象能成功完成故障转移,并从硬件、软件或网络等方面的各种故障中恢复,这些故障导致数据意外丢失或破坏了数据的完整性。

故障转移测试可确保对于必须始终保持运行状态的系统来说,如果发生了故障,那么备选或备份的系统就适当地将发生故障的系统"接管"过来,而且不会丢失任何数据或事务。

恢复测试是一种相反的测试流程,其中将应用软件或系统置于极端的条件下(或者是模仿的极端条件下),以产生故障。例如,设备输入/输出(I/O)故障或无效的数据库指针和关键字。启用恢复流程后将监测和检查应用软件和系统,以核实应用软件或系统是正确无误的,或数据已得到了恢复。

表 C-11 所示为故障转移和恢复测试。

表 C-11 故障转移和恢复测试

测试目标	确保恢复进程(手工或自动),即将数据库、应用软件和系统正确地恢复为预期的已知状态,测试中将包括以下各种情况 (1)客户机断电 (2)服务器断电 (3)通过网络服务器产生的通信中断 (4)DASD 和/或 DASD 控制器被中断、断电或与 DASD 和/或 DASD 控制器的通信中断 (5)周期未完成(数据过滤进程被中断,数据同步进程被中断) (6)数据库指针或关键字无效 (7)数据库中的数据元素无效或遭到破坏
方法	应该使用为功能和业务周期测试创建的测试来创建一系列的事务,一旦达到预期的测试起点,就应该分别执行或模拟以下操作 (1)客户机断电:关闭 PC 的电源 (2)服务器断电:模拟或启动服务器的断电过程 (3)通过网络服务器产生的中断:模拟或启动网络的通信中断(实际断开通信线路的连接或关闭网络服务器或路由器的电源) (4)DASD 和 DASD 控制器被中断、断电或与 DASD 和 DASD 控制器的通信中断:模拟与一个或多个 DASD 控制器或设备的通信,或实际取消这种通信 一旦实现了上述情况(或模拟),则应该执行其他事务。而且一旦达到第(2)个测试点状态,应调用恢复过程 在测试不完整的周期时所使用的方法与上述方法相同,只不过应异常终止或提前终止数据库进程本身 当破坏若干个数据库字段、指针和关键字时,应该以手工方式在数据库(通过数据库工具)中直接进行。其他事务应该通过使用"应用程序功能测试"和"业务周期测试"中的测试来执行,并且应执行完整的周期
完成标准	在所有上述情况中,应用软件、数据库和系统应该在恢复过程完成时立即返回到一个已知的预期状态,其中包括仅限于已知损坏的字段、指针或关键字范围内的数据损坏,以及表明进程或事务因中断而未被完成的报表
需考虑的特殊事项	(1)恢复测试会给其他操作带来许多的麻烦,断开缆线连接的方法(模拟断电或通信中断)可能并不可取或不可行。所以可能会需要采用其他方法,如诊断性软件工具 (2)需要系统(或计算机操作)、数据库和网络组中的资源 (3)这些测试应该在工作时间之外或在一台独立的计算机中完成

C.3.1.11 配置测试

配置测试核实测试对象在不同的软件和硬件配置中的运行情况,在大多数生产环境中客户机工作站、网络连接和数据库服务器的具体硬件规格会有所不同。客户机工作站可能会安装不同的软件,如应用软件、驱动软件等。而且在任何时候都可能运行许多不同的软件组合,从而占用不同的资源。

表 C-12 所示为配置测试。

表 C-12 配置测试

测试目标	核实测试对象可在要求的硬件和软件配置中正常运行
方法	(1)使用功能测试脚本 (2)在测试过程中或在测试开始之前打开各种与非测试对象相关的软件,如 Excel 和 Word,然后将其关闭 (3)执行所选的事务,以模拟主角与测试对象软件和非测试对象软件之间的交互 (4)重复上述步骤,尽量减少客户机工作站中的常规可用内存
完成标准	对于测试对象软件和非测试对象软件的各种组合,所有事务都成功完成,没有出现任何故障
需考虑的特殊事项	(1)可以使用并可以通过桌面访问哪种非测试对象软件 (2)通常使用的是哪些应用软件 (3)应用软件正在运行什么数据?如在 Excel 中打开的大型电子表格,或在 Word 中打开的 100 页文档 (4)作为此测试的一部分应记录整个系统、网络服务器、数据库等

C.3.1.12 安装测试

安装测试有两个目的,一是确保该软件能够在所有可能的配置下安装,如首次、升级、完整、自定义安装,以及在正常和异常情况下安装。异常情况包括磁盘空间不足、缺少目录创建权限等;二是核实软件在安装后可立即正常运行,这通常是指运行大量为功能测试制订的测试。

表 C-13 所示为安装测试。

表 C-13 安装测试

测试目标	核实在以下情况下,测试对象可正确地安装到各种所需的硬件配置中 (1)首次安装:以前从未安装过的新计算机 (2)更新安装:以前安装过相同版本的计算机 (3)更新安装:以前安装过较早版本的计算机
方法	(1)手工开发脚本或自动脚本,以验证目标计算机的状况,包括从未安装过、已安装相同或较早版本 (2)启动或执行安装 (3)使用预先确定的功能测试脚本子集来运行事务
完成标准	事务成功执行,没有出现任何故障
需考虑的特殊事项	应该选择哪些事务才能准确地测试出应用软件已经成功安装,而且没有遗漏主要的构件

C.3.2 测试工具

测试使用的工具如表 C-14 所示。

表 C-14 测试使用的工具

项　　目	工　　具	厂商/自行研制	版　　本
测试管理			
缺陷跟踪			
功能性测试			
性能测试			
测试覆盖监测器或评价器			
项目管理			
DBMS 工具			

C.4 资源

项目使用的资源及其主要职责、知识或技能。

C.4.1 人力资源

表 C-15 所示为测试项目所需的人力资源。

表 C-15 测试项目所需的人力资源

人力资源		
角　色	推荐的最少资源 （所分配的专职角色数量）	具体职责
测试经理 测试项目经理		管理监督 （1）提供技术指导 （2）获取适当的资源 （3）提供管理报告
测试设计员		确定测试用例及其优先级并实施测试用例 （1）生成测试计划 （2）生成测试模型 （3）评估测试工作的有效性

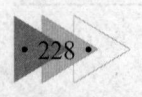

(续表)

测试人员		执行测试 （1）执行测试 （2）记录结果 （3）从错误中恢复 （4）记录变更请求
测试系统管理员		确保测试环境和资产得到管理和维护 （1）管理测试系统 （2）授予和管理角色对测试系统的访问权
数据库管理员		管理并确保测试数据（数据库）环境和资产得到管理和维护 职责为管理测试数据（数据库）
设计人员		确定并定义测试类的操作、属性和关联 （1）确定并定义测试类 （2）确定并定义测试包
实施人员		实施测试类和测试包，并对它们进行单元测试 职责为，创建在测试模型中实施的测试类和测试包

C.4.2 系统资源

表 C-16 所示为测试项目所需的系统资源。

表 C-16　测试项目所需的系统资源

系统资源	
资源	名称/类型
数据库服务器	
（1）网络或子网 （2）服务器名 （3）数据库名	
客户端测试 PC 包括特殊的配置需求	
测试存储库	
（1）网络或子网 （2）服务器名	
测试开发 PC	

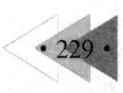

C.5　项目里程碑

为上述测试确定单独的项目里程碑,以通知项目的状态和成果,如表 C-17 所示。

表 C-17　项目里程碑

里程碑任务	工作量	开始日期	结束日期
制订测试计划			
设计测试			
实施测试			
执行测试			
评估测试			

C.6　可交付工件

列出将要创建的各种文档、工具和报告,以及创建人员、交付对象和交付时间。

C.6.1　测试日志

说明用来记录和报告测试结果和测试状态的方法和工具。

C.6.2　缺陷报告

确定用来记录、跟踪和报告测试中发生的意外情况及其状态的方法和工具。

C.7　项目任务

以下是与测试有关的任务。

1. 制订测试计划

(1) 确定测试需求。
(2) 评估风险。
(3) 制订测试策略。
(4) 确定测试资源。
(5) 创建时间表。
(6) 生成测试计划。

2. 设计测试

(1) 准备工作量分析文档。
(2) 确定并说明测试用例。

（3）确定并结构化测试过程。
（4）复审和评估测试覆盖。

3. 实施测试

（1）记录或通过编程创建测试脚本。
（2）确定设计与实施模型中的测试专用功能。
（3）建立外部数据集。

4. 执行测试

（1）执行测试过程。
（2）评估测试的执行情况。
（3）恢复暂停的测试。
（4）核实结果。
（5）调查意外结果。
（6）记录缺陷。

5. 评估测试

（1）评估测试用例覆盖。
（2）评估代码覆盖。
（3）分析缺陷。
（4）确定是否达到了测试完成与成功标准。

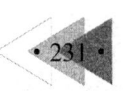

附录D 软件测试报告样本

XXX年XX公司集约化能力提升项目软件测试报告

XX科技有限公司

版权所有

修改历史

日　期	版本号	作　者	修改说明	变更请求号
×××/09/25	0.5		初稿	

注:"变更请求号"为文档正式发布后需要变更时的编号。

正式审批

角　色	签　名	日　期	备　注
项目经理	张三	×××/10/08	

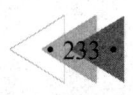

目 录

D.1 简介 235
    D.1.1 目的 235
    D.1.2 适用范围 235
    D.1.3 术语 235
    D.1.4 参考资料 235
    D.1.5 测试环境与配置 235
D.2 测试概述 235
D.3 测试结果与分析 235
    D.3.1 功能测试 235
        D.3.1.1 测试结果 235
        D.3.1.2 测试数据汇总 236
        D.3.1.3 测试分析 237
        D.3.1.4 测试分析图 237
    D.3.2 性能测试 238
D.4 测试结论与建议 239

D.1 简介

D.1.1 目的

本测试报告为×××年××公司集约化能力提升项目的测试报告,目的在于总结测试阶段的测试,以及分析测试结果,描述系统是否符合需求。

D.1.2 适用范围

预期参考人员包括用户、测试人员、开发人员、项目管理者、其他质量管理人员和需要阅读本报告的高层经理。

D.1.3 术语

D.1.4 参考资料

D.1.5 测试环境与配置

测试环境与配置如表 D-1 所示。

表 D-1 测试环境与配置

序 号	硬件配置	描 述	数 量	备 注
1	数据库服务器 应用服务器	HP Rp3440:2x1.0G PA-8900 CPU,8 GB RAM,2x73G hd	1	生产环境

D.2 测试概述

首先,本次测试主要是验收需求和统计功能完成情况;其次,对于用户使用频率很高的模块进行压力测试,检验其性能能否满足高并发的要求。

D.3 测试结果与分析

D.3.1 功能测试

D.3.1.1 测试结果

所有的测试用例都成功执行,并在回归测试时所有的测试用例全部通过。业务功能的测试脚本成功执行,在每次构建后能够顺利执行,测试案例全部执行通过。

测试结果如表 D-2 所示。

表 D-2 测试结果

测试环境 (生产/测试)	测试模块	测试用例	对应单元测试的测试单元名称	集成/系统测试结果 (通过/不通过)	测试时间	测试人员签名
测试环境	ITOP (IT Operation Portal, IT 运营门户) 单点调度优化	ITOP 单点调度优化	ITOP 单点调度优化	通过	×××-10-08	
	数据源 QC 自动核对及自动调度	数据源 QC 自动核对及自动调度	数据源 QC 自动核对及自动调度	通过	×××-10-08	
	月结切换提速	月结切换提速	月结切换提速	通过	×××-10-08	
	自动化检查及调度	自动化检查及调度	自动化检查及调度	通过	×××-10-08	
	计费量收检查稽核	计费量收检查稽核	计费量收检查稽核	通过	×××-10-08	
	ITOP 计费出账稽核检查功能	ITOP 计费出账稽核检查功能	ITOP 计费出账稽核检查功能	通过	×××-10-08	
生产环境	ITOP 单点调度优化	ITOP 单点调度优化	ITOP 单点调度优化	通过	×××-10-08	
	数据源 QC 自动核对及自动调度	数据源 QC 自动核对及自动调度	数据源 QC 自动核对及自动调度	通过	×××-10-08	
	月结切换提速	月结切换提速	月结切换提速	通过	×××-10-08	
	自动化检查及调度	自动化检查及调度	自动化检查及调度	通过	×××-10-08	
	计费量收检查稽核	计费量收检查稽核	计费量收检查稽核	通过	×××-10-08	
	ITOP 计费出账稽核检查功能	ITOP 计费出账稽核检查功能	ITOP 计费出账稽核检查功能	通过	×××-10-08	

D.3.1.2 测试数据汇总

状态统计如表 D-3 所示。

表 D-3 状态统计

缺陷数目	已提交未被复审的缺陷数目	已被复审但还没有被修复的缺陷数目	修复动作被确认为没有完成的错误	未确认修复成功的缺陷数目	已确认修复成功的缺陷数目	不可以在当前版本修复的错误	重复的缺陷
229	0	16	5	24	184	0	0

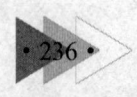

严重级别统计如表 D-4 所示。

表 D-4 严重级别统计

缺陷总数	致命缺陷	严重缺陷	一般的缺陷
229	13	144	72

优先级别统计如表 D-5 所示。

表 D-5 优先级别统计

缺陷总数	最高优先级	高优先级	普通优先级	低优先级
229	13	151	64	1

D.3.1.3 测试分析

测试用例的执行情况如表 D-6 所示。

表 D-6 测试用例的执行情况

执行方式	实际执行的测试用例数	通过的测试用例数	通过比率	备注
手工测试	150	100	66.6%	

测试脚本的执行情况如表 D-7 所示。

表 D-7 测试脚本的执行情况

执行方式	实际执行脚本	通过的测试用例数	通过比率	备注
自动执行	150	100	66.6%	

重点模块的测试通过情况如表 D-8 所示。

表 D-8 重点模块的测试通过情况

重点模块测试通过数	重点模块测试通过，但在集成/系统测试中的未通过数	未通过比率	备注
30	2	6.67%	

D.3.1.4 测试分析图

测试分析图如图 D-1 所示。

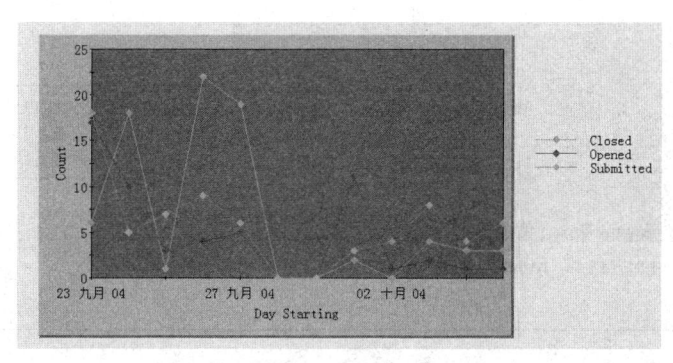

图 D-1 测试分析图

缺陷处理时间如图 D-2 所示。

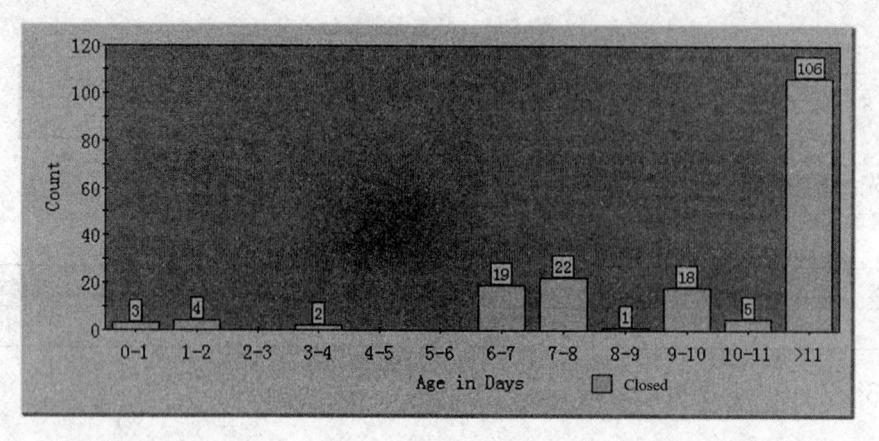

图 D-2　缺陷处理时间

D.3.2　性能测试

应用服务器性能测试参数如图 D-3 所示。

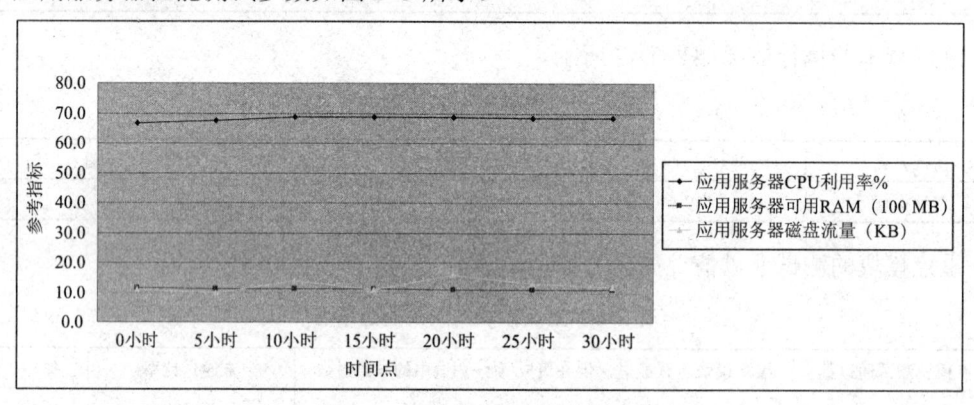

图 D-3　应用服务器性能测试参数

数据库服务器性能测试参数如图 D-4 所示。

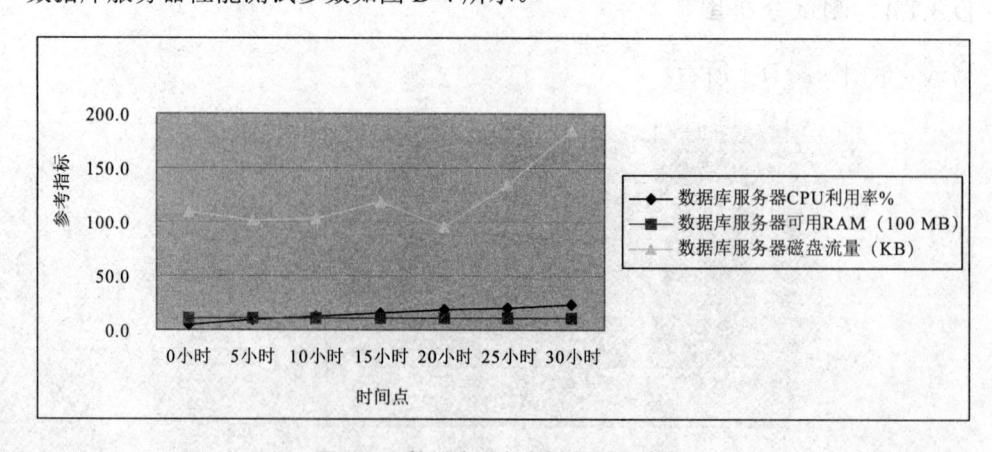

图 D-4　数据库服务器性能测试参数

通过性能测试发现系统在测试前后性能没有明显变化，而且系统的资源使用情况也没有明显增加，说明系统的稳定性良好。

从性能测试的结果看系统表现良好，在 30 个小时 50 个用户的持续压力下运行稳定。尽管在测试过程中执行应用操作比较缓慢，但并没有出现访问失败和发生错误的现象。

从服务器的性能表征上看，整个系统性能表现都比较平稳，相对来说应用服务器的 CPU 和数据库服务器的 I/O 操作的表现比较活跃。应用服务器的 CPU 利用率较高，在 70% 左右，在正式环境中建议也要尽量使用较高的 CPU 配置。数据库服务器的 I/O 操作比较明显，因为测试用例操作与存储设备的交互很多，也是体现正常用例的特点。在后期 I/O 提升，分析是由于回滚段资源紧张导致，这种情况在正式运行中可以通过对数据库结构的合理管理规划来避免。并且内存方面应用服务器和数据库服务器的可用内存都很平稳，表明没有明显的内存泄漏的情况发生。

从整体上看，系统在稳定性方面表现良好，可以在正式环境中稳定运行。

D.4 测试结论与建议

本次功能测试基本通过，遗留的问题将在以后解决，可以进入下一阶段。

性能测试结论如下。

（1）本结论根据在真实生产环境下所做的性能测试结果得出。

（2）ITMP（Integrated Training Management Platform，综合培训管理平台）系统的后台性能完全满足 7 种交换机的处理速度。

7 种机型的 I/O（Input/Output，输入/输出）时间平均百分比为 57.7%，并且由于同网元的工单是串行施工，所以抛开工单在队列中的等待时间，Tips 系统（提示系统）处理工单的时间只占用了很少一部分时间。可以看出目前系统主要耗时的地方在于同交换机的交互等待时间。

根据测试得出的值和经验值的比较，Tips 系统也能满足日后更快交换机的需求。

建议如下。

（1）在系统功能满足要求的情况下，增加界面的友好性。

（2）在需求不是很明确的情况下，最好能让测试人员也加入到和客户的沟通中，所得测试用例能更好地满足客户的要求。

根据测试的结果和经验，建议客户能给出一份各种情景下的重连次数和指令执行超时时限的建议值作为上线的配置参考。

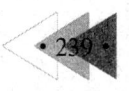

参 考 文 献

[1] 朱少民，张玲玲．软件质量保证和管理（第2版）[M]．北京：清华大学出版社，2020．

[2] [美]罗恩·佩腾（Ron Patton）．软件测试[M]．张小松，王钰，曹跃，译．北京：机械工业出版社，2019．

[3] 王丹丹．软件测试方法和技术实践教程[M]．北京：清华大学出版社，2017．

[4] 朱少民．全程软件测试（第3版）[M]．北京：人民邮电出版社，2019．

[5] 徐德晨，茹炳晟．高效自动化测试平台：设计与开发实战[M]．北京：电子工业出版社，2020．

[6] 于涌．软件性能测试与LoadRunner实战教程（第2版）[M]．北京：人民邮电出版社，2019．

[7] 段念．软件性能测试过程详解与案例剖析（第2版）[M]．北京：清华大学出版社，2012．

[8] 赵国亮，叶东升．嵌入式软件测试与实践[M]．北京：清华大学出版社，2018．

[9] 秦航，杨强．软件质量保证与测试（第2版）[M]．北京：清华大学出版社，2017．

[10] [美]保罗 C.乔根森（Paul C.Jorgensen）．软件测试：一个软件工艺师的方法[M]．马琳，李海峰，译．北京：机械工业出版社，2017．

[11] 江楚．零基础快速入行入职软件测试工程师[M]．北京：人民邮电出版社，2020．

[12] 张静，寇峰，陈井泉．软件测试[M]．北京：中国水利水电出版社，2016．

[13] 杜文洁，王占军，高芳．软件测试基础教程[M]．北京：中国水利水电出版社，2016．

[14] 谭凤．软件测试技术（第2版）[M]．北京：清华大学出版社，2020．

[15] 王智钢，杨乙霖．软件质量保证与测试[M]．北京：人民邮电出版社，2020．

[16] 李海生，郭锐．软件测试技术案例教程[M]．北京：清华大学出版社，2012．

[17] 曾文．软件测试基础教程[M]．北京：清华大学出版社，2016．

[18] 朱少民．软件测试方法和技术（第2版）[M]．北京：清华大学出版社，2010．

[19] 佟伟光．软件测试技术[M]．北京：人民邮电出版社，2010．

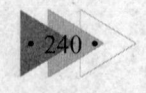